预应力 FRP 筋混凝土结构
关键性能研究

王作虎　詹界东　著

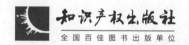
知识产权出版社
全国百佳图书出版单位

图书在版编目（CIP）数据

预应力FRP筋混凝土结构关键性能研究/王作虎，詹界东著. —北京：知识产权出版社，2016.10

ISBN 978-7-5130-4521-6

Ⅰ.①预… Ⅱ.①王… ②詹… Ⅲ.①纤维增强混凝土—混凝土结构—性能—研究 Ⅳ.①TU377.9

中国版本图书馆CIP数据核字（2016）第244236号

内容简介

本书基于具体的试验和理论分析，介绍了预应力纤维增强聚合物（FRP）筋混凝土结构关键力学性能的研究成果，旨在帮助读者了解预应力FRP筋混凝土结构的特点。

本书主要内容包括FRP筋锚具的研制、预应力FRP筋混凝土梁的应力损失研究，以及预应力FRP筋混凝土梁的抗弯、抗剪和抗震性能研究，提供了相关试验结果和理论分析结果。书中还论述了FRP筋组合式锚具的锚固机理、预应力FRP筋混凝土梁有限元非线性分析基本问题的讨论，提供了相关理论分析结果和有限元参数分析结果。

本书内容具有系统性、理论性和实用性，可供土木工程专业师生和广大科技人员参考。

责任编辑：张雪梅		责任校对：谷　洋	
封面设计：睿思视界		责任出版：刘译文	

预应力FRP筋混凝土结构关键性能研究

王作虎　　詹界东　著

出版发行：**知识产权出版社** 有限责任公司　　网　址：http://www.ipph.cn

社　址：北京市海淀区西外太平庄55号　　邮　编：100081

责编电话：010-82000860转8171　　责编邮箱：410746564@qq.com

发行电话：010-82000860转8101/8102　　发行传真：010-82000893/82005070/82000270

印　刷：北京科信印刷有限公司　　经　销：各大网上书店、新华书店及相关专业书店

开　本：787mm×1092mm　1/16　　印　张：17.75

版　次：2016年10月第1版　　印　次：2016年10月第1次印刷

字　数：330千字　　定　价：78.00元

ISBN 978-7-5130-4521-6

前　言

随着结构的安全性和耐久性日益得到重视，高性能纤维增强聚合物（FRP）筋的研究和应用得以不断深入。将 FRP 筋配置于混凝土结构内部或外部，从而替代钢筋应用于恶劣的环境中而不被腐蚀，是解决混凝土结构耐久性不足的有效途径之一，具有广阔的应用前景。

在非预应力 FRP 筋混凝土结构中，由于 FRP 筋的弹性模量相对较低，结构的变形较大，从而 FRP 筋的高强度一般得不到有效发挥。为了充分发挥 FRP 筋轻质高强、耐腐蚀和抗疲劳性能好的特点，可以将 FRP 筋作为预应力筋用在各类结构中。在发达国家，将 FRP 筋用作混凝土结构的预应力筋在 20 世纪 80 年代就得到了发展，而我国在 20 世纪末 21 世纪初才刚刚起步。

由于 FRP 筋是线弹性材料，而且横向抗剪强度较低，人们自然对预应力 FRP 筋锚具、预应力 FRP 筋混凝土结构的抗弯、抗剪和抗震性能非常关心。本书作者在国家自然科学基金（项目编号：51308028，51378046）、北京市教育委员会科技计划一般项目基金（项目编号：KM201610016012）及北京节能减排关键技术协同创新中心的资助下，紧紧围绕预应力 FRP 筋混凝土结构这一主题，开展了一系列的试验研究和理论与数值分析工作。

本书共 9 章，主要内容包括：绪论，FRP 筋组合式锚具的锚固机理，FRP 筋夹片-粘结型锚具的研制，FRP 筋夹片-套筒型锚具的研制，预应力 FRP 筋混凝土梁的应力损失研究，预应力 FRP 筋混凝土梁有限元非线性分析基本问题的讨论，预应力 FRP 筋混凝土梁抗弯性能的研究，预应力 FRP 筋混凝土梁抗剪性能的研究，预应力 FRP 筋混凝土梁抗震性能的研究。其中，第 1 章由王作虎和詹界东共同撰写，第 2～4 章由詹界东撰写，第 5～9 章由王作虎撰写。全书由王作虎统稿。本书可供土木工程及相关专业的研究人员、工程技术人员、规范编制人员以及学生参考使用。

本书基于的研究工作得到了前述基金以及北京节能减排关键技术协同创新中心的支持，在此表示衷心感谢。感谢北京工业大学的杜修力教授、张建伟教授、邓宗才教授、韩强教授，清华大学的刘晶波教授，北京建筑大学的廖维张副教授，以及中国建筑科学研究院的李建辉副研究员在作者研究工作期间的大力支持和积极参与。本书引用了大量参考文献，在此对这些文献的作者表示谢意。

由于作者水平有限，书中难免有不足之处，敬请读者批评指正。

目　录

第1章 绪　　论

1.1　研究背景

土木工程在近几个世纪的发展和演变中不断注入新的内涵，其中，材料的变革起着最为重要的推动作用。

过去的50年，道路、桥梁、隧道、大坝以及工业与民用建筑大量建设。在这些工程建设中，常见的是混凝土结构和钢结构，其次是砌体结构和玻璃结构。新世纪混凝土结构的发展，在很大程度上有赖于新材料的发展和应用[1]。

建筑物和桥梁等工程结构的维修、加固、改造及新建技术的开发和研究是21世纪结构工程面临的重大课题。据国外资料介绍[2]，美国每年因钢筋锈蚀造成的损失高达700亿美元。目前美国的近60万座钢筋混凝土桥梁中，有近10万座钢筋锈蚀严重，进行修补至少需要400亿美元。英国、德国、日本等国每年均花费巨资用于混凝土结构的耐久性修复，其中钢筋锈蚀占相当大的比例。华盛顿林肯纪念馆、杰弗逊纪念馆，柏林议会大厦等重要建筑物都曾发现钢筋锈蚀引起的损坏现象[3]。很多资料表明，当前有些交通发达的国家，桥梁建设的重点已放到了旧桥的加固与改造方面，而新建桥梁已降至次要地位。国内旧桥加固或改造的经验也表明，在一般情况下，桥梁的加固费用为新建桥梁费用的10%～20%，双曲拱桥的加固改造费用为新建桥梁费用的20%～40%[3]。

国内外已有的研究和工程应用表明，高性能纤维产品是加强和改善混凝土结构的一种新的优良材料。不论是新建、修补还是补强工程，从基础设施长寿命化的要求来看，纤维增强聚合物（fiber reinforced polymer，FRP）耐腐蚀能力强，将是替代钢材的最佳选择之一。因为研究和应用均表明，环氧涂层等方式处理钢筋锈蚀的问题仍然存在，而FRP是以非金属纤维（如碳纤维、芳纶纤维或玻璃纤维等）作增强材料，以树脂（如环氧树脂、乙烯基酯树脂或聚酯树脂等）作基体材料的复合材料，具有耐腐蚀能力强的显著特征，可以有效地解决钢筋锈蚀引起的钢筋混凝土结构耐久性问题，同时它还具有轻质高强、抗疲劳能力强、电磁感应低等优点，在新建结构和既有结构加固改造中均具有广阔的应用前景。

1.2　FRP 材料的特点

FRP 是采用多股连续纤维作为增强纤维，热固性树脂作为基体材料，将增强纤维和基体树脂胶合，通过固定截面形状的模具挤压、拉拔快速固化成型的复合材料。

目前常见的增强纤维包括碳纤维、芳纶纤维（aramid 纤维）和玻璃纤维，常见的热固性树脂包括环氧树脂、乙烯基酯树脂、不饱和树脂等。目前结构工程中常用的 FRP 主要为碳纤维增强塑料（CFRP）、芳纶纤维增强塑料（AFRP）和玻璃纤维增强塑料（GFRP）。

FRP 与钢筋相比具有以下特点：

1）有很高的比强度，即通常所说的轻质高强，因此采用 FRP 材料可以减轻结构的自重。在桥梁工程中，使用 FRP 结构或 FRP 组合结构可使桥梁的极限跨度大大增加。

2）耐腐蚀性能好。FRP 可以在酸、碱、氯盐和潮湿的环境中长期使用，这是传统钢筋材料难以比拟的。

3）具有很好的弹性性能。应力-应变曲线接近线弹性，没有钢筋那样的屈服点和屈服台阶。

4）具有很好的可设计性。FRP 属于人工材料，可以通过使用不同的纤维材料、纤维含量和铺陈方向设计出各种强度指标、弹性模量以及特殊性能要求的 FRP 材料。

5）其他优势，包括透电磁波、绝缘、隔热、热膨胀系数小等，使得 FRP 在一些特殊场合，例如雷达设施、地磁观测站、医疗核磁共振设备等结构中能够发挥难以取代的作用。

6）FRP 的弹性模量较低，而且横向抗剪强度较低，抗火性能较差，大多数树脂在高温下会软化。

经济性也是所有工程师和使用者都很关心的问题。仅从材料价格上看，FRP 结构和 FRP 组合结构与钢筋混凝土结构相比没有什么竞争力，但是由于自重轻，考虑到 FRP 材料耐腐蚀所带来的低廉维护费用，而且随着材料工业的发展，FRP 原材料的价格会逐渐降低，所以采用 FRP 材料的综合经济效益是值得重视的。

1.3　FRP 在结构工程中的应用

FRP 材料在结构工程的应用主要分为 FRP 片材和 FRP 筋。

自从瑞士联邦材料实验室（EMPA）开创性地采用外部粘贴碳纤维板对结构进行加固的研究工作，并在日本得到了极大的发展后，FRP 片材引起了更多的关注，不但在日本、美国、加拿大、欧洲及我国等国家和地区获得了广泛的应用，而且被全世界更多国家所关注。

FRP 片材分为柔性的 FRP 布和刚性的 FRP 板。采用 FRP 片材加固混凝土结构是 FRP 在土木工程中研究和应用最多的方式。通常是将 FRP 布或 FRP 板粘贴到混凝土结构表面对结构进行受弯、受剪和抗震等加固，从而提高结构的承载力或延性，同时改善结构的使用性能并提高结构的耐久性。FRP 片材加固的工程结构类型极其广泛，包括房屋及桥梁的梁、板、柱构件，墙体及烟囱、隧道等各类结构，如图 1-1 所示。由于 CFRP 具有优越的物理、化学及力学性能，随着 CFRP 布制造工艺的成熟及成本的不断下降，它已成为结构加固中最常用的一种 FRP 片材。FRP 板除了可以用于既有结构加固外，还可以直接作为结构的一部分用于新建结构，其中以 FRP 蜂窝夹心板等层叠状板材在桥面板中的使用较为广泛。

(a) 加固桥梁　　　　　　　　　　　　(b) 加固混凝土柱

图 1-1　FRP 布在结构工程中的应用

在 FRP 片材的应用方面，日本与其他国家的应用重点有所不同。在日本，FRP 布在实际工程中的大量采用是在 1995 年发生的兵库县南部大地震和 1996 年的阪神大地震之后，纤维材料加固施工的方便性使得对其应用需求在短时间内激增。因此在诸多的加固实例中，抗震加固柱形结构是最多的，而且加固效果和施工方法的研究最全面，其次才是梁、板等结构的加固。最近的研究应用状况表明，对老化结构的加固、改造的需求逐渐取代了特殊抗震加固的需要，因此房屋及桥梁、板和隧道等应用正不断增多[4]。而在我国及其他国家，主要集中于结构性能下降、功能改变等原因的加固，因此，以房屋和桥梁的梁、板等构件的受弯、受剪加固为主。

在 FRP 片材得到了更多的研究和应用的同时，FRP 筋也有不少的应用实例。FRP 筋既可以用作增强筋，又可以用作预应力筋；既可以用于新建结构，又可以用于既有结构的加固补强，具有更广阔的应用空间。20 世纪 80 年代以来，FRP 筋逐渐应用于有特殊性能要求的结构物，尤其是海洋工程、化学工程以及要求电磁中性的结构中。FRP 筋的研究和应用主要集中于日本、美国、加拿大和欧洲国家。随着复合材料生产工艺的发展，FRP 筋的产品类型不断丰富。目前，在土木工程中应用的 FRP 筋主要有三种，即 CFRP 筋、AFRP 筋和 GFRP 筋。日本和美国应用较多的是 CFRP 筋和 AFRP 筋，欧洲应用的主要是 GFRP 筋和 AFRP 筋。

表 1-1 是使用 FRP 筋修建的典型预应力混凝土桥梁的实际工程。

表 1-1　国外典型的 FRP 筋预应力混凝土桥

桥名	地点	建成时间（年）	结构类型	跨度/m	FRP 筋种类
Shinmya 桥	石川县	1988	先张预应力混凝土自行车桥	6.1	CFRP 绞线
石智川桥	九州县	1989	先张预应力混凝土公路桥	8.0	CFRP 绞线
Birdie 桥	茨城县	1990	先张和后张结合预应力混凝土吊桥	46.5	CFRP 筋、绞线和 AFRP 筋
Sumitomo 桥	Ehime 县	1991	先张和后张结合预应力混凝土人行桥	10.5	CFRP 绞线
飞翔桥	爱知县	1992	后张预应力混凝土人行桥	75	CFRP 筋
Beddenton 桥	加尔盖利市	1993	先张和后张结合预应力混凝土公路桥	19.2+22.8	CFRP 绞线、CFRP 筋
Taylor 桥	Manitoba 省	1997	预应力混凝土公路桥	35	CFRP 筋、GFRP 筋
Joffre 桥	Sherbrooke 市	1997	预应力混凝土公路桥	26~37	CFRP 格栅、GFRP 筋
Lunenshe Gasse 桥	德国	1980	后张预应力混凝土试验桥	6.6	GFRP 筋
Schiess bergstrasse 桥	德国	1991	后张预应力混凝土公路桥	53.1	CFRP 筋
Aberfeldy 桥	英国	1992	全 FRP 的斜拉人行桥	63	GFRP 桥面、AFRP 斜拉索
Stock 桥	瑞士	1996	部分 CFRP 拉索斜拉桥	61	CFRP 筋

在我国，FRP 筋应用于预应力混凝土结构的实例还很少。2005 年，以东南大学为主的课题组在江苏大学西山校区设计并建成了国内第一座高性能 CFRP 拉索斜拉桥（总长 51.5m），该桥是一座跨径为 30m+18.4m 的混凝土独塔双索面斜拉桥，采用塔梁墩固结体系，桥宽 6.8m，索塔两边各布置 4 对拉索，拉索采用 leadline 碳筋制成（图 1-2）。

制约预应力 FRP 筋在我国发展的一个重要原因是 FRP 筋的生产线。以前国内还没有能够生产性能稳定的 FRP 筋的生产线，而进口的 FRP 筋价格昂贵，所以只有很少的研究机构开展这方面的研究。随着国内 FRP 筋生产线的引进，越来越多的国内企业能够生产 GFRP 筋和 CFRP 筋，很多高校和科研机构已经进行或计划进行 FRP 筋混凝土结构的研究。

图 1-2 国内首座 CFRP 拉索斜拉桥

1.4 国内外研究现状

1.4.1 预应力 FRP 筋锚具

FRP 筋应用于预应力结构必须有可靠的锚固，安全、经济、实用的锚固技术的开发是将 FRP 筋应用到实际预应力结构的关键之一。由于日本、欧美等发达国家和地区 FRP 技术的研究与应用早于我国，在对预应力 FRP 筋张拉锚固体系的研究开发中已取得了一定成果，开发出多种形式的锚具，从锚固受力原理上可分为机械夹持式（mechanical gripping anchors）和粘结型（bond-type anchors）两大类，并由此派生出许多锚具系统[5-30]。

机械夹持式锚具主要是靠锚具与 FRP 筋间摩擦力和咬合力产生的均匀表面剪力来实现锚固的。而 FRP 筋的横向抗剪强度较低，尤其是在应力集中处易发生由部分纤维丝断裂导致的 FRP 筋的整体断裂，因此在机械夹持式锚具的设计中，避免应力集中是保证 FRP 筋不被过早剪坏的关键。机械夹持式锚具主要可分为分离夹片式锚具、锥塞式锚具和压铸管夹片式锚具。

分离夹片式锚具（split-wedge anchor）由外锚环及两片或多个夹片组成，夹片带有细齿或不带细齿，如图 1-3（a）所示。这种锚具是由锚固高强钢筋的夹片式锚具发展而来，锚固原理主要是靠夹片施加在预应力筋上的压力产生夹持作用。其优点是设计灵活、施工方便、互换性好；缺点是夹片在夹持过程中易产生应力集中，损伤 FRP 筋。该锚具系统的破坏模式常表现为锚固区过早的剪切破坏（理想的破坏模式是预应力筋在锚具以外的自由段断裂，这里不再列举，下同）。为减少对筋的损伤，Erki 等[7]曾用塑料夹片代替钢制夹片应用于先张法，取得了令人满意的效果，但塑料夹片不适合用于永久性锚具中。

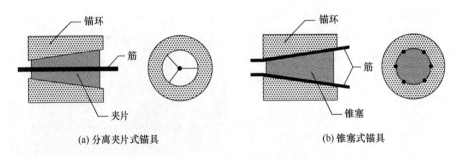

（a）分离夹片式锚具　　　　　　　　　　　（b）锥塞式锚具

图 1 - 3　机械夹持式锚具

锥塞式锚具（plug-in cone anchor）由锚环及锥塞组成，如图 1 - 3（b）所示。利用锥塞代替夹片，可同时锚固多根 FRP 筋，锚固原理主要靠锚环的内齿槽发挥夹持作用。其优点是避免了夹片对筋的损伤，不需要粘结树脂，从而不受环境因素的影响；缺点是在夹持区域预应力筋存在变角现象，湿气侵入会降低锚具的夹持作用（需采用防护措施）。该锚具的破坏模式常表现为应力集中导致筋的过早破坏。Lees 的研究结果表明[16]，锥塞式锚具特别适用于横向变形能力较好的 AFRP 筋，锚固效果良好。

压铸管夹片式锚具（die - cast wedge anchor）由锚环、夹片及金属铸管组成，适用于锚固单根和多根 FRP 筋，锚固原理主要是靠压铸管的夹持作用（类似钢绞线挤压锚具原理）。其优点是对 FRP 损伤小，不需要树脂粘结；缺点是增加了现场压铸工序及特殊的压铸机器。该锚具的破坏模式常表现为压铸管屈服和预应力筋拔出两种。Pincheira 等的研究结果表明[14]，压铸管夹片式锚具锚固效果良好，施工用时少，便于现场安装，是一种极有发展潜力的锚具系统。

FRP 筋材是将 FRP 纤维通过树脂浸渍胶合而成的，树脂与树脂或树脂与水泥浆体之间有粘结性能，粘结型锚具就是通过界面间的胶结力、摩擦力以及表面凸凹产生的机械咬合力来传递剪力的。目前粘结型锚具在国外最为常见。粘结型锚具可细分为套筒灌胶式锚具和杯口封装式锚具。

套筒灌胶式锚具（resin sleeve anchor）由内表面带有螺纹或经加工变形的管状金属、非金属套管或套筒组成，如图 1 - 4（a）所示。锚固作用靠在套筒中注入树脂等粘结材料粘结得以实现，并采用支承螺母锚固在构件上。其优点是技术成熟，锚固可靠性好，适用范围广；缺点是锚具长度大，尺寸要求精度高，不适用于光圆筋，抗冲击能力差，蠕变变形大以及存在防潮和热耐久性问题。该锚具的破坏模式常表现为粘结破坏或粘结材料出现过大的蠕变变形。世界各 FRP 筋的生产厂家（如 Tokyo Rope 等）均提供了多种套筒灌胶式锚具；Wolff 等[15]采用环氧砂浆作为粘结材料取得了成功；Zhang 和 Benmokrane 等[21]采用水泥浆，Khin 等[17]采用膨胀材料作粘结材料应用于地锚中均获得了成功。但套筒灌胶式锚具的尺寸限制了其在后张法中的应用。

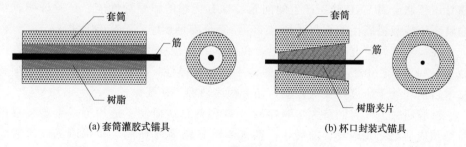

(a) 套筒灌胶式锚具　　　　　　　　(b) 杯口封装式锚具

图 1 - 4　粘结型锚具

　　杯口封装式锚具（resin-potted anchor）由内部带锥形孔的金属锚环组成，如图 1 - 4（b）所示。锚固作用靠在锥体内填充树脂或浆体形成粘结作用实现，锚固力取决于锥体所施加的压应力。其优点是不损伤 FRP 筋；缺点是锚具与筋之间的滑动大、锚固效果差，同时和套筒灌胶式锚具一样，存在蠕变变形大及热耐久性问题。该锚具的破坏模式常表现为锚具口处应力集中而引起的过早剪切破坏或滑动失效。为解决锚固区应力不均匀引起的应力集中，Meier 等[24]提出了软化区观点，使锚固用树脂填料的刚度从锚具前端往后逐渐增加，获得了令人满意的效果。

　　各国学者还根据各类锚具的特点，采用组合的办法形成了多种组合式锚具。组合式锚具充分利用了各类锚具的优点，克服了单一锚具的缺点，获得了很好的效果。

　　夹片-粘结型锚具是将分离夹片式锚具和套筒灌胶式锚具组合，形成新的锚具系统。锚固作用靠粘结和夹片横向压力的综合作用来实现。其优点是充分利用了分离夹片式锚具和套筒灌胶式锚具各自的优点，锚固效果很好；缺点是施工复杂、工期长、造价高。该锚具的破坏模式常表现为滑动失效或粘结材料出现过大的蠕变变形。

　　夹片-套筒型锚具与夹片-粘结型锚具类似，只是不采用树脂等粘结材料，而利用软金属套管。锚固作用通过预压力安装锚具，使 FRP 筋与套管之间、套管与夹片之间及夹片与锚环之间产生的作用引起的横向压力及摩擦咬合力来实现。其优点是施工方便，不损伤 FRP 筋；缺点是需通过专门设备预先安装锚具系统，锚固区存在应力集中现象。该锚具的破坏模式常表现为锚固区应力集中而引起的过早剪切破坏。Al-Mayah 等[22]提出的变角度观点很好地解决了上述问题。

　　除了上述锚具系统外，国外学者还研究开发了其他锚具系统，例如 Reda Taha 等[10]新近开发了一种非金属锚具，这种锚具由抗压强度高达 200MPa 以上的特制超高性能混凝土制成锚环及夹片，代替了钢制锚环及夹片，避免了金属锚具用于非金属 FRP 筋所产生的问题，具有优越的耐腐蚀性能。试验证明，该锚具系统静载锚固性能系数达到 0.959，完全满足预应力系统的要求。

在借鉴国外研究成果的基础上，我国学者在预应力 FRP 筋锚具的研发方面做了一些工作。由于 FRP 筋的锚固体系具有多样性，技术还不够成熟，这项新技术目前还处于研究开发的初期，还有很多研究工作要做。

试验研究方面，同济大学薛伟辰[31]在国内首次研制了适用于纤维塑料筋的新型预应力粘结式锚具，随后，广西工学院张鹏等[32]研制了单根碳筋的灌浆式螺丝端杆锚具，详细描述了灌浆式螺丝端杆锚具的构成和制作工序，并进行了母材和锚具静载试验。郑州大学高丹盈等[33]分析研究了纤维增强塑料筋锚杆的组成、生产工艺、优点及应用，并对纤维增强塑料筋锚杆粘结式锚具的设计及应用进行了研究，其研究成果对粘结型锚具的研制具有重要意义。湖南大学的方志等[34]分别选用环氧铁砂和普通混凝土作为粘结介质，分析了粘结式锚具的粘结机理，指出 FRP 筋的表面粗糙度，即 FRP 筋与粘结介质的机械咬合作用，对于粘结式锚具的性能具有决定性的影响，粘结式锚具不适用于表面光滑的 FRP 筋，其锚固需采用其他形式的锚具，粘结式锚具需要解决的问题是增强粘结介质与 FRP 筋的化学胶着力。河海大学的张作诚[35]在总结国外各种 FRP 筋锚具的形式和失效现象，比较其优缺点的基础上，探索了粘结型锚具的制作方法，并进行拉伸试验，试验表明用钢管加固的粘结型锚具进行拉伸试验比较成功，这也为树脂型锚具提供了数据参考。其利用此锚具进行了碳纤维塑料筋剪切试验，取得了一定的试验效果。东南大学和北京特希达科技集团公司[36-38]特别研究了两种灌注式锚具，介绍了新型灌注式锚具的特点和性能，研究表明选择具有一定膨胀率的灌注物是良好锚固性能的重要保证；并在 FRP 筋-锚具组装件静载试验基础上，针对 FRP 筋的特点，提出了 FRP 筋效率系数、锚具效率系数的计算方法，指出 FRP 筋-锚具组装件性能与预应力钢绞线-锚具组装件性能有较大区别，多根 FRP 筋的平均强度甚至有可能低于厂家提供的极限强度保证值，为 FRP 筋的应用及相应规程的编制提供参考，并将研制的锚具应用到国内首座 CFRP 斜拉桥——江苏大学西山人行天桥中。柳州欧维姆机械股份有限公司蒋业东等[39]进行了国内为数不多的 CFRP 索群锚体系的静载试验。

张鹏等还针对南京某科研院所研制的碳纤维塑料筋，通过对传统钢绞线夹片锚具的改造，研制了单根碳筋的分离夹片式锚具。其方法是合理选择夹片的牙型及参数和对夹片合理处理，使其更适应 CFRP 材料；并进行了母材和锚具静载试验，取得了较好的试验效果。张继文等人采用粘砂夹片进行尝试，以提高夹持作用，取得了初步成果。柳州海威姆机械有限公司朱万旭等[40]在参考国外经验的基础上，以国产直径 10mm 的碳筋为研究对象，研制出一种压铸管夹片式锚具，锚具的锚固方式参考预应力钢绞线固定端挤压锚具采用挤压方式，采用软质金属材料作为中间介质进行了锚具静载锚固试验，取得了预期的试验效果，并对锚固结构体系和张拉施工工艺进行了简单的探讨。目前国内还没有有关锥塞式锚具的报道。

中国建筑科学研究院孟履祥[41]等人，以直径 8mm 的光圆 CFRP 筋为研究对象，在其外面以钢管作为传力介质，钢管内压力灌注树脂胶将钢管和 CFRP 筋粘结成整体，然后在钢管外安装 QM 夹片锚具组成锚固单元，研制出夹片-粘结型锚具，一方面钢管作为传力介质分散了 CFRP 筋受到的挤压力，避免了 CFRP 筋表面的损伤；另一方面树脂胶将 CFRP 筋所受的部分拉力传递到钢管上，从而减少夹持段筋所受拉力，使其更容易锚固。锚具的静载试验结果表明，光圆的 CFRP 筋表面的处理对锚固性能有重要影响，该锚具能够基本发挥筋的极限抗拉强度。张作诚等运用角度差异的思想，设计了一种钢质夹片-套筒型锚具，用以消除 CFRP 筋在锚固区存在的应力集中现象，夹片通过软金属套筒夹持 FRP 筋，避免损伤筋，并进行拉伸试验，取得了一定的试验效果。

理论分析方面，衡阳钢管集团有限公司王力龙等[42]应用有限元方法对碳纤维夹片式锚具锚固区的力学性能进行了研究，分析了碳筋与夹片之间的摩擦系数、锚环内壁倾角和锚具长度对碳筋轴向压力的影响，并对三种影响因素提出了设计意见。东南大学郭范波[43]从碳筋的材料性能入手，对夹片-套筒型锚具在预紧和张拉过程的每个阶段进行受力分析，同时进行强度校核，了解锚具尺寸应满足的条件；并利用有限元软件，对锚具进行有限元分析，考虑锚具体系各部分之间的接触关系，包括夹片与锚环间的接触、夹片与软金属管间的接触、软金属管与碳筋间的接触，较真实地模拟张拉过程中碳筋的受力。对锚具的影响因素，如锚具长度、锚具锥角、夹片与锚环之间的锥角差、预紧力逐一进行对比分析，从理论上确定碳筋夹片式锚具各影响因素的合理值，为夹片-套筒型锚具的设计提供参考。湖南大学孙志刚[44]进行了预应力 CFRP 筋及拉索夹片锚具和粘结锚具的原型抗疲劳试验，并应用有限元通用分析软件 ANSYS 对组装件的抗疲劳性能做有限元分析，对锚具组装件的受力及变形等特点进行了研究，揭示和了解了锚固系统的抗疲劳本质特征和实用性。湖南大学梁栋等[45]采用通用有限元程序 Marc，分别对粘结式和夹片式锚具进行了理论分析，研究了不同粘结介质、锚固长度对粘结式锚具锚固性能的影响；研究了不同内壁倾角差值、外套筒内壁倾斜角度以及锚具长度对夹片式锚具锚固性能的影响。东南大学梅葵花[46]针对 CFRP 粘结型锚具理论分析相对滞后的现状，采用解析法分析了套筒灌胶式锚具，提出了一种粘结应力的分布模型，分析了其极限承载力，并用有限元法分析了杯口封装式锚具，分析了其使用荷载下的受力性能。

1.4.2　预应力 FRP 筋混凝土梁结构的延性

延性是指结构、构件、截面以及材料在破坏前且承载能力没有明显下降的情况下所具有的非弹性变形能力，延性系数是反映延性大小的参数。传统的延性系数是在钢构件和钢筋混凝土构件的受力性能基础上建立的，为极限变形与屈服变形之比。由于常用的 FRP 都是线弹性材料，传统的延性定义就不能用于 FRP 筋预应力混凝土结构。而从结构的安全性和可靠度考虑，结构的延性储备是必需的，因此有必要从量上对结构延性进行评估。

目前国际上还没有统一的关于 FRP 筋混凝土结构的延性定义，国内外一些学者对传统的延性系数进行了改进，提出了一些新的 FRP 混凝土结构的延性系数，对 FRP 混凝土结构的延性进行了研究。1995 年，Abdelrahman 等人[47]在研究 FRP 筋预应力混凝土梁的基础上，提出一个改进的延性系数：

$$\mu_{\Phi,A} = \frac{\Phi_u}{\Phi_l}, \quad \mu_{\Delta,A} = \frac{\Delta_u}{\Delta_l} \qquad (1-1)$$

式中，Φ_u 和 Δ_u 为极限曲率和变形，Φ_l 和 Δ_l 为极限荷载下用未开裂的构件刚度计算的等效曲率和变形。这个系数实质上是通过定义一个名义屈服点来继续使用延性的概念，由于这个名义屈服点依赖于构件的初始刚度，而与曲线的变化规律无关，它的适用性不广。1995 年，Naaman 等人[48]基于钢筋和 FRP 筋预应力混凝土梁的特点，提出一个能量表达的延性系数：

$$\mu_{E,N} = \frac{1}{2}\left(\frac{E_{tot}}{E_{el}} + 1\right) \qquad (1-2)$$

式中，E_{tot} 为总变形能，E_{el} 为可恢复的弹性变形能。这个从能量角度定义的延性系数使用得较为普遍，国内一些学者如张鹏[49]和方志[50,51]都是采用这个系数对 FRP 筋预应力混凝土梁的延性进行了研究。但与传统延性系数相同，如果在总变形中弹性变形占主要地位，基于能量表达的延性系数就很小。

随着研究的深入，延性指标也由单一的延性系数和变形系数向综合性能指标发展。Zou[52]通过 23 根预应力混凝土梁的试验对 FRP 筋预应力混凝土梁的变形能力进行了较为深入的研究，提出了用于 FRP 筋预应力混凝土结构的延性指标，即

$$Z = \frac{\Delta_u}{M_u}\frac{\Delta_{cr}}{M_{cr}} \qquad (1-3)$$

式中，Δ_u 和 Δ_{cr} 分别指极限状态下和开裂荷载下梁跨中的挠度，M_u 和 M_{cr} 分别指梁的极限弯矩和开裂弯矩。研究表明，与预应力钢筋混凝土梁相比，FRP 筋预应力混凝土梁也有较好的延性。Mufti 等人[53]在研究 FRP 筋混凝土梁和钢筋混凝土梁的基础上明确提出了变形性的概念，提出了一个反映受弯构件综合性能

的 J 指标：

$$J = \frac{M_u}{M_c} \frac{\Phi_u}{\Phi_c} \qquad (1 - 4)$$

式中，M_u 为极限弯矩，Φ_u 为极限曲率，M_c 和 Φ_c 分别为混凝土梁受压边缘应变为 0.001 时的弯矩和曲率。加拿大公路桥梁设计规范（CHBDC）中采用了这个指标，根据 Mufti 等人的研究成果，规范要求 J 指标对矩形截面梁不小于 4，对 T 形截面梁不小于 6。国内学者冯鹏等人[54]根据 FRP 材料的特点也提出了以 4 个性能指标系数来全面反映各种不同类型构件的受力性能：

承载力系数

$$S = \frac{M_u}{M_d} \qquad (1 - 5)$$

变形性系数

$$D = \frac{\Phi_u}{\Phi_d} \qquad (1 - 6)$$

变形能系数

$$Y = \frac{E_u}{E_d} \qquad (1 - 7)$$

综合性能系数

$$F = D^m S^n = \left(\frac{\Phi_u}{\Phi_d}\right)^m \left(\frac{M_u}{M_d}\right)^n \quad (m + n = 2) \qquad (1 - 8)$$

式中，Φ_u、M_u 和 E_u 为各类构件的破坏极限状态时的曲率（或广义变形）、弯矩（或广义力）和变形能，Φ_d、M_d 和 E_d 为构件在设计目标状态时对应的参数。

上面分析了 FRP 筋预应力混凝土梁的各种延性指标。国内外学者的研究表明，FRP 筋预应力混凝土梁破坏时征兆明显，具有良好的变形能力。如果采用各种综合性能的延性指标，则 FRP 筋预应力混凝土梁具有较好的延性。为了充分发挥 FRP 的高强度，笔者认为可以从预应力结构体系创新出发，采用各种预应力技术相结合的方式，来进一步提高混凝土结构的延性。

1.4.3 预应力 FRP 筋混凝土梁的抗弯性能

抗弯性能是 FRP 筋预应力混凝土梁的一个最基本的性能，国内外学者对这方面的研究工作做得较多，取得了较多的研究成果。

根据 FRP 筋在混凝土梁中的位置，FRP 筋预应力混凝土梁可以分为体内有粘结、体内无粘结和体外无粘结预应力混凝土结构。对于体内有粘结的 FRP 筋预应力混凝土梁，主要靠 FRP 筋与混凝土的粘结提供预应力，它的抗弯力学性能可根据预应力钢筋混凝土梁截面分析的方法进行计算。早在 1992 年，Luc R 等人[55]开始探讨 GFRP 筋用于预应力混凝土结构的可行性，并对 3 根 2m 的

GFRP 筋预应力混凝土梁和 1 根足尺寸的 20m 预应力梁进行了试验研究。随后国外的 Abdelrahman[47]、Frederic[56]、Chad[57] 和国内的韩小雷[58]、薛伟辰[59] 等人都对有粘结的 FRP 筋预应力混凝土梁进行了试验研究，取得了较为一致的结论。研究结果表明：FRP 筋预应力混凝土梁的荷载 - 挠度曲线在开裂前呈线性关系，开裂后呈双线性关系，但梁刚度要降低，卸载后残余变形较小，预应力梁在破坏前有明显的破坏征兆，体内有粘结 FRP 筋预应力混凝土梁的有效预应力、正截面抗裂度和极限承载力的试验值与按现行有粘结钢筋预应力混凝土规范计算值吻合较好，可以按现行设计规范计算。

相对于有粘结预应力混凝土梁，无粘结预应力主要靠 FRP 筋两端的锚具来提供预应力，锚具研发的质量对无粘结 FRP 筋预应力混凝土梁的受力性能有较大的影响。无粘结 FRP 筋与梁体混凝土可产生自由的相对运动，与混凝土截面之间的变形不再协调，因此预应力 FRP 筋混凝上梁的相对变形较大，承载力较低，而且极限状态不能通过控制截面平面变形分析的方法计算，预应力筋的应力增量（Δf_{pe}）只能通过结构的总体变形求得。国内学者薛伟辰[59] 和张鹏等[60] 对体内无粘结 FRP 筋预应力混凝土梁进行了研究，结果表明无粘结预应力 FRP 筋的有效预应力以及无粘结预应力 FRP 筋混凝土梁的正截面抗裂度可按现行设计规范计算，但正截面承载力按现行规范计算有一定的误差。

与体内无粘结 FRP 筋预应力相比，体外预应力 FRP 筋混凝土梁由于梁体受弯变形后产生的挠度会使 FRP 筋的有效偏心距减小，降低体外筋的作用，即产生二次影响。但体外预应力可以通过设置转向块来改善混凝土梁的受力性能，而且便于施工、监测和更换，是一种更有效的加固方法。国内学者朱虹等[61] 和国外的 Robert[62]、Ghallab[63]、Raafat[64]、Kiang[65] 等人对体外预应力 FRP 筋对混凝土梁的加固性能进行了试验研究，研究表明加固梁在外荷载下，混凝土梁的开裂荷载、挠度和极限承载力都能得到很大改善，且延性较好。

由于 FRP 筋是线弹性材料，FRP 筋预应力混凝土梁的延性相对于钢筋混凝土梁较差，为了防止 FRP 筋预应力混凝土结构发生脆性破坏，在实际设计中就要采取一定的措施来提高结构的延性。为此，不少学者提出了各种提高 FRP 筋预应力混凝土梁延性的方法，如部分预应力概念设计、采用各种粘结方式的预应力相结合的方法、采用纤维混凝土等方法。根据有粘结和无粘结预应力混凝土的受力性能，有学者提出了部分预应力部分粘结的概念，国外的 Janet[68,69] 和国内的方志[50]、张鹏[70] 等都对这种部分预应力部分粘结 FRP 筋预应力混凝土梁的受弯性能进行了试验研究；Tim[71] 和 Zhi[72] 等还分别提出了关于部分预应力部分粘结 FRP 筋预应力混凝土梁的电算程序和分析模型。研究结果表明，采用部分预应力部分粘结技术，能显著增加 FRP 筋预应力混凝土梁的变形能力和延性，而极限弯矩比完全粘结预应力混凝土梁只低 10% 左右。Mohamed[66,67]、

Grace[73,74]等还分别提出了采用有粘结和无粘结预应力筋相结合、体内预应力筋与体外预应力筋组合的方式来提高结构延性的方法。研究结果表明，采用有粘结和无粘结预应力相结合可以明显地提高混凝土梁的延性。文献［73］、［74］分别对简支桥梁和连续桥梁进行了相应的试验。试验结果显示，按照能量比定义的延性系数，CFRP 筋预应力混凝土简支桥梁的延性系数提高到了 41％～62％，最好时可以达到钢筋预应力混凝土梁延性的 88％；而对于连续桥梁，两跨桥梁的延性系数都达到 80％以上。由此可见，采用各种形式预应力相结合的方式，设计合理的破坏模式，可以显著改善 FRP 筋预应力混凝土梁的延性和受力性能，关于这方面的研究可以进一步地深入。

1.4.4 预应力 FRP 筋混凝土梁的抗剪性能

由于 FRP 筋是线弹性材料，且其横向承载力以及弹性模量较低，FRP 筋预应力混凝土梁的抗剪性能将有别于钢筋预应力混凝土梁的抗剪性能，而且混凝土结构的剪切性能本身就较为复杂，即使是普通钢筋混凝土和预应力混凝土梁的剪切性能的研究也较少，所以目前国内外关于 FRP 筋预应力混凝土梁抗剪性能的研究相对较少。另外，FRP 筋抗剪强度低，导致预应力锚具研发的困难，这也是 FRP 筋预应力技术推广的一个瓶颈。

Park 等[75]试验了 16 根混凝土梁，对 FRP 筋预应力混凝土梁和钢筋预应力混凝土梁的抗剪性能进行了对比试验研究。试验变化参数包括初始预应力、剪跨比、配箍率、是否掺加钢纤维、混凝土强度和预应力筋的种类。试验结果显示：如果不经过适当设计，FRP 筋预应力混凝土梁将出现 FRP 筋受剪断裂的破坏形式；在配筋指数相等的情况下，FRP 筋预应力混凝土梁的荷载 - 变形曲线与钢筋预应力混凝土梁基本相似，但不管哪种剪切破坏形式，前者的抗剪极限承载力比后者要低 15％左右，而剪切位移则只有后者的 1/3 左右，裂缝宽度是后者的 1/2 左右；另外，剪跨比、混凝土强度、纵筋配筋率对 FRP 筋预应力混凝土梁的抗剪承载力有较大影响；当使用钢纤维混凝土时，能有效提高梁的抗剪承载力，并避免或延迟力筋的受剪断裂破坏。Whitehead 等[76]采用连续螺旋 FRP 筋来承受剪切力，通过改变螺旋 FRP 筋的粘结方式、形状和布置方式，研究了 FRP 筋混凝土梁和预应力梁的抗剪性能，研究表明预应力对增加 FRP 筋混凝土梁的剪切力有明显帮助。Grace 等[77]通过改变箍筋的间距和种类试验研究了 6 根 CFRP 筋预应力箱形梁的抗剪性能，试验中也发现了销拴作用导致预应力 FRP 筋断裂的现象，而且在相同间距条件下，用 FRP 筋作箍筋的箱形梁的剪切开裂荷载比用钢筋作箍筋的剪切开裂荷载要低。

由此可见，FRP 筋不管是作为预应力混凝土梁的预应力筋还是箍筋，其性能与钢筋预应力混凝土梁都有很大的区别。由于 FRP 筋的剪切强度低和线弹性，

FRP 筋预应力混凝土梁将出现 FRP 筋由于受销栓作用而剪切断裂的破坏形式，而且分析钢筋混凝土剪切性能的变角桁架模型和应力场理论也将不适用于 FRP 筋预应力混凝土梁，因为它们都考虑了塑性应力重分布。另外，FRP 筋作为箍筋，由于转角处的应力集中，其强度也应有所折减，而且关于预应力对 FRP 筋预应力混凝土梁抗剪承载力的贡献，目前研究者也没有达成共识。所以，关于 FRP 筋预应力混凝土梁的剪切性能和设计还有许多工作要做。

1.4.5　预应力 FRP 筋混凝土梁的长期性能

　　FRP 筋的长期性能是指长期保持静态应力的混凝土体内（pH 为 13）的 FRP 筋在外界环境（如低温、高温和冻融）下的物理性能。其中徐变断裂性能是最为关键的一个因素，徐变断裂是指 FRP 筋在持续预应力小于极限强度时在有限的时间间隔内断裂的现象。试验研究表明：当持续荷载高于极限抗拉强度的 75%～80% 时，FRP 筋的使用寿命是有限的，只要张拉应力控制在（55%～60%）f_{ptk}，徐变引起的断裂可能性极小，此时可忽略徐变对 FRP 筋持荷性能的不良影响[78]。应力松弛是材料在保持长度不变时应力随时间增长而降低的现象，以聚合物为基质的 FRP 材料一般都存在这一问题。FRP 筋的松弛率要受多种因素影响，如在侵蚀性环境和高温环境下松弛率将增大，而初始应力大小对 FRP 筋的松弛率影响不大。目前关于 FRP 筋应力松弛的研究数据还很少，一般认为 CFRP 筋的松弛率比 AFRP 筋的松弛率要小。由于目前生产厂家所测试的徐变和松弛记录仅局限在 100h 内，显然对混凝土结构的指导意义不大，有必要对长期徐变和松弛作进一步的试验研究。

　　至于 FRP 筋预应力混凝土梁的长期性能，主要受混凝土的收缩、徐变，FRP 筋的应力松弛和荷载条件等因素的影响，研究资料见诸文献的相当少，且集中在静力状态。Samer 等[79]提出了一种简单的分析方法，来分析 FRP 筋预应力混凝土连续梁的长期应力损失、混凝土的应力和梁挠度的变化，研究表明，在长期荷载条件下，混凝土的应力和 FRP 筋预应力混凝土梁挠度的变化与钢筋预应力混凝土梁相比可大可小，这取决于 FRP 筋的种类和初始张拉应力的大小。Zou 等[80,81]采用随时间调整的有效弹模的方法（AEMM）来模拟 FRP 筋预应力混凝土梁的长期性能，并将分析结果与试验结果进行了比较，结果表明，采用 AEMM 方法可以较好地预测 FRP 筋预应力混凝土未开裂梁的长期曲率和挠度；对于开裂后梁的长期性能，应考虑拉伸硬化的影响，在修改模型中 Zou 还引入了材料参数 β_3 来考虑 FRP 材料对长期性能的影响。Matthys[82]通过试验对比了 AFRP 筋预应力混凝土板和钢筋预应力混凝土板的长期性能和剩余强度，3 块预应力混凝土板受荷长达 7 年的试验表明：在长期荷载下，AFRP 筋预应力混凝土板顶部混凝土的应变与钢筋预应力板的相差不大，但预应力筋水平处混凝土的应变要比钢筋预应力板的大；在长期持荷条件下，AFRP 筋预应力混凝土板的挠度是短期荷载挠度的 4.7 倍，而且长期挠度增加的幅度要比钢筋预应力板的大，但长期持荷对板的极限强度没有影响。Braimah 等[83]对 3 根 CFRP 筋预应力混凝土梁和 1 根钢筋预应力混凝土梁的长期性能进行了试验研究和对比，试验变化参数主要包括预应力筋的种类和预应力水平，通过分析在持荷 2 年条件下的试验数据可以得到：CFRP 筋预应力混凝土梁的长期性能要好于钢筋预应力混凝土梁，对于相同张拉控制应力的预应力梁，CFRP 筋的长期挠度要比钢筋的小；CFRP 筋预应力混凝土梁的长期挠度与短期挠度的比值随预应力水平的增加而增加。Okamoto 等[84]也对 4 根模型和 2 根足尺寸的 AFRP 索预应力梁在承受 0.67～1.5 倍开裂荷载时 10 000h 内的长期性能进行了试验研究，发现在 10 000h 后其挠度是弹性阶段 5～10 倍，有效应力对长期挠度控制起主要作用。Currier 等[85]对采用三种不同类型 FRP 索预应力梁与相同尺寸的普通预应力混凝土梁进行为期一年的比较，试验结果表明采用钢筋混凝土梁的方法预测 FRP 梁的长期挠度是偏小的，主要因为目前的方法没有反映聚合物树脂基质徐变和 FRP 与钢筋间的松弛差异。为了明确反映 FRP 梁的长期挠度，有必要按照钢筋混凝土梁的计算公式建立 FRP 预应力梁的变形修正值。

在实际工程中，不仅要考虑 FRP 筋预应力混凝土梁的延性和承载力，也要考虑其使用性能。从国外学者的研究成果可知，FRP 筋预应力混凝土梁的长期性能与钢筋预应力混凝土梁的长期性能有很大区别，FRP 筋的种类和预应力水平是影响其长期性能的关键因素。由于受试验条件的影响，目前国内还没有学者进行这方面的研究，国外的研究也没有形成统一的认识，不能指导实际工程应用，因此对 FRP 筋预应力混凝土梁的长期性能进行更深入的研究是非常必要的。

1.5 主要研究内容

FRP 作为先进的非金属复合材料，在土木工程中具有非常广阔的应用前景。虽然国际上已经建成了不少的 FRP 示范性工程，但许多关键技术问题仍未解决。相对于 FRP 片材的应用，FRP 筋材在国内的研究和实际工程应用相对较少，尤其是预应力 FRP 筋混凝土方面的研究更少。

在非预应力 FRP 筋混凝土梁中，FRP 筋弹性模量较低，在正常使用荷载下梁的挠度和裂缝宽度会较大，这样会导致 FRP 高强度的优势不能充分发挥出来；另外，FRP 筋是线弹性材料，结构的延性较差，影响了结构的抗震性能。一种有效的解决办法是将 FRP 筋用作预应力筋，这样既能增加结构的受压区高度，改善结构延性，又能利用 FRP 筋高强的特点。

　　虽然预应力技术能够发挥 FRP 筋高强的优点，但是 FRP 筋线弹性和横向抗剪强度低的材料特性使人们对预应力 FRP 筋混凝土结构的延性、抗震性能以及抗剪性能非常关心。目前，美国、日本和加拿大等一些国家已经编制了预应力 FRP 筋混凝土结构的规范，但是仍然没有具体地涉及这三个关键问题，或者没有做出具体的规定。

　　增加混凝土结构延性的方法有很多，本书主要根据有粘结和无粘结预应力的特点，采用将有粘结和无粘结相结合的方式来研究预应力 FRP 筋混凝土梁的结构延性，并对预应力 FRP 筋混凝土梁的抗剪性能和抗震性能进行了研究。

　　本书的主要内容包括：

　　1）分别从预应力 FRP 筋锚具、预应力 FRP 筋混凝土梁的结构延性、抗弯性能、抗剪性能和长期性能等方面分析和总结了国内外关于预应力 FRP 筋混凝土结构的研究现状，并提出了今后拟研究的重点内容。

　　2）分析夹片-粘结型锚具和夹片-套筒型锚具的失效模式，提出锚具的开发思路，探索锚固系统的锚固机理，并对各阶段受力进行分析，为锚具的设计及试验研究奠定基础。

　　3）设计制作夹片-粘结型锚具，针对夹片-粘结型锚具的各影响因素进行探索试验，进行锚具的静载试验、周期荷载试验和疲劳试验研究，测定该锚具系统的锚固性能。

　　4）研制夹片-套筒型锚具，通过静载试验考量不同影响因素对锚固系统的影响，进行夹片-套筒型锚具静载、动载试验研究，测定锚具系统静载、动载锚固效率。

　　5）对预应力 FRP 筋混凝土结构的预应力损失进行研究，并和钢绞线的预应力损失进行对比分析；对试验中混凝土梁的预应力损失进行计算，和实测结果进行比较，结果吻合较好。

　　6）对预应力 FRP 筋混凝土梁的有限元建模方法和建模过程进行了详细介绍，详细讨论了建模方法、本构关系、加载方式、裂缝剪力传递系数等参数对计算结果的影响，并和体内有粘结和体内无粘结预应力 FRP 筋混凝土试验梁的试验结果进行对比，验证了计算模型的可靠性。

　　7）从提高预应力 FRP 筋混凝土梁延性的角度出发，采用有粘结和无粘结预应力相结合的方式，对 13 根预应力 FRP 筋混凝土梁的抗弯性能进行了试验研究。在试验研究的基础上对体内有粘结、体内无粘结、体外无粘结以及混合预应力 FRP 筋混凝土梁的抗弯承载力进行了理论分析，并和试验结果作了比较。采用有限元软件 ANSYS 对试验梁进行了数值模拟，并和试验结果进行比较，验证了模型的可靠性。最后利用有限元软件对各种参数进行了讨论。

　　8）分别对 7 根预应力 FRP 筋无腹筋混凝土梁、8 根有粘结预应力 FRP 筋有腹筋混凝土梁、9 根无粘结预应力 FRP 筋有腹筋混凝土梁的抗剪性能进行试验研究，将其破坏形态和抗剪承载力与钢绞线预应力混凝土梁进行对比。根据桁架＋拱模型对发生剪压破坏的预应力 FRP 筋混凝土梁的抗剪承载力进行推导，并且和各种规范的计算公式进行对比，提出了简化的计算公式。最后还采用有限元软件 ANSYS 对试验结果进行模拟，并对各种影响预应力 FRP 筋混凝土梁抗剪性能的参数进行了数值分析。

9）通过 8 根混凝土梁在低周反复荷载下的试验研究，对预应力 FRP 筋混凝土梁的破坏形态、特征荷载、滞回曲线、骨架曲线、位移延性、刚度退化和耗能能力等性能进行了研究，并且和预应力钢绞线混凝土梁的抗震性能进行了对比。最后采用有限元软件 ANSYS 对试验结果和各种参数进行数值分析，研究了其对抗震性能的影响，提出了适用于预应力 FRP 筋混凝土梁的恢复力模型。

第2章 FRP筋组合式锚具的锚固机理

FRP筋是由许多单根纤维用树脂胶合在一起的筋材，其之所以适合作为预应力结构中的预应力筋，是因为其具有抗拉强度高、徐变松弛性能和抗疲劳性能好等优良的力学性能，以及低弹性模量和抗腐蚀性。然而和钢绞线相比，其横向抗压强度和抗剪能力较低，抗剪强度通常不到其抗拉强度的10%，采用传统锚固方式对其进行锚固时，在锚固区域，拉力和横向压力同时作用于预应力筋。当主应力超过FRP筋的临界值发生破坏时，预应力系统过早失效，将使FRP筋的抗拉强度得不到充分发挥，这是制约其目前不能得到广泛应用的关键因素之一。FRP筋用作预应力筋的关键是研发出新型可靠的专用锚具。同时，筋力学性能试验及预应力混凝土结构试验同样需要可靠的锚具来实现。安全、经济、实用的锚固技术的开发是将FRP筋应用于预应力结构的关键之一。

2.1 锚固系统的技术要求

目前，国外已经有了关于FRP筋的设计技术规程，如国际结构工程师学会（The Institution of Structural Engineers）已颁布了《FRP筋混凝土结构设计临时手册》，ACI440F也颁布了设计标准，但对于FRP筋锚固系统的性能要求还都没有明确规定，根据各国学者参照已有的标准进行的大量工作，提出了如下技术要求。

1. 静载锚固性能

我国现行预应力钢材（丝）或钢绞线规范规定：预应力锚具系统静载锚固性能主要由预应力筋-锚具组装件静载试验测定的锚具效率系数 η 和预应力筋达到实测极限拉力时的总应变 ε_{pu} 确定。预应力筋达到实测极限拉力时的总应变 ε_{pu} 应不小于2.0%；锚具效率系数 η 应不小于0.95，也就是说在组装件中，预应力筋必须能够发挥其名义抗拉强度的95%以上。锚具效率系数 η 可按下式计算：

$$\eta = F_u / F_{mu} \qquad (2-1)$$

$$F_{mu} = n f_{mu} A_{sp} \qquad (2-2)$$

$$f_{mu} = \frac{1}{n} \sum_{i=1}^{n} f_{ui} A_{sp} \qquad (2-3)$$

式中，F_u——预应力筋-锚具组装件的实测极限拉力（N）；

F_{mu}——预应力筋的实测平均极限抗拉力（N）；

f_{mu}——单根预应力筋的实测极限强度平均值（MPa）；

A_{sp}——单根预应力筋试件的截面面积（mm）；

n——预应力筋的根数；

f_{ui}——第 i 根预应力筋试件的实测破坏强度（MPa）。

预应力筋-锚具组装件除了满足上述静载锚固性能，即不影响预应力筋的短期抗拉强度外，还应确保锚具在张拉完成后本身仅产生很小的且可预测的变形，以减少预应力筋的预应力损失。锚具变形对于预应力筋较短的情况尤为重要。另外，预应力筋的延伸率不应该受锚具影响，而应和施加的预应力大小有关。

当预应力筋-锚具组装件达到实测极限拉力时，预应力筋的破坏应发生在自由长度内，而不应由锚具系统的破坏导致试验的终结。预应力筋拉应力未超过 $0.8f_{ptk}$（f_{ptk} 为预应力筋的抗拉强度标准值）时，锚具主要受力零件应在弹性阶段工作，脆性零件不得断裂。试验后锚具部件会有残余变形，但应能确认锚具的可靠性。

参考现有规范，笔者提出 FRP 筋-锚具组装件静载锚固性能要求：FRP 筋锚具系统静载锚固性能主要由 FRP 筋-锚具组装件静载试验测定的锚具效率系数 η 和 FRP 筋达到实测极限拉力时的总应变 ε_{pu} 确定。锚具效率系数 η 应不小于 0.95［计算公式参见公式（2-1）～公式（2-3）］；FRP 筋达到实测极限拉力时的总应变 ε_{pu} 应不小于 1.5%；其他要求可参考现有预应力钢材（丝）或钢绞线规范。两者不同之处在于极限拉力时的总应变 ε_{pu} 由 2% 降低为 1.5%，考虑到 FRP 材料的脆性特性和目前绝大部 FRP 筋生产厂家所提供的 FRP 筋弹性模量比传统预应力钢材的要低，极限拉应变也均低于传统预应力钢材，特别是 CFRP 筋，若再按现有预应力相应规范要求总应变 ε_{pu} 不小于 2%，势必无法满足。但考虑到 FRP 筋为线弹性材料，破坏模式为脆性破坏，可在 FRP 筋设计强度取值上多些安全储备。

2. 疲劳性能和周期荷载性能

与传统预应力筋-锚具组装件一样，除满足静载锚固性能要求外，FRP 筋-锚具组装件尚应满足疲劳性能试验，即长期循环荷载下 FRP 筋锚固系统的断裂强度不应比其断裂强度低太多，循环荷载不减小 FRP 筋的残余抗拉强度。地震区预应力结构中 FRP 筋-锚具组装件还需满足周期荷载性能试验。参照美国后张委员会关于预应力钢绞线锚具的有关规定，FRP 筋-锚具组装件还应满足 FRP 筋规定抗拉强度的 60%～66%、循环次数为 50 万次的疲劳性能试验，以及规定抗拉强度 50%～80%、循环次数为 50 次的周期荷载试验，FRP 筋在锚固区不应发生破坏。若满足上述试验，FRP 筋-锚具组装件在结构在役期间不会发生徐变断裂和疲劳破坏。

3. 耐久性能

在结构整个使用寿命期间，FRP 筋-锚具组装件的使用性能稳定可靠，即应具有足够的耐久性。环境因素不应较大降低 FRP 筋的强度，应避免 FRP 筋和锚具间、锚具和周围介质间的电化学反应和其他腐蚀性反应。尤其注意高温火灾等环境因素的影响，以确保锚具系统服役期超过结构使用年限。

2.2　锚具系统的失效模式

FRP 筋锚具系统理想的破坏模式是预应力筋在锚固区以外的自由区段发生断裂，表明 FRP 筋充分发挥了抗拉强度，锚具系统性能良好。相反，若锚具系统在锚固区内发生破坏，预应力系统过早失效，将使 FRP 筋的抗拉强度得不到充分发挥。如前所述，组合式锚具充分利用了机械夹持式和粘结型锚具各自的优点，克服了单一锚具系统的缺点，采用组合的方式把两种锚具系统进行合理的组合而形成锚具系统，主要有夹片-粘结型锚具和夹片-套筒型锚具两种。

夹片-粘结型锚具是将分离夹片式锚具和套筒灌胶式锚具组合，形成新的锚具系统。锚固作用靠粘结和夹片横向压力的综合作用来实现。其优点是充分利用了分离夹片式锚具设计灵活、施工方便、互换性好和套筒灌胶式锚具技术成熟、锚固可靠性好、适用范围广等优点。该锚具的破坏模式主要表现为滑动失效、粘结套筒屈服破坏以及粘结材料出现过大的蠕变变形等。

FRP 筋与介质间的粘结强度由三部分组成：粘结介质与 FRP 筋表面的化学胶结力，FRP 筋与粘结介质接触面之间的摩擦力，FRP 筋表面粗糙不平所产生的机械咬合作用。在夹片-粘结型锚具中起主要作用的是后两者。但当 FRP 筋的粘结强度不足，粘结遭到破坏，在 FRP 筋和套筒之间就失去了相应的载荷传递效果，造成 FRP 筋从锚固区被拔出，锚具系统提前破坏，达不到预期的锚固效果。影响粘结强度的因素主要有粘结介质的性能、接触面间的外形特征、粘结长度等多种，通过合理优化各种影响因素完全可以避免滑动失效的发生。通过合理选择不同屈服强度的粘结套筒可避免其发生屈服断裂破坏。环氧树脂是目前使用最为广泛的粘结材料，但现今所使用的环氧树脂大多弹性模量较低，在长期荷载作用下会发生蠕变变形，当温度升高时蠕变变形有增加的趋势，引起的纵向变形可能导致较大的预应力损失，可以通过改良粘结材料的性能和优化粘结材料的厚度等方法消除徐变的影响。

夹片-套筒型锚具利用软金属套管代替粘结套筒，避免了粘结湿作业和树脂固化时间，锚固作用通过预压力安装锚具，使 FRP 筋与套管之间、套管与夹片之间及夹片与锚环之间产生的作用引起的横向压力及摩擦咬合力来实现。其优点是施工方便、不损伤 FRP 筋。该锚具的破坏模式常表现为锚固区应力集中而引起的过早剪切破坏。

在分离夹片式锚具中，夹片施加于预应力筋上的压力产生的夹持力会使纤维塑料筋产生一些局部损伤，进而引起 FRP 筋在锚固区提前破坏。夹片-套筒型锚具在筋和夹片之间设置软金属套管，通过软金属套管缓冲和分散夹片传递到纤维塑料筋上的压应力，避免了夹片的破坏作用。

传统的夹片式锚具，夹片与锚环的锥度相同，在夹片楔紧预应力筋时，夹片位于比锚环圆弧半径小的位置，这时夹片以其锥面母线与锚环锥面母线相切，夹片会一直沿锚环锥面母线平移，能稳定地夹持预应力筋。在夹片继续伸入锚环、越过锥面完全吻合的位置后，夹片以其最外边的棱线与锥孔表面接触，夹片与锥孔的夹角大于锥环夹角，造成小端应力集中的情况，有可能使预应力筋因咬伤过重而提前拉断或因夹持不牢而滑脱。还可以解释为，在锚固预应力筋的过程中，随着夹片挤压锚环力的增加，锚环的变形也随之增加，引起锥角变大，致使沿夹片全长均匀分布的力向夹片小端集中，预应力筋因应力集中而被提前破坏，形成所谓的"切口效应"现象。另外，绝大多数粘结式锚具中粘结材料的刚度通常是不变的，这样在锚具末端也容易产生类似"切口效应"的剪应力峰值，导致 FRP 筋过早地失效。为避免锚具发生"切口效应"而使预应力筋提前破坏，国外学者提出了软化区概念和角度差异概念，可使 FRP 筋的径向应力在锚固区域达到相对均匀。

软化区概念如图 2-1 所示，对于夹片式锚具要想应用此概念，就得对锥形夹片做文章，将其做成变刚度，以此来减小夹片端部对 FRP 筋的径向压力峰值，而现有的生产工艺还很难批量生产变刚度夹片，若将夹片内侧小端合适长度制成一定锥度的坡度，可使剪应力峰值有所下降，径向应力趋于均匀。

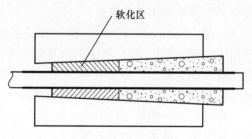

图 2-1　软化区概念图

对于粘结锚具，尤其是套筒灌胶式锚具，由于粘结介质厚度较小，采用不同刚度的粘结材料来实现软化区概念同样存在着实际操作难以完成的困难。

运用角度差异概念解决夹片式锚具的"切口效应"相对容易些（图 2-2）。当夹片的锥度稍大于锚环的锥度时，可以降低夹片小端的压力峰值。这是因为夹片向锚环顶进时，由于夹片的锥度比锚环锥孔的锥度稍大，在锚具的后部先出现压应力，随着顶进尺寸的增加，夹片和锚环出现变形（通常夹片的硬度比锚环的硬度大，锚环的变形比夹片大），两者之间的接触面逐渐增大，锚具后部的压力逐渐向前段发展，降低了锚固区的压力峰值。已有的研究结果表明，当角度差异合理时，夹片施加给预应力筋的径向应力和剪应力是相对均匀的，这就达到了预应力筋夹片式锚具所要求的合理应力分布状态。

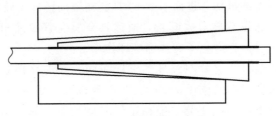

图 2-2　角度差异概念图

2.3　夹片-粘结型锚具的锚固机理

2.3.1　开发思路

如前所述，夹片-粘结型锚具是将分离夹片式锚具和套筒灌胶式锚具组合，先用粘结介质把粘结套筒和 FRP 筋粘结组成粘结单元，待达到强度后再用分离夹片式锚具及配套的张拉设备进行张拉锚固。国外学者已成功研制出此类锚具系统，但由于知识产权和专利技术保护等方面的原因，详细的产品工艺、材料规格和具体尺寸还少见报道。

目前，我国钢绞线所用分离夹片式锚具及配套张拉设备等相关产品和技术已相当成熟。夹片-粘结型锚具的开发前提是充分利用现有夹片式锚具及配套张拉设备，避免相关产品的二次开发，把开发重点放到构成粘结单元的粘结套筒和粘结介质上，以便节约成本，最大限度地利用现有资源。

粘结套筒、粘结介质材质的选择和尺寸设计成为此类锚具开发的重点。材质选择方面，参考现有套筒灌胶式锚具，以最为常见的钢制套筒较为合适。套筒的刚度要适中，刚度太高，会使夹片锚具的夹片在张拉锚固过程中因夹持不牢而发生提前滑脱；刚度太低，会造成张拉锚固过程中因套筒强度不足而发生过早屈服破坏，引起锚固系统提前破坏，达不到期待的锚固效果。尺寸设计方面，主要有直径、壁厚和长度等参数。套筒内径应考虑所需锚固 FRP 筋的直径和保证粘结介质的充分粘结为原则。为减小夹片对 FRP 筋的局部损伤，防止发生局部剪切破坏以及满足锚具的耐久性要求，钢套筒的壁厚需要在保证粘结介质充分展开的同时尽可能厚，但也不能太厚，主要原因有两方面：一是现今国内所使用钢绞线直径主要为 12～22mm，其中直径 15.24mm 的钢绞线最为常用，配套的张拉设备多数为张拉工艺简单的普通前卡式千斤顶，分离夹片锚具和千斤顶工具锚的孔径也在这一范围，套筒的壁厚及外径尽量不要超过此范围；二是当套筒壁太厚时会引起屈服破坏而影响锚具整体效率。就长度而言，主要考虑保证粘结力的有效传递和张拉锚固尺寸要求两方面。粘结介质的选取有多种选择，国内外常采用的粘结材料有环氧基粘结剂、膨胀水泥、活性粉末混凝土等，其中环氧基粘结剂最为合适，但此类锚具粘结介质厚度也要适中，厚度太薄试件制作困难，无法保证粘结质量，厚度太厚会引起抗冲击能力差、蠕变变形大等缺点产生。

2.3.2　锚固机理

分离夹片式锚具的锚固主要靠夹片施加在 FRP 筋上的压力产生夹持作用。套筒灌胶式锚具依靠的是套筒、粘结介质、FRP 筋之间的粘结强度，其粘结强度由三部分组成：①粘结介质与 FRP 筋表面的化学胶结力；②FRP 筋与粘结介质接触面之间的摩擦力；③因 FRP 筋表面粗糙不平所产生的机械咬合作用。夹片-粘结型锚具充分利用上述两类锚具的优点，令 FRP 筋在锚固区的受力更加合理，当 FRP 筋受到拉力后，其自由段所受的拉力进入锚固区后的应力传递主要包括两方面：一是通过粘结介质把部分应力传递给粘结套筒，再由粘结套筒过渡给夹片锚具；二是通过粘结介质和粘结套筒的缓冲和保护，把 FRP 筋的应力直接传递给夹片锚具，避免了夹片对本身抗剪性能不足的 FRP 筋的夹持破坏，同时通过粘结介质把 FRP 筋和粘结套筒粘结成整体，套筒还分散了夹片锚具产生的局部剪应力，较好地实现了对 FRP 筋的张拉和锚固。

锚固性能良好的夹片-粘结型锚具在锚固 FRP 筋的过程中，从加载初期到 FRP 筋在自由段破坏经历三个受力阶段，如图 2-3 所示。

（1）套筒弹性工作阶段

加载初期，FRP 筋及锚具系统所受的力比较小，FRP 筋在自由段所受的拉力进入锚固区后分成两部分：一部分通过粘结传递给粘结套筒，再由粘结套筒传递给夹片锚具；另一部分由锚固区的 FRP 筋直接承担，并传递给夹片锚具，粘结介质和套筒起到缓冲和保护作用。此时，整个粘结套筒处在弹性工作阶段，应变与荷载之间呈线性关系，FRP 筋的应变也与荷载呈线性增加关系。但由于两者的弹性模量不同，应力-应变关系曲线的斜率也不同。这一阶段以粘结套筒进入屈服而宣布结束，FRP 筋及锚具系统的受力可由下列各式计算：

$$N_p = \sigma_p A_p = \varepsilon_p E_p A_p \qquad (2-4)$$

$$N_s = \sigma_s A_s = \varepsilon_s E_s A_s \qquad (2-5)$$

$$N = N_p + N_s \qquad (2-6)$$

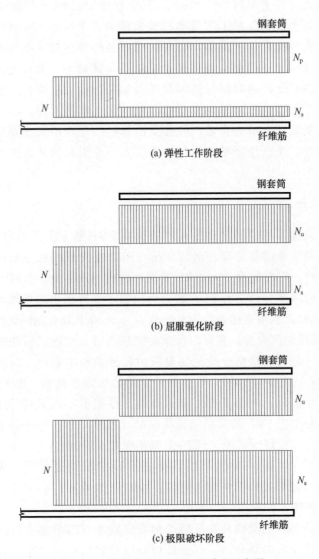

图 2-3 粘结套筒和 FRP 筋受力示意图

式中，N_p，N_s——弹性阶段锚具系统内粘结套筒、FRP 筋所受的拉力（N）；

   N——自由段 FRP 筋所受的拉力（N）；

   σ_p，σ_s——弹性阶段锚具系统内粘结套筒、FRP 筋的应力（MPa）；

   E_p，E_s——粘结套筒、FRP 筋的弹性模量（MPa）；

   ε_p，ε_s——弹性阶段锚具系统内粘结套筒、FRP 筋的应变；

   A_p，A_s——粘结套筒、FRP 筋的截面面积（mm²）。

（2）套筒屈服强化工作阶段

当粘结套筒所受拉力达到其屈服应力后，受力阶段进入套筒屈服强化工作阶段。套筒屈服强化后，套筒已不能再承受荷载增量，应力不再增加。所有的荷载增量均由锚固区 FRP 筋承担，若粘结可靠，套筒与 FRP 筋能保持协同工作，套筒的应变与 FRP 筋的应变同步增加，由于套筒的弹性模量比 FRP 筋大，相应套筒的应变比自由段 FRP 筋的应变略小，此时套筒的应力-应变曲线与 FRP 筋的应力-应变曲线近似成平行关系。粘结套筒所受拉力由下式计算：

$$N_u = \sigma_u A_p \qquad\qquad (2 - 7)$$

式中，N_u——屈服强化阶段粘结套筒的屈服强化拉力（N）；

　　　σ_u——粘结套筒的屈服强化应力。

（3）FRP 筋破坏阶段

若夹片-粘结型锚具性能可靠，随着荷载的继续增加，当 FRP 筋接近破坏时，自由段 FRP 筋的拉应变达到极限值时，套筒及其内 FRP 筋的拉应变比屈服强化阶段应变值大，但小于自由段 FRP 筋的极限拉应变。FRP 筋达到其极限破坏力，FRP 筋发生突然性的弹性断裂，宣告破坏。

综上所述，在 FRP 筋所承担的极限拉力中，只有套筒屈服强化拉力 N_u 通过粘结由 FRP 筋传递给粘结套筒，再传递给夹片锚具，其余拉力则直接由 FRP 筋承担并传递给夹片锚具，即通过粘结方式传递的荷载只有套筒屈服强化拉力 N_u，若已知粘结介质的粘结强度和粘结套筒的屈服强化强度，就可以计算出所需的理论粘结长度：

$$l = \frac{N_u}{\pi D \sigma_\tau} \qquad\qquad (2 - 8)$$

式中，l——理论粘结长度（mm）；

　　　D——FRP 筋的直径（mm）；

　　　σ_τ——粘结介质的粘结强度（MPa）。

2.4　夹片-套筒型锚具的锚固机理

传统预应力钢绞线夹片式锚具属于机械夹持式锚具，在顶压放张过程中，夹片被顶进锚环，在强大的横向压力和摩擦力作用下夹紧预应力筋。若直接用于锚固 FRP 筋，夹片内侧的齿纹会损伤 FRP 筋，即使把夹片齿纹变浅变密，也会由于 FRP 筋较低的抗压强度而承受不了夹片直接作用下强大的横向压力，从而导致 FRP 筋在锚固区过早地失效。夹片-套筒型锚具在夹片与 FRP 筋之间增加软金属材料作为过渡层，起保护 FRP 筋的作用，其锚固机理与机械夹持式锚具的锚固机理类似，均为利用锚具与筋材表面物理作用产生的摩擦力和机械咬合力来进行锚固。

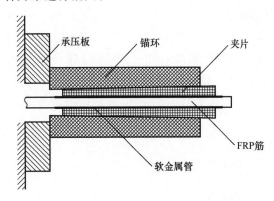

图 2-4　单孔夹片-套筒型锚具示意图

夹片-套筒型锚具系统包括锚环、夹片和软金属过渡层（图 2-4），有别于传统分离夹片式锚具的是增加了软金属过渡层，以便增加夹片与 FRP 筋的接触面积，避免夹片对 FRP 筋的刻痕，缓解应力集中。鉴于 FRP 筋的横向特性，夹片-套筒型锚具的长度较传统分离夹片式锚具要长。

现有前卡式千斤顶一般带有顶压装置，张拉预应力钢绞线的工艺为张拉→顶压→放张→锚固。首先，通过千斤顶内的工具锚具夹持并张拉预应力筋达到张拉控制应力；然后，利用千斤顶前部的顶压装置顶压锚具夹片，以便夹紧预应力筋；最后放张锚固，完成了张拉锚固过程。即使没有顶压过程，在放张过程中，夹片会与预应力筋一同跟进，夹片内牙纹也会刻入钢绞线并夹持住预应力筋。夹片-套筒型锚具的张拉工艺与传统张拉工艺类似，但顶压过程必不可少。在进行锚具与筋的组装件力学试验时二者的区别是：传统分离夹片式锚具具有良好的自锚能力，即便省略顶压和放张过程，试验机直接夹持锚具与筋的组装件进行试验，锚具靠良好的自锚性能也能夹持住预应力筋，预应力筋的回缩很小；而夹片-套筒型锚具中的软金属过渡层严重降低锚具的自锚性能，需要增加预紧过程，也就是说需要用一个设计的力事先顶压夹片，再进行试验，否则 FRP 筋会提前滑脱，无法完成试验。因此，夹片-套筒型锚具的受力分析可以分为三个过程，即预紧过程锚固系统的受力分析、预紧完毕卸载后锚具系统的受力分析和锚固 FRP 筋时锚具的受力分析。鉴于多孔夹片-套筒型锚具与单孔夹片-套筒型锚具锚固原理相同，只是把单孔锚环换作多孔锚杯，这里只进行单孔夹片-套筒型锚具的受力分析。

2.4.1　预紧时受力分析

预紧时，FRP 筋、软金属管随着夹片的顶压而跟进，三者之间在轴向没有相对位移，即三者之间只产生径向作用力。在预紧顶压力作用下夹片被压入锚环，在夹片侧面产生法向分布压力和分布摩阻力。预紧时夹片的受力如图 2-5 所示，取夹片为隔离体，根据轴向上的平衡得

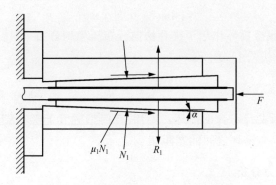

图 2-5　预紧时夹片受力分析示意图

$$F - \mu_1 N_1 \cos\alpha - N_1 \sin\alpha = 0 \qquad (2-9)$$

式中，F——预紧顶压力的合力（N）；

　　　μ_1——夹片与锚环间的摩阻系数；

　　　N_1——预紧时锚环作用于夹片法向分布压力的合力（N）；

　　　α——夹片的锥角（°）。

设 φ_1 为夹片与锚环之间的摩阻角，则有 $\mu_1 = \tan\varphi_1$，代入式 (2-9)，整理得

$$N_1 = \frac{F\cos\varphi_1}{\sin(\alpha + \varphi_1)} \qquad (2-10)$$

2.4.2　预紧卸载后受力分析

预紧完成后卸载，FRP 筋、软金属管和夹片之间在轴向上没有相对位移，三者之间仍只存在横向作用力。由于锚环的限制，夹片内仍存在一定的法向分布压力，夹片有回弹出锚环的趋势，同时，夹片法向分布压力作用下，夹片外表面会产生反向的分布摩阻力，阻止夹片回弹。卸载后夹片的受力如图 2-6 所示。若要夹片不弹出锚环，则必须满足下式：

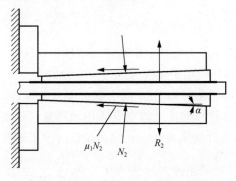

图 2-6　卸载后夹片受力分析示意图

$$N_2 \sin\alpha \leqslant \mu_1 N_2 \cos\alpha \tag{2-11}$$

式中，N_2——卸载后锚环作用于夹片法向分布压力的合力（N）。

将 $\mu_1 = \tan\varphi_1$ 代入上式，得

$$\tan\alpha \leqslant \tan\varphi_1 \tag{2-12}$$

即

$$\alpha \leqslant \varphi_1 \tag{2-13}$$

为了使卸载后夹片不弹出锚环，夹片-套筒型锚具能够自锁，需使夹片的锥角 α 小于等于夹片与锚环之间的摩阻角 φ_1。

2.4.3　锚固时受力分析

由于夹片内侧加工成细牙纹等变形，预紧时强度较低，软金属管受力变形后嵌入夹片内侧凹槽，两者之间不会产生相对滑动，故认为夹片与软金属管之间是固结的。当拉力作用于 FRP 筋上时，FRP 筋、软金属管和夹片的受力如图 2-7 所示。

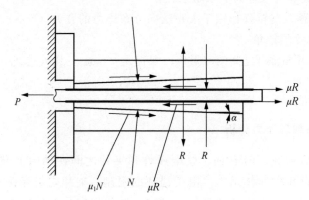

图 2-7　锚固时受力分析示意图

取夹片为隔离体，根据横向上的平衡得

$$R = N\cos\alpha - \mu_1 \sin\alpha = N \frac{\cos(\alpha + \varphi_1)}{\cos\varphi_1} \tag{2-14}$$

式中，R——软金属管作用于夹片上的法向分布压力（N）；

　　　N——锚固时锚环作用于夹片法向分布压力的合力（N）。

由软金属管横向的平衡可知 FRP 筋上的正压力也为 R，从而使 FRP 筋与软金属管之间以及软金属管与夹片之间相互作用而压紧，进而将 FRP 筋锚固。取 FRP 筋、软金属管和夹片为隔离体，由隔离体轴向的平衡可得

$$P = N\sin\alpha + \mu_1 N\cos\alpha = N \frac{\sin(\alpha + \varphi_1)}{\cos\varphi_1} \tag{2-15}$$

将式（2-14）代入式（2-15），有

$$P = R\tan(\alpha + \varphi_1) \tag{2-16}$$

式中，P——FRP 筋所受拉力的合力（N）。

取 FRP 筋为隔离体，要使其锚固良好，不致滑移，应满足：

$$P \leqslant \mu R \tag{2-17}$$

即

$$\mu R \geqslant N\tan(\alpha + \varphi_1) \tag{2-18}$$

式中，μ——FRP 筋与软金属管之间的摩阻系数。

将式（2-16）和 $\mu = \tan\varphi$ 代入式（2-17），得

$$\tan\varphi \geqslant \tan(\alpha + \varphi_1) \tag{2-19}$$

故

$$\varphi \geqslant \alpha + \varphi_1 \tag{2-20}$$

式中，φ——FRP 筋与软金属管之间的摩阻角。

由式（2-19）解得

$$\tan\alpha \leqslant \frac{\tan\varphi - \tan\varphi_1}{1 + \tan\varphi\tan\varphi_1} \tag{2-21}$$

即

$$\tan\alpha \leqslant \frac{\mu - \mu_1}{1 + \mu\mu_1} \tag{2-22}$$

若已知软金属管与 FRP 筋之间的摩阻系数 μ 和夹片与锚环之间的摩阻系数 μ_1，则可利用式（2-22）求出锚具的锥角 α 应满足的角度。

以上的分析，是把锚具与筋材表面物理作用产生的摩擦力和咬合力合并成等效摩阻力来进行的，通过分析可知，要使预应力 FRP 筋锚固良好，不致滑移，应满足软金属管和 FRP 筋间的摩阻角大于锚具锥角和夹片与锚环之间的摩阻角之和。提高锚固效率的最有效途径是在增加软金属管和 FRP 筋间的摩阻角的同时尽可能地减小锚具锥角和夹片与锚环之间的摩阻角之和。FRP 筋表面的凹凸变形是增加软金属管和 FRP 筋间的摩阻角的有效途径。若过多地减小锚具锥角，会增加夹片对筋的夹持力，过高的夹持力可能对 FRP 筋产生损伤，使 FRP 在锚固区过早破坏，强度难以充分发挥。提高夹片外表面和锚环锥面的硬度和光滑度，可有效减小夹片与锚环之间的摩阻角。

2.5　小结

由于 FRP 筋材料的特性，其配套锚具与传统预应力筋锚具有所区别，本章在分析总结国内外研究成果的基础上，对预应力 FRP 筋锚固系统的技术要求，组合式锚具的失效模式、锚固机理及力学行为等进行了分析，结论如下：

1）分析了夹片-粘结型锚具和夹片-套筒型锚具的失效模式，指出了组合式锚具设计中需要着重解决的问题。

2）提出了夹片-粘结型锚具的开发思路，探索了锚固系统的锚固机理，并对各阶段受力进行了分析，为夹片-粘结型锚具的设计及试验研究奠定了基础。

3）分析了夹片-套筒型锚具与传统预应力锚具张拉锚固工艺的异同，通过受力分析可知，要使预应力 FRP 筋锚固良好，不致滑移，应满足软金属管和 FRP 筋间的摩阻角大于锚具锥角和夹片与锚环之间的摩阻角之和；提出了提高锚固效率的有效途径。

第 3 章　FRP 筋夹片-粘结型锚具的研制

单一类型的 FRP 筋锚具，无论是机械夹持类锚具还是粘结型锚具，都或多或少存在着这样或那样的缺点，组合式锚具综合了单一类型锚具的优点，具有很好的发展前景，本章主要阐述夹片-粘结型锚具的设计和试验研究过程。

3.1　锚具设计与制作

3.1.1　锚具设计

如前所述，夹片-粘结型锚具的设计思路为先用粘结介质把粘结套筒和 FRP 筋粘结组成粘结单元，待达到强度后再用分离夹片式锚具及配套的张拉设备进行张拉锚固。开发前提是充分利用现有夹片式锚具及配套张拉设备，避免相关产品的二次开发。

材质选择方面：试验筋为国产表面螺纹变形的 CFRP 筋，直径为 8mm，为保证试验结果的可比性，本章试验所用筋材均为厂家同一批产品。粘结套筒选定较为常见的钢制套筒。为比较套筒刚度对锚固性能的影响，首先选择刚度较低的普通 A3 钢和刚度相对较高的 20CrMnTi 钢进行对比试验，其力学性能如表 3 - 1 所示。粘结介质初步选用筋生产厂家提供的环氧基碳纤维专用胶及配套固化剂，该种胶的掺和比例为 3∶1，厂家提供的粘结强度数值可达 10MPa，固化时间短，性能良好。

表 3 - 1　钢套筒基本性能指标

材料名称	屈服强度/MPa	极限强度/MPa	极限延伸率/%
A3 钢	240	400	34
20CrMnTi	340	480	29

尺寸设计方面，套筒内径设计均为 10mm，一方面考虑是所需锚固 FRP 筋的直径为 8mm，粘结层太厚则锚具抗冲击能力差、蠕变变形大；另一方面，为保证粘结介质充分粘结，粘结力有效传递，选择 1mm 的粘结层厚度，便于灌注粘结剂。钢套筒厚度的选择兼顾对 FRP 筋的保护和利用现有钢绞线通用锚具两方面。我国预应力钢绞线以 7 束公称直径为 15.24mm 的钢绞线最为常用，钢套

筒的壁厚一种选择 2.75mm 厚，这样其外径为 15.5mm，适合与直径 15.24mm 的钢绞线配套锚具组合；同时又选择一种 4mm 壁厚的钢套筒作为补充，主要目的是比较套筒厚度对减小夹片对 FRP 筋的局部损伤，防止发生局部剪切破坏以及对锚固系统的性能的影响，其外径为 18mm，现有前卡式张拉设备及配套锚夹具完全可以满足这一孔径要求，配套钢绞线夹片锚具在国内市场上也很容易买到。长度设计方面同样考虑两个因素，一是保证 FRP 筋通过粘结传递给夹片锚具的力得以有效传递，二是考虑张拉锚固尺寸的要求。套筒长度选择三种，分别为 200mm、250mm 和 300mm。这样夹片-粘结型锚具的设计试验参数主要有套筒刚度、套筒壁厚和长度。同时，为了消除试验过程中 FRP 筋的偏心对试验结果的影响，保证试验过程中 FRP 筋的对中，在套筒两端特别设计了对中环，对中环内径比 FRP 筋直径略大，为 8.2mm。对中环同时也起到封堵的作用，可以防止粘结胶固化初期的流动，保证了粘结质量。套筒设计尺寸及实物如图 3 - 1 所示。

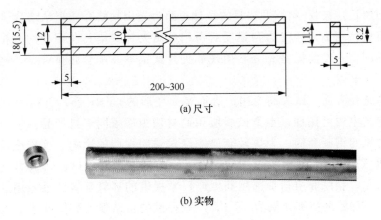

(a)尺寸

(b)实物

图 3-1　夹片-粘结型锚具套筒

3.1.2　锚具的加工制作

钢套筒的生产加工流程：下料→套筒中孔加工→端部对中环槽加工→进胶孔和出胶孔加工→对中环加工→防锈处理。钢套筒的尺寸要求精度高，且长度较长，需从两边向中间开孔，因此，加工时为保证尺寸精准，需采用数控机床对其进行加工。在加工过程中，套筒中孔加工难度最大，制作过程需要配制专用刀具，但由于中孔尺寸比较特殊（直径小、长度长），导致刀具刚性不是很好，给制作工作带来不便。

在制作粘结单元的过程中，对钢套筒内表面及 FRP 筋进行清洗，在钢套筒两端 5mm 处设置进胶孔和出胶孔，并按要求配制环氧基粘结胶作为粘结碳纤维筋及钢套筒的粘结剂。每次配制的粘结胶不宜过多，这样避免粘结操作时间过长，粘结胶硬化造成制作困难，影响粘结质量。在上述准备工作完成之后，从下向上压力灌注粘结剂，在灌注过程中保持粘结胶稳定流动，防止气泡进入，灌注完毕后将钢套筒两端用对中环封堵，试件平放等待固化，一周之后固化完成。粘结套筒组装夹片锚具前后的外观如图 3-2 所示。

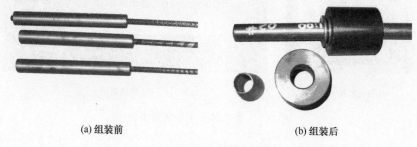

(a) 组装前　　　　　　　　　(b) 组装后

图 3-2　粘结单元实物

3.2　静载试验内容及方案

3.2.1　试验设备及测试内容

本试验在中国建筑科学研究院检测所完成，所采用的试验装置如下：

1）AMSLER 伺服拉力试验机，包括自动记录应力的传感器。

2）NCS 电子引伸仪等可自动采集试验数据的应变、位移测试系统。

3）DZXS 型自动采集系统，可连续动态采集荷载、应变和位移。

静载试验装置示意图如图 3-3 所示，试验主要装置实物如图 3-4 所示。

本试验主要的测量及观测项目有：

1）FRP 筋-锚具组装件的极限抗拉强度。

2）FRP 筋-锚具组装件达到实测极限拉力时的总应变。

3）试件的应力-应变曲线。

4）观察测量 FRP 筋与锚具之间的

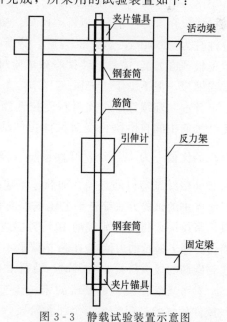

图 3-3　静载试验装置示意图

　　　　(a) 加载装置　　　　　　　　　　　　　　(b) 采集系统

图 3-4　静载试验主要装置实物

相对位移、锚具各零件之间的相对位移。

　　5) 观察并记录破坏试件的破坏部位与模式。

3.2.2　加载程序

　　目前，我国关于预应力 FRP 筋的规范和标准还在起草过程中，FRP 筋-锚具组装件的静载试验方法尚未出台，现有《预应力筋用锚具、夹具和连接器》（GB/T 14370—2015）和《预应力筋用锚具、夹具和连接器应用技术规程》（JGJ 85—2010）中规定的预应力-锚具组装件静载试验的试验方法为：按预应力钢材抗拉强度标准值的 20%、40%、60%、80% 分 4 级等速加载，加载速度每分钟宜为 100MPa，达到 80% 后，持荷 1h，随后逐步加载至破坏。用试验机进行单根预应力筋-锚具组装件静载试验时，在应力达到 $0.8f_{ptk}$ 时，持荷时间可以适当缩短，但不少于 10min。

　　日本《连续纤维增强材料受拉性能试验方法》（JSCE-E531）中规定：为避免纤维筋中间自由段长度对试件拉伸结果的影响，纤维筋中间自由段长度与筋直径的比值 $\dfrac{l}{d}$ 为 40~70，弹性模量及极限延伸率的测量规定为应变计的标距不短于 8 倍纤维塑料筋直径，加载速率建议为每分钟 100~500MPa。

　　本书的试验方法综合了上述规程的有关规定，考虑到国产碳筋力学性能的特点，张拉按碳筋极限荷载的 10% 为加载梯度，加载速率为每分钟 200~400MPa，当传感器上显示的力值在 1min 内降低不大于 1kN 时，进入下一级加载。张拉荷载达到碳筋的极限荷载的 70% 时，持荷 10min 以上，再逐步加载至破坏。

　　参考现有预应力钢绞线的张拉工艺，部分试件增加提前预紧夹片过程，这些试件的试验过程分为三个加载阶段，即预紧夹片、终止预紧和张拉 CFRP 筋-

锚具组装件。对夹片施加预压力的装置示意图如图 3-5 所示，实物图如图3-6所示。预紧时的加载速率与张拉加载的速率相同。

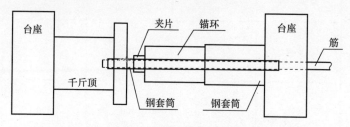

图 3-5　预紧装置示意图

图 3-6　预紧装置实物图

　　试验选用的参数为钢套筒硬度、套筒壁厚、套筒长度和预紧力大小，通过不同参数来考量其对夹片-粘结型锚具锚固性能的影响。

3.3　第一批静载试验结果及分析

3.3.1　试验试件

　　表 3-2 是夹片-粘结型锚具第一批试件的一览表。

表 3-2　夹片-粘结型锚具第一批试件一览表

试件编号	套筒材质	套筒壁厚 /mm	套筒长度 /mm	自由段筋长度 /mm	预紧力 /kN
WB-1	A3 钢	2.75	200	600	0
WB-2					50
WB-3			250	500	0
WB-4					50

试件编号	套筒材质	套筒壁厚 /mm	套筒长度 /mm	自由段筋长度 /mm	预紧力 /kN
WB-5	A3 钢	2.75	300	400	0
WB-6					50
WB-7			200	600	0
WB-8					50
WB-9	A3 钢	4	250	500	0
WB-10					50
WB-11			300	400	0
WB-12					50
WB-13			200	600	0
WB-14					50
WB-15	20CrMnTi	2.75	250	500	0
WB-16					50
WB-17			300	400	0
WB-18					50

注：WB 代表 wedge - bond anchorage。

3.3.2　试验结果及分析

　　FRP 筋夹片-粘结型锚具的锚具组装件静载试验第一批共进行了 18 组，试验结果见表 3-3。试验过程中，所有的 18 组锚具组装件，无论是否预紧，粘结套筒与夹片锚具之间均未发生相对滑动，当强度达到 FRP 筋极限荷载的 60%～76% 时，在活动加载端，FRP 筋与钢套筒突然发生滑移，同时伴随着响声，滑移量为 10～15mm 不等，荷载值急剧下降，待荷载值平稳以后，继续施加荷载，荷载值略有上升，但均在达到最大荷载之前，FRP 筋与钢套筒之间又发生滑移，荷载值又开始下降，FRP 筋从活动加载端或固定端的粘结套筒中滑出，发生滑移破坏，由于未达到筋的极限强度，所有试件均未发生 FRP 筋中间自由段破坏的破坏模式（FRP 筋理想的破坏模式为中间自由段呈现出一种炸散式破坏）。

表 3-3　第一批夹片-粘结型锚具试验结果

试件编号	最大荷载/kN	抗拉强度/MPa	锚固效率系数	破坏模式
WB-1	73.4	1468	0.62	
WB-2	74.8	1496	0.63	
WB-3	81.4	1628	0.69	
WB-4	81.8	1636	0.69	
WB-5	86.1	1722	0.73	
WB-6	87.6	1752	0.74	
WB-7	70.3	1406	0.60	
WB-8	71.2	1424	0.60	
WB-9	78.4	1568	0.67	筋均从粘结
WB-10	79.8	1596	0.68	套筒中滑出，
WB-11	81.2	1624	0.69	发生滑移破坏
WB-12	81.6	1632	0.69	
WB-13	71.4	1428	0.61	
WB-14	74.4	1488	0.63	
WB-15	83.5	1670	0.71	
WB-16	83.7	1674	0.71	
WB-17	89.4	1788	0.76	
WB-18	89.6	1792	0.76	

1. 预紧力的影响

图 3-7 为预紧力对 FRP 筋夹片-粘结型锚具组装件最大荷载的影响曲线。

从图 3-7 可以看出，预紧力对夹片-粘结型锚具组装件最大荷载的影响很小。另外，传统夹片锚具具有很好的夹片跟进和自锚性能，试验过程中夹片锚具和钢套筒之间没有发生滑移现象。因此，可不考虑预紧力这一因素对夹片-粘结型锚具锚固性能的影响。

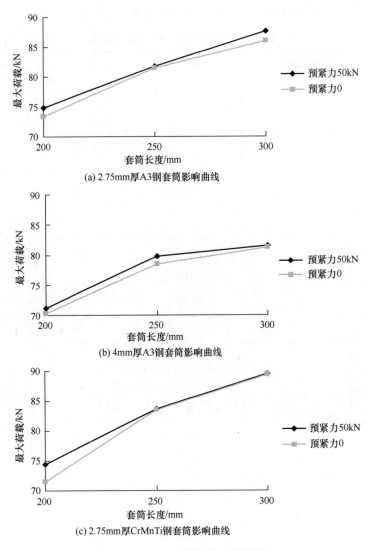

(a) 2.75mm厚A3钢套筒影响曲线

(b) 4mm厚A3钢套筒影响曲线

(c) 2.75mm厚CrMnTi钢套筒影响曲线

图 3-7　预紧力对最大荷载的影响

2. 套筒刚度的影响

图 3-8 为套筒刚度对 FRP 筋夹片-粘结型锚具组装件最大荷载的影响曲线。

由图 3-8 可知，套筒刚度对夹片-粘结型锚具组装件最大荷载有一定的影响。当套筒长度比较短时（200mm），刚度小的套筒最大荷载大于刚度大的套筒，而当钢套筒长度超过一定值（250mm）以后，刚度大的套筒最大荷载则大于刚度小的套筒。分析原因，可能是由于当套筒长度较小时，通过粘结介质传

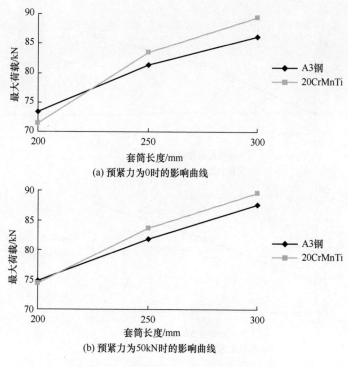

(a) 预紧力为0时的影响曲线

(b) 预紧力为50kN时的影响曲线

图 3-8　套筒刚度对最大荷载的影响

递给钢套筒，再由套筒传递给夹片锚具的力在整个承载力中占的比例较小；而通过粘结介质和钢套筒的保护和缓冲作用，FRP 筋直接传递给夹片锚具的力在整个承载力中占的比例较大，这时刚度低套筒，有利于此部分力的传递，因此其最大荷载值大。当钢套筒长度增加时，通过粘结介质传递给钢套筒，进而传递给夹片锚具的力在整个承载力中占的比例增加，刚度大的套筒屈服强化强度高，更有利于此部分力的传递，所以其最大荷载相对较高。

3. 套筒厚度的影响

图 3-9 为套筒厚度（A3 钢）对 FRP 筋夹片-粘结型锚具组装件最大荷载的影响曲线。

图 3-9 显示的结果表明，当其他条件相同时，套筒壁厚小的夹片-粘结型锚具组装件的最大荷载值大于套筒壁厚大的夹片-粘结型锚具。

4. 小结

通过第一批 18 个夹片-粘结型锚具的试验，可以得到如下结论：

1）预紧力大小对夹片-粘结型锚具组装件的最大荷载影响很小，可以忽略

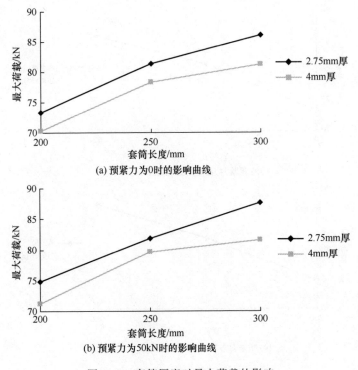

(a) 预紧力为0时的影响曲线

(b) 预紧力为50kN时的影响曲线

图 3-9　套筒厚度对最大荷载的影响

不计。

2）套筒的刚度对夹片-粘结型锚具组装件的最大荷载值有一定的影响，当套筒长度较小时，套筒刚度低的夹片-粘结型锚具组装件的最大荷载值大于套筒刚度高的夹片-粘结型锚具组装件，当套筒长度较大时结果刚好相反。

3）其他条件相同时，套筒壁厚小的夹片-粘结型锚具组装件的最大荷载值大于套筒壁厚大的夹片-粘结型锚具。

4）从图 3-7~图 3-9可以看出，套筒长度的增加，可以有效地增大夹片-粘结型锚具组装件的最大荷载。

通过上述的试验得到了影响夹片-粘结型锚具锚固效果的一些结论，但第一批夹片-粘结型锚具的试验均未达到理想的锚固性能。分析原因，除套筒长度较短以外，主要有以下两方面原因：一是试验所用的粘结介质为筋生产厂家提供的环氧基碳纤维专用胶及配套固化剂，该产品研制的主要目的是为粘结型锚具所用，为增加胶体和纤维表面的摩擦力，故在环氧基树脂粘结剂中掺和了一定数量的金刚砂等掺料。粘结型锚具中粘结介质的厚度一般较厚，掺料的加入，不但可以提高摩擦力，还可以增加胶体的刚度，对粘结型锚具的锚固效果是有利的。而在本书开发的夹片-粘结型锚具中应用时，由于粘结介质厚度较薄（只有 1mm），金刚砂等掺料的掺入影响了粘结效果，使其较高的粘结强度不能充分发挥，影响了锚具的锚固性能。二是试验所用的粘结剂由于成分等原因，拌和后呈现出类似水泥浆的膏状，流动性较差，压力灌注过程困难，并造成粘结介质不饱满，出现漏胶空洞现象。图 3-10 为试验后任意破开一粘结套筒所观察到的缺胶现象。

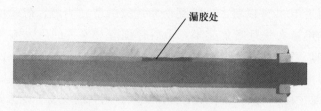

漏胶处

图 3-10　粘结套筒缺胶现象

3.4　第二批静载试验结果及分析

3.4.1　试验试件

通过第一批静载试验可知，套筒刚度对夹片–粘结型锚具组装件的极限荷载值有一定的影响，但影响不大。考虑到套筒内径较小（只有 10mm），当套筒长度较大时，由于绞制刀具直径不足 8mm，刚度无法保证，即使采用数控机床从两边向中间开孔，也很难保证尺寸精准，甚至无法加工。因此，本次试验选用目前市场上常见的普通 A3 无缝钢管作为粘结套筒，具体采用外径 16mm、壁厚 3mm 的 φ16×3 无缝钢管，这样内径仍为 10mm，粘结介质厚度 1mm。同时，16mm 的外径不仅可以直接利用普通 φ15.24 钢绞线锚具来锚固，也符合前卡式千斤顶工具锚的孔径要求，便于采用现有普通前卡式千斤顶进行张拉。上述的试验结果还表明：当其他条件相同时，套筒壁厚小的夹片–粘结型锚具组装件的锚固效果优于套筒壁厚大的，φ16×3 无缝钢管的选择也同时兼顾了此项影响因素。

粘结剂改用价格较高的 Araldite 牌环氧基碳纤维基粘结胶及配套固化剂 -XH180A/B，这种碳纤维胶的掺和重量比为 4：1，厂家提供粘结强度可达 23MPa（钢-钢），25℃下 500g 适用期为 70min。混合后密度为 $1\sim1.2\text{g/cm}^3$，呈胶质状，流动性强，不含金刚砂等掺和料，便于压力灌注，可避免粘结强度的损失和胶体密实度不足的影响。

本次试验试件长度相同，粘结套筒长度选取单一长度 400mm，纤维筋中间自由段长度为 450mm，锚具组装件长度均为 1250mm。试件制作过程与第一批试件基本相同。

3.4.2　试验结果及分析

第二批 FRP 筋夹片-粘结型锚具共进行了 6 组锚具组装件静载试验，试验结果见表 3-4。试验过程中，加载速率平稳，试件各部分均未发生滑动，所有组装件当拉力超过 100kN 以后，可听到断断续续的清脆响声，荷载接近筋的极限破坏力时，响声加大并且密集起来，最后伴随着"嘭"的巨大响声，纤维筋断裂。由此可知，FRP 筋整个受力过程可分两个阶段：第一阶段，由于树脂的抗拉强度低于纤维丝的抗拉强度，从加载至环氧树脂开裂（伴随着断断续续的清脆响声），在此过程中 FRP 筋中纤维丝和环氧树脂共同受力，受力过程呈线性变化特征。第二阶段，树脂开裂，树脂基体完全破坏后荷载由纤维筋承担，直至 FRP 筋受拉破坏，FRP 筋呈现纤维丝的线性特征，属脆性破坏。因此，FRP 筋性能既受碳纤维丝的制约，也受环氧树脂性能的影响。

表 3-4　第二批夹片-粘结型锚具试验结果

试件编号	破坏力/kN	极限强度/MPa	弹性模量/GPa	极限拉应变/%	锚具效率系数 η	破坏模式
WB-1	115.81	2316	145.05	1.60	0.98	阶梯式破坏
WB-2	117.45	2349	147.63	1.59	1.00	阶梯式破坏
WB-3	115.73	2315	144.57	1.60	0.98	发散式破坏
WB-4	114.92	2298	143.33	1.60	0.98	阶梯式破坏
WB-5	117.58	2352	146.24	1.61	1.00	发散式破坏
WB-6	116.67	2333	145.82	1.60	0.99	发散式破坏
平均值	116.36	2327	145.44	1.60	0.99	—
标准差	0.961	19.229	1.350	0.0053	0.0076	—
变异系数	0.0083	0.0083	0.0093	0.0033	0.0077	—

为精确测定 FRP 筋弹性模量，这里采用直接可靠的测量方法：在筋中间自由段上安装标距为 200mm 的 NCS 电子引伸仪，通过电子引伸仪来测定纤维筋在安全荷载下的拉伸量，再计算弹性模量。当荷载值超过筋极限荷载值的 60% 时，将引伸计拆下，为的是避免试验出现异常，保护电子引伸计。

目前，对于 FRP 筋锚固系统的性能要求还都没有明确规定，国际上对纤维塑料筋的锚具效率系数尚未作出统一标准，但该值是研发这类锚具需特别重视的技术指标，当然其值愈高，说明纤维塑料筋锚具系统性能愈好。我国现有预应力相关规范均规定：预应力系统静载锚固性能主要由预应力筋-锚具组装件静载试验测定的锚具效率系数 η 和预应力筋达到实测极限拉力时的总应变 ε_{pu} 确定。锚具效率系数应不小于 0.95，也就是说在组装件中，预应力筋必须能够发挥其名义抗拉强度的 95% 以上；预应力筋达到实测极限拉力时的总应变应不小于 2%。

由表 3-4 所列的 FRP 筋夹片-粘结型锚具组装件静载试验结果可知，FRP 筋实际平均极限抗拉力取 117.80kN。第二批夹片-粘结型锚具组装件静载锚固效率系数均超过了 0.95，平均值为 0.99，达到了现行适用于钢筋（丝）或钢绞线的规范要求，锚固效果良好，说明研发的夹片-粘结型锚具是切实有效的，静载锚固性能优异。

极限延伸率平均值为 1.60%，不满足我国现行规范规定：预应力筋达到实测极限拉力时的总应变应不小于 2%，但由于 FRP 筋材弹性模量普遍低于传统预应力钢材，现行预应力钢材（丝）或钢绞线规范已不再适用，制定新 FRP 筋规范必须考虑这一点。

在 6 组试件中，3 组为纤维筋中部拉断式破坏（图 3-11），3 根为靠近锚具处阶梯式破坏（图 3-12）。两种破坏形式纤维筋的极限破坏力相当。

图 3-11　炸散式破坏形式　　　　　图 3-12　阶梯式破坏形式

通过试验，可得试件的应力-应变曲线如图 3-13 所示，纤维筋应力-应变关系呈线性。

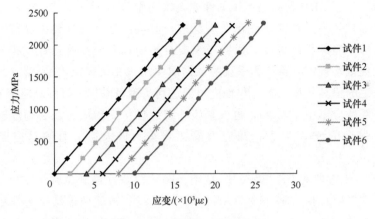

图 3 - 13　试件应力–应变曲线

3.5　动载试验

预应力锚固系统在动荷载下的抗疲劳性能和周期荷载性能试验是研究预应力筋-锚具组装件在循环荷载作用下的力学性能及其变化规律，确定锚固系统的疲劳强度及疲劳寿命的重要手段。FRP 复合材料与钢绞线等一些各向同性的金属材料有着完全不同的疲劳机理。目前，国内外学者对 FRP 筋锚固系统的静载性能研究较多，而其动载下的性能研究还处在初期阶段。通过疲劳和周期荷载性能试验，了解 FRP 筋锚固系统的抗疲劳性能，获取其疲劳反应和动荷载下的性能数据，了解动载疲劳性能与静载锚固性能上的差异，对建立 FRP 筋锚固系统的技术指标，指导工程应用有着重要的意义。

3.5.1　试验内容及方案

我国现有《预应力筋用锚具、夹具和连接器应用技术规程》（JGJ 85—2010）、《预应力筋用锚具、夹具和连接器》（GB/T 14370—2015）及《公路桥梁预应力钢绞线用锚具、夹具和连接器》（JT/T 329—2010）中规定：预应力筋-锚具组装件，除必须满足静载锚固性能外，尚须满足循环次数为 200 万次的疲劳性能试验，当锚固的预应力筋为钢丝、钢绞线或热处理钢筋时，试验应力上限取预应力钢材抗拉强度标准值的 65%，疲劳应力幅度应不小于 80MPa。试件经受 200 万次循环荷载后，锚具零件不应疲劳破坏。预应力筋在锚具夹持区域发生疲劳破坏的截面面积不应大于试件总截面面积的 5%；用于有抗震要求结构中的锚具，预应力筋-锚具组装件还应满足循环次数为 50 次的周期荷载试验。当锚固的预应力筋为钢丝、钢绞线或热处理钢筋时，试验应力上限取预应力筋抗拉强度标准值的 80%，下限取预应力钢材抗拉强度标准值的 40%。试件经 50

次循环荷载后预应力筋在锚具夹持区域不应发生破坏。

美国后张委员会的规定为：FRP 筋–锚具组装件应满足 FRP 筋规定抗拉强度的 60%～66%，循环次数为 50 万次的疲劳性能试验；以及规定抗拉强度 50%～80%，循环次数为 50 次的周期荷载试验，FRP 筋在锚固区不应发生破坏。

我国预应力 FRP 筋规范和标准尚未出台，关于 FRP 筋抗拉强度标准值的取值还没有明确规定，由于 FRP 筋为弹性材料，没有明显的流幅，这里笔者参照无明显流幅的钢筋条件屈服应力的取值方法，取 FRP 筋极限强度平均值的 85% 作为 FRP 筋的抗拉强度标准值（美国规范：规定抗拉强度，下同），对于本书所研究的 CFRP 筋取 100kN 作为其抗拉强度标准值。

本章的试验方法参照上述规程的有关规定，分别进行两组疲劳试验，一组按美国后张委员会的规定，50 万次疲劳试验上限应力取筋–锚具组装件静载规定抗拉强度的 66%，下限取筋–锚具组装件静载规定抗拉强度的 60%。加载频率取 5Hz，通过后再进行 50 次周期荷载试验，周期荷载试验应力上限取筋–锚具组装件静载规定抗拉强度的 80%，下限取筋–锚具组装件静载规定抗拉强度的 50%。另一组按我国相关规范规定，上限应力取筋–锚具组装件静载抗拉强度标准值的 65%，应力幅取为 80MPa，加载频率为 5.5Hz，规定循环次数为 200 万次，通过后再进行 50 次周期荷载试验，周期荷载试验应力上限取筋–锚具组装件静载抗拉强度标准值的 80%，下限取筋–锚具组装件静载抗拉强度标准值的 40%；当筋–锚具组装件中 CFRP 筋出现表皮开裂或微裂纹的扩展导致组装件不适合继续承载时，终止试验，此时交变荷载的循环次数定为在试验应力水平下该试件的疲劳寿命。

本次动载试验在中国建筑科学研究院国检中心实验室完成，试验装置采用国产数显式液压脉动疲劳试验机，可显示疲劳试验时荷载的上、下峰值及加载频率，自动记录疲劳循环次数，试验装置如图 3-14 所示。

图 3-14　动载试验装置

3.5.2　试验结果

夹片-粘结型锚具动载试验所采用的粘结套筒及制作程序与第二批静载试验相同，试验试件长度相同，粘结套筒长度选取单一长度 400mm，纤维筋中间自由段长度为 3000mm，锚具组装件长度均为 3800mm。本次疲劳和周期荷载试验每组试件均由 3 根 CFRP 筋夹片-粘结锚具组装件组成，锚具组装件疲劳试验试件一览表如表 3-5 所示。

表 3-5　夹片-粘结型锚具疲劳试验试件一览表

组号	抗拉强度标准值/kN	上限应力/MPa	下限应力/MPa	应力幅/MPa	加载频率/Hz	循环次数/万次
1	100	1320	1200	120	5	50
2		1300	1220	80	5.5	200

疲劳试验前，进行了锚具夹片预紧对中工序，在试验过程中，锚具各部分均未出现滑移现象。第一组试件经受 50 万次疲劳荷载后，锚具各部分及 FRP 筋没有发生疲劳破坏，接着对这组试件进行了周期荷载试验，经过 50 次循环荷载以后，试件在锚固夹持区域没有发生破坏，完全满足美国后张委员会规范中关于锚具动载性能的要求。第二组试件也表现出良好的疲劳性能，均完成了循环次数为 200 万次的疲劳性能试验，预应力筋在锚具夹持区域均未发生疲劳破坏。接着对这组试件也进行了周期荷载试验，经过 50 次循环荷载以后，FRP 筋锚具组装件完好。在试验过程中及完成后，锚具各部分均能够协同工作，形状保持良好，试验筋均未出现表皮开裂或断丝破坏现象，完全符合我国现有预应力相关规范关于预应力筋锚具动载性能的要求。

疲劳试验过程中，通过粘贴在试件中间 CFRP 筋表面的应变片（图 3-15），可以观察到两组试件中的 FRP 筋轴向动应变随时间均保持良好的周期性正弦波形，直至疲劳试验结束。

图 3-15　应变片布置

动载试验结束后，利用如图 3-16 所示的自制试验装置对上述两组夹片-粘结型锚具组装件进行了残余静载试验。加载梯度为试验筋极限荷载的 10%，加载速率为每分钟 200～400MPa，当传感器上显示的力值在 1min 内降低不大于 1kN 时进入下一级加载，张拉荷载达到筋极限荷载的 70% 时，持荷 10min 以上，再逐步加载至破坏。通过试件中间 CFRP 筋表面粘贴的应变片，测量 CFRP 筋在试验过程中的应变情况。

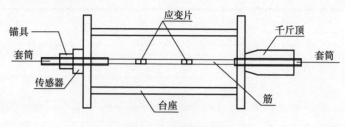

图 3-16　试验装置

残余静载试验过程中，加载速率平稳，试件各部分均未发生滑动，各试件破坏前可听到断断续续的清脆响声，接近试件破坏力时，响声加大并且密集起来，最后伴随着"嘭"的巨大响声，各试件均发生纤维筋中部拉断式破坏，再次证明了锚具系统动载性能的可靠性。

残余静载试验结果如表 3-6 和表 3-7 所示。

表 3-6　第一组夹片-粘结型锚具残余静载试验结果

试件编号	破坏力 /kN	极限强度 /MPa	弹性模量 /GPa	极限拉应变 /%	破坏模式
1	117.41	2348	150.52	1.56	发散式破坏
2	116.78	2336	150.25	1.55	
3	117.67	2353	149.93	1.57	
平均值	117.29	2346	150.23	1.56	—

由表 3-6 可知，第一组试件经历了 50 万次循环荷载及 50 次周期荷载后，各试件残余静载极限破坏力及极限强度与未经过动载试验的试件相当（参见表 3-4），弹性模量变化不大（平均值提高 3.29%），极限拉应变略有降低，平均值降低 2.50%；而表 3-7 显示的结果表明：第二组试件经历了 200 万次循环荷载及 50 次周期荷载后，与未经过动载试验的试件相比，试件残余静载极限破坏力及极限强度平均值降低 12.72%，极限拉应变平均值降低 12.50%，而弹性模量变化不大。试验过程中，本次试验所用的国产 CFRP 筋均未出现表皮开裂或断丝等破坏现象，具有足够的抗疲劳、抗周期荷载储备能力；而与发达国家

相同规格产品相比，残余静载极限破坏力略有差距。

表 3-7　第二组夹片-粘结型锚具残余静载试验结果

试件 编号	破坏力 /kN	极限强度 /MPa	弹性模量 /GPa	极限拉应变 /%	破坏模式
1	98.84	1977	146.57	1.35	发散式破坏
2	105.03	2101	142.62	1.47	—
3	100.80	2016	145.54	1.39	—
平均值	101.56	2031	144.91	1.40	—

　　另外，已有的研究还表明：随着疲劳循环次数的增加，CFRP 筋弹性模量会经历一个先升后降的过程，在承受 100 万次荷载循环以后，CFRP 筋的弹性模量稍有增加，增幅不超过 10%，说明此时材料发生了硬化并且脆性增加。随着循环次数的进一步增加，裂缝经过一定程度的积累，每一次疲劳循环吸收的能量开始下降，沿着纤维树脂材料的轴向弹性模量也会随之下降。本章的试验也显示出相同的规律，相比弹性模量变化不大的 200 万次循环荷载，承受 50 万次荷载循环以后，CFRP 筋的弹性模量稍有增加，但增幅不大。

3.6　小结

　　现阶段 FRP 筋的锚固问题成为其在预应力结构中应用的瓶颈，发达国家在该领域内的研究和应用已取得一定成果，国内对该项技术的研究才刚刚起步。本章在充分利用现有夹片式锚具及配套张拉设备的开发前提下，提出了一种组合式 FRP 筋锚具——夹片-粘结型锚具，通过静载锚固性能试验研究了不同几何参数对其锚固性能的影响，通过疲劳试验和周期荷载试验研究了锚固系统的动载性能，主要研究内容及结论如下：

　　1) 指出了 FRP 筋夹片-粘结型锚具设计中需着重解决的问题，详细叙述了夹片-粘结型锚具的设计制作。

　　2) 夹片-粘结型锚具的锚固性能受套筒刚度、壁厚、长度、粘结剂及粘结质量等因素的影响，其中套筒长度这一影响因素尤为重要，而预紧力的大小对夹片-粘结型锚具组装件的最大荷载影响很小，可以忽略不计。

　　3) 静载试验结果表明，试验改进后的夹片-粘结型锚具能有效地锚固试验中所用的 CFRP 筋。锚具组装件静载锚固效率系数均超过了 0.95，平均值为 0.99，达到了现行适用于钢筋（丝）或钢绞线的规范要求，锚固效果良好，说明本章研发的夹片-粘结型锚具是切实有效的。

4）锚具组装件极限延伸率平均值为 1.60%，不满足我国现行规范规定，由于 FRP 筋材弹性模量普遍低于传统预应力钢材，现行预应力钢材（丝）或钢绞线规范已不再适用，制定新 FRP 筋规范必须考虑这一点。

5）动载试验结果表明，夹片-粘结型各锚具组装件在经受循环疲劳荷载和周期荷载后，锚具夹持区域 CFRP 筋均未发生破坏，锚具组装件完好，动载性能优良。试验过程中，锚具各部分均能够协同工作，形状保持良好，试验筋均未出现表皮开裂或断丝破坏现象，完全达到我国现有预应力相关规范对预应力筋锚具动载性能的要求。

6）试验结果表明，本章研制的夹片-粘结型锚具具有优异的静载锚固性能和良好的动载性能，已具有工程使用价值，但 FRP 筋是一种新材料，为保证 FRP 筋锚具具有足够的安全储备，仍需进一步研究和完善不同类型、不同直径的 FRP 筋对夹片-粘结型锚具锚固性能的影响。

第4章 FRP筋夹片-套筒型锚具的研制

夹片-套筒型锚具利用软金属套管代替粘结套筒,避免了粘结湿作业和树脂固化时间,锚固作用通过预压力安装锚具,使FRP筋与套管之间、套管与夹片之间及夹片与锚环之间产生横向压力及摩擦咬合力来实现。本章主要阐述这种组合式锚具的设计和试验研究过程。

4.1 锚具设计与制作

4.1.1 锚具设计

使用传统分离夹片式锚具直接夹持FRP筋,夹片施加于预应力筋上的压力产生的夹持力会对纤维塑料筋产生一些局部损伤,进而引起FRP筋在锚固区提前破坏。夹片-套筒型锚具在筋与夹片之间设置软金属套管,通过软金属套管缓冲和分散夹片传递到纤维塑料筋上的压应力,避免了夹片的破坏作用。其设计思路为使夹片-套筒型锚具在FRP筋上产生的接触应力相对均匀和应力峰值最小。

夹片-套筒型锚具系统主要由锚环、夹片和软金属过渡层组成(图4-2),其有别于传统分离夹片式锚具的是增加了软金属过渡层,以便增加夹片与FRP筋的接触面积,避免夹片对FRP筋的刻痕,缓解应力集中。鉴于FRP筋的横向特性,夹片-套筒型锚具的长度较传统分离夹片式锚具要长。

夹片-套筒型锚具锥角的设计颇为关键。其数值较传统分离夹片式锚具的要小,但若过多地减小锚具锥角,会增加夹片对筋的夹持力,过高的夹持力还可能对FRP筋产生损伤,使FRP在锚固区过早破坏,强度难以充分发挥。锥角过大则不利于自锚,在夹片预紧卸载完成后,可能发生夹片回弹现象。因此,锚具锥角的取值应控制在一定的范围之内。

传统的分离夹片式锚具,夹片与锚环的锥度相同,在夹片楔紧预应力筋时,夹片位于比锚环圆弧半径小的位置,这时,夹片以其锥面母线与锚环锥面母线相切,夹片会一直沿锚环锥面母线平移,能稳定地夹持预应力筋。在夹片继续伸入锚环、越过锥面完全吻合的位置后,夹片以其最外边的棱线与锥孔表面接触,夹片与锥孔的夹角大于锥环夹角,造成小端应力集中的情况,即形成所谓的"切口效应"现象。已有的试验[121]研究表明,这种现象对钢绞线强度的影响很小,因为刻痕使钢绞线局部经受冷加工,由此提高的强度足以弥补刻痕的不利影响。而对于横向强度不足的 FRP 筋来说，小端应力集中是致命的，可使其因咬伤过重而提前拉断或因夹持不牢而滑脱。这里我们运用角度差异概念来解决这一问题。

　　由第 3 章的分析可知，要使预应力 FRP 筋锚固良好，不致滑移，应满足软金属管和 FRP 筋间的摩阻角大于锚具锥角和夹片与锚环之间的摩阻角之和，FRP 筋表面的凹凸变形是增加软金属管和 FRP 筋间的摩阻角的有效途径之一，增大夹片外表面和锚环锥面的硬度和光滑度，可有效减小夹片与锚环之间的摩阻角。

　　本章所设计的夹片-套筒型锚具，长度有 80mm、100mm、120mm 和 130mm 四种规格。夹片锥角均为 3.00°，锚环锥角分别为 3.00°、2.90°和 2.80°，这样锥角差有 0.00°、0.10°和 0.20°三种。软金属套管选用不同厚度的铝箔和铜箔卷制而成，长度比相应夹片长 10mm。这样夹片-套筒型锚具的设计试验参数主要有锚具长度、锥角差、软金属套筒材质和套筒厚度。夹片采用三片式，锚具的设计图如图 4-1 所示。

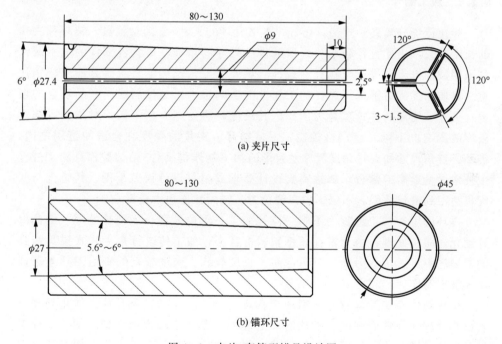

(a) 夹片尺寸

(b) 锚环尺寸

图 4-1　夹片-套筒型锚具设计图

　　本章试验所用筋材与前面试验为同一批产品。锚环及夹片选用与现有钢绞线分离夹片锚具一致的材料，锚环材料采用经调质处理的 40Cr 钢，夹片采用经渗碳处理的 20CrMnTi 合金钢。夹片内侧的牙纹同传统分离夹片式锚具夹片牙纹相比，齿高和齿距要小，使得在同样长度内承受压力的螺纹数量有所增加，有效地增加摩擦力，以保证与金属套管之间有足够的摩擦，在张拉锚固过程中不致与金属套管之间出现相对滑移。锚环锥孔内壁和夹片外表面加工光滑，并涂一层润滑油，以减小使用时两者之间的摩擦。对于夹片锚具来说，若锚环和夹片的硬度过低，在锚固预应力筋时，变形过大，很难锚住预应力筋；硬度过高，夹片又容易开裂甚至破碎[122]。这里通过表面热处理工艺来处理夹片和锚环，在增加锚环、夹片外表面及夹片内侧细牙纹硬度的同时，提高夹片和锚环芯部的韧性。夹片和锚环的硬度我国对其生产控制范围为 HRC58~64 和 HRC17~30。

为减小接触应力峰值，除了在筋与夹片之间增加过渡作用的软金属套管和运用角度差异概念，设计夹片与锚环之间的锥角差之外，在夹片内侧小直径端还设计了一个长 10mm、锥度为 2.5°的小坡度。通过三者的共同作用，锚固区的应力分布更均匀合理，避免在夹片小端发生"切口效应"现象。

4.1.2　加工制作

相比传统分离夹片式锚具而言，本书设计的夹片-套筒型锚具，锚环和夹片的长度较大，内孔直径较小。为保证设计尺寸的精准，锚具各部件的加工制作均采用数控机床来进行。在材料选择、热处理工艺及精度要求等方面应特别注意。材质的优劣对锚环、夹片的工作性能影响很大，是控制锚具产品质量的根源；夹片、锚环的热处理是为了提高其硬度，热处理工艺不同，对锚具零部件硬度的影响也不同，应严格控制，保证锚环、夹片的硬度在合理的范围之内；锚环的锥角尺寸和夹片角度尺寸及齿形的加工制作是夹片-粘结型锚具加工过程中技术含量最高的部分。如达不到设计要求或超过设计误差范围，其组合与匹配将达不到最佳效果，不仅影响自锚能力，锚固性能也大受影响。

锚环的生产加工流程为下料→锥孔加工→倒角处理→表面热处理→锥孔内壁刨光→防锈处理。由于锥孔长度长、直径小，加工传统分离夹片式锚具锥孔的铰刀已不再适用，为此，专门定制了长度较长、硬度较高的专用刀具来保证完成加工制作。

夹片的生产加工流程为下料→中孔攻丝→外锥度加工→开片→倒角处理→表面热处理→外锥面刨光。夹片的加工难度主要在于内部细牙型的加工，根据设计图的牙型，若按传统的加工工艺，则需要长度长、直径小的专用刀具，而这种刀具的刚度根本无法满足加工要求。为此，请专用生产厂家专门加工制作了刚度大、长度长、直径小的丝锥，改用丝锥攻丝的方法来实现内部细牙型的加工制作。开片采用线切割工艺。

软金属套管采用普通的铝箔和铜箔卷制而成。长度均比相应锚具长 10mm。夹片-套筒型锚具组装前后的实物如图 4-2 所示。

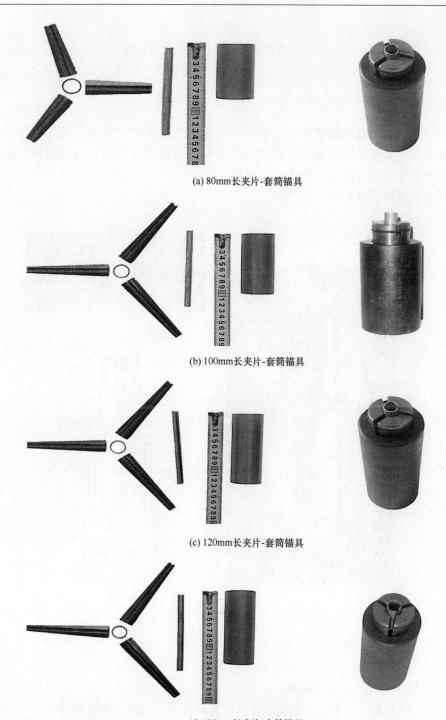

(a) 80mm长夹片-套筒锚具

(b) 100mm长夹片-套筒锚具

(c) 120mm长夹片-套筒锚具

(d) 130mm长夹片-套筒锚具

图 4-2　夹片-套筒型锚具实物

4.2　静载试验内容及方案

4.2.1　试验设备及测试内容

本试验在某建筑集团建筑工程研究院预应力装备所试验室完成，主要试验装置包括：某建筑集团建筑工程研究院预应力装备所自制的拉力试验机，包括力传感器及连续自动记录荷载的采集系统。

静载试验装置如图 4-3 所示。

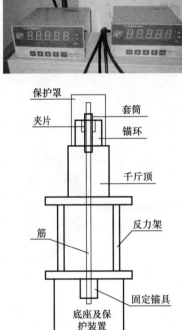

图 4-3　静载试验装置

本试验主要的测量观测项目有：

1）FRP 筋-锚具组装件的极限抗拉强度。

2）试件的应力-应变曲线。

3）FRP 筋与锚具之间的相对位移、锚具各零件之间的相对位移。

4）破坏试件的破坏部位与模式。

4.2.2　加载程序

相比传统钢绞线分离夹片式锚具，夹片-套筒型锚具在 FRP 筋和夹片之间增加了软金属套筒，这就要求试验前增加预紧夹片过程，否则张拉时 FRP 筋会从锚具中滑脱，根本无法锚住 FRP 筋。对夹片施加预压力的装置示意图如图 4-4 所示，实物图见图 4-5。预紧时的加载速率与张拉加载的速率相同。

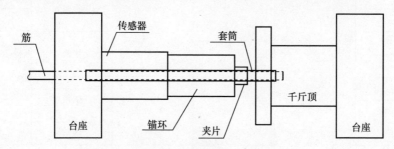

图 4-4　预紧装置示意图

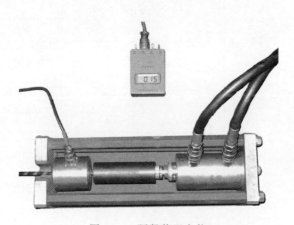

图 4-5　预紧装置实物

试验选用的参数为锚具长度、锚环与夹片之间的锥角差、软金属套筒材质和套筒厚度，通过不同参数来考量其对夹片-套筒型锚具锚固性能的影响。

4.3　静载试验结果及分析

4.3.1　试验试件

表 4-1 是夹片-套筒型锚具组装件静载试验试件一览表，试件夹片锥角均为 3.00°。预紧力的大小与 FRP 筋的滑移量有关，对 FRP 筋的极限张拉强度没有影

响。随着预紧力的增加，FRP 筋的滑移显著减小。考虑到 FRP 筋的滑移和横向性能，本次试验预紧力较大，为试验筋极限抗拉强度的 65%，均采用 76.6kN。

表 4 - 1　　夹片-套筒型锚具试件一览

试件 编号	锚具长度 /mm	锚环锥角 / (°)	锥角差 / (°)	套管 材质	套管厚度 /mm
WS - 1	100	3.00	0.00	铝箔	0.6
WS - 2					0.8
WS - 3				铜箔	0.6
WS - 4					0.8
WS - 5		2.90	0.10	铝箔	0.6
WS - 6					0.8
WS - 7				铜箔	0.6
WS - 8		2.80	0.20	铝箔	0.6
WS - 9					0.8
WS - 10				铜箔	0.6
WS - 11	120	3.00	0.00	铝箔	0.6
WS - 12					0.8
WS - 13				铜箔	0.6
WS - 14					0.8
WS - 15		2.90	0.10	铝箔	0.6
WS - 16					0.8
WS - 17				铜箔	0.8
WS - 18		2.80	0.20	铝箔	0.6
WS - 19					0.8
WS - 20				铜箔	0.8
WS - 21	80	3.00	0.00	铝箔	0.6
WS - 22		2.90	0.10		0.6
WS - 23		2.80	0.20		0.6
WS - 24	130	3.00	0.00		0.8
WS - 25		2.90	0.10		0.8
WS - 26		2.80	0.20		0.8

注：WS 代表 wedge - sleeve anchorage。

4.3.2　试验结果

FRP 筋夹片-套筒型锚具组装件静载试验共进行了 26 组，试件长度相同，均为 1250mm，一端为固定锚具，一端使用本章研发的夹片-套筒型锚具。首先进行了 10 组 100mm 长夹片-套筒型锚具静载试验，变化的参数有锚环与夹片之间的锥角差、软金属套筒材质和套筒厚度；接着进行了 10 组 120mm 长夹片-套筒型锚具静载试验，与前 10 组试件相比，除长度不同以外，取相同的试验参数；最后进行了 3 组 80mm 长和 3 组 130mm 长夹片-套筒型锚具静载试验。这 6 组试件套筒均采用铝制，且锚具长度相同时套筒厚度相同，试验参数仅考虑锚环与夹片之间的锥角差。

试验过程中，加载速率平稳，所有 CFRP 筋-锚具组装件极限拉力均超过了 90kN，组装件典型的失效模式有四种：两种为 CFRP 筋在有效张拉长度范围内被拉断，是理想的破坏模式，属于锚固区域以外 CFRP 筋的破坏，其一为有效张拉长度范围内炸散式破坏，如图 6-6（a）所示，其二为有效张拉长度范围内阶梯式破坏，如图 6-6（b）所示；另两种失效模式发生在锚固区域，属于锚固体系的破坏，其一为筋于锚具夹片伸入端端部被整体剪断，如图 6-6（c）所示，其二为试验筋从锚具滑出，且筋表面均有刮伤。

当组装件破坏为理想的破坏模式时，试件各部分均未发生相对滑动，各组装件当拉力达到 100kN 左右时，可听到断断续续的清脆响声，荷载接近筋的极限破坏力时，响声加大并且密集起来，最后伴随着"嘭"的巨大响声，纤维筋发生炸散式破坏或阶梯式破坏。

(a) 炸散式破坏

图 4-6　试件破坏模式

(b) 阶梯式破坏

(c) 整体剪断式破坏

图 4 - 6　试件破坏模式（续）

发生筋于锚具夹片伸入端端部被整体剪断的试件，锚具锚环与夹片之间、夹片与软金属套筒之间、软金属套筒与试验筋之间也均未发生相对滑动，只是在锚固区域的前端发生筋整根齐截面破坏。

所有滑出破坏的试件，在锚固区域，锚具锚环与夹片之间、夹片与软金属套筒之间均未发生相对滑动，只是筋从锚固区中的套筒中滑出，且筋表面的螺旋变形均被刮掉。

试件 WS-6 和 WS-15 的失效模式为筋阶梯式破坏与锚具夹片伸入端端部被整体剪断同时发生。

FRP 筋夹片-套筒型锚具组装件静载试验结果如表 4-2 所示。

表 4 - 2　夹片–套筒型锚具试验结果

试件编号	极限荷载 /kN	极限强度 /MPa	效率系数 η	破坏模式
WS - 1	104.4	2088	0.89	锚具端断
WS - 2	101.9	2038	0.87	筋从锚具中滑出
WS - 3	97.9	1958	0.83	锚具端断
WS - 4	96.5	1930	0.82	锚具端断
WS - 5	105.7	2114	0.90	距锚具端 7cm 处梯式破坏
WS - 6	104.5	2090	0.89	锚具端断、筋中间阶梯式破坏
WS - 7	104.4	2088	0.89	锚具端断
WS - 8	111.8	2236	0.95	距固定端 5cm 处梯式破坏
WS - 9	110.2	2204	0.94	筋中间发散式破坏
WS - 10	108.5	2170	0.92	锚具端断
WS - 11	111.4	2228	0.95	锚具端断
WS - 12	111.8	2236	0.95	靠近固定端发散式破坏
WS - 13	102.0	2040	0.87	锚具端断
WS - 14	104.6	2092	0.89	锚具端断
WS - 15	112.1	2242	0.95	锚具端断、筋中间阶梯式破坏
WS - 16	117.0	2340	0.99	筋中间发散式破坏
WS - 17	109.9	2198	0.93	锚具端断
WS - 18	113.9	2278	0.97	筋中间发散式破坏
WS - 19	116.2	2324	0.99	筋中间阶梯式破坏
WS - 20	110.5	2210	0.94	靠近固定端发散式破坏
WS - 21	93.0	1860	0.79	锚具端断
WS - 22	93.7	1874	0.80	筋从锚具中滑出
WS - 23	94.5	1890	0.80	筋从锚具中滑出
WS - 24	112.2	2244	0.95	锚具端断
WS - 25	117.5	2350	1.00	筋中间发散式破坏
WS - 26	114.3	2286	0.97	筋中间发散式破坏

注：表中锚具效率系数 η 按公式（3 - 1）确定，筋实际平均极限抗拉力取 117.80kN。

　　由表 4 - 2 可知，当锚具长度为 120mm 和 130mm 时，不论锥角差为多大、套管厚度为多少，所有采用铝套管的夹片–套筒型锚具组装件的锚固效率系数均大于等于 0.95（表 4-3），平均值为 0.97，达到了现行适用于钢筋（丝）或钢绞线的规范要求，锚固性能良好，说明本章研发的夹片-套筒型锚具是切实可行的，能有效地锚固试验中采用的国产 CFRP 筋，具有优良的静载锚固性能。

表 4-3　夹片-套筒型锚具试验结果整理

试件编号	极限荷载/kN	极限强度/MPa	效率系数 η
WS-11	111.4	2228	0.95
WS-12	111.8	2236	0.95
WS-15	112.1	2242	0.95
WS-16	117.0	2340	0.99
WS-18	113.9	2278	0.97
WS-19	116.2	2324	0.99
WS-24	112.2	2244	0.95
WS-25	117.5	2350	1.00
WS-26	114.3	2286	0.97
平均值	114.04	2281	0.97
标准差	2.227	44.533	0.019
变异系数	0.0195	0.0195	0.0196

　　通过试验，选取典型的应力-应变曲线，如图 4-7 所示，纤维筋应力-应变关系呈线性。

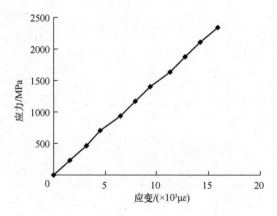

图 4-7　试件 WS-16 应力-应变曲线

4.3.3　试验结果分析

1. 套筒材质对锚固性能的影响

试验采用了铝制和铜制的软金属套筒，研究套筒材质对夹片-套筒型锚具锚固性能的影响。图 4-8 为套筒材质对 FRP 筋夹片-套筒型锚具组装件极限荷载的影响曲线。

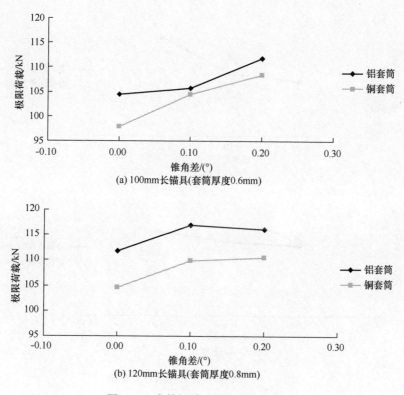

(a) 100mm长锚具(套筒厚度0.6mm)

(b) 120mm长锚具(套筒厚度0.8mm)

图 4-8　套筒材质对极限荷载的影响

图 4-8 显示的结果表明，在锚具长度、锥角差均相同的情况下，相同厚度铝制套筒组装的夹片-套筒型锚具组装件的极限荷载值均大于铜制的。另外，没有锥角差、100mm 长锚具组装件（套筒厚度为 0.8mm），铝制、铜制套筒组装的夹片-套筒型锚具组装件对应极限荷载为 101.9kN、96.5kN；没有锥角差、120mm 长的锚具组装件（套筒厚度为 0.6mm），铝制、铜制套筒组装的夹片-套筒型锚具组装件对应极限荷载为 111.4kN、102.0kN，也符合上述规律。以上结果表明，当其他条件相同时，铝制套筒组装的夹片-套筒型锚具组装件的锚固性

能好于铜制套筒组装的夹片-套筒型锚具组装件，故 80mm、130mm 长锚具只采用了铝制套筒进行试验。

　　2. 套筒厚度对锚固性能的影响

　　试验采用了 0.6mm、0.8mm 两种厚度的软金属套筒（不论是铝制的还是铜制的），研究套筒厚度对夹片-套筒型锚具锚固性能的影响。图 4-9 为套筒厚度（套筒为铝制）对 FRP 筋夹片-套筒型锚具组装件极限荷载的影响曲线。

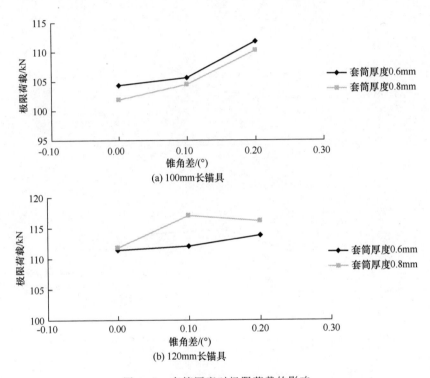

图 4-9　套筒厚度对极限荷载的影响

　　从图 4-9（a）可以看出，锥角差相同时，100mm 长的锚具，铝套筒厚度为 0.6mm 的夹片-套筒型锚具组装件的极限荷载值均大于铝套筒厚度为 0.8mm 的夹片-套筒型锚具组装件的极限荷载值，对于 100mm 长、没有锥角差、铜套筒厚度为 0.6mm、0.8mm 的夹片-套筒型锚具组装件极限荷载值分别为 97.9kN、96.5kN，显示出相同的规律；而从图 4-9（b）显示的 120mm 长锚具试验结果来看，规律恰好相反，铝套筒厚度为 0.6mm 的夹片-套筒型锚具组装件的极限荷载值均小于铝套筒厚度为 0.8mm 的夹片-套筒型锚具组装件的极限荷载值，并且 120mm 长、没有锥角差、铜套筒厚度分别为

0.6mm、0.8mm 的夹片-套筒型锚具组装件的极限荷载值分别为 102.0kN、104.6kN，也说明了这一现象。从试验的效果看，当锚具的长度为 100mm 时，采用 0.6mm 厚的软金属套筒较为合适，锚固性能较好。当锚具长度增加为 120mm 时，采用 0.8mm 厚的软金属套筒更为合适，锚固性能更优一些，故 80mm 长锚具的铝套筒均采用单一厚度 0.6mm，130mm 长锚具则全部使用 0.8mm 的铝套筒。

3. 锥角差对锚固性能的影响

试验采用了 0.00°、0.10°和 0.20°三种不同的锥角差，研究夹片和锚环之间的锥角差对夹片-套筒型锚具锚固性能的影响。锥角差通过采用相同夹片锥角（均为 3.00°）、不同锚环锥角（分别为 3.00°、2.90°、2.80°）的方法来实现，其他情况相同，锥角差不同。FRP 筋夹片-套筒型锚具组装件极限荷载对比如表 4-4 和图 4-10 所示。图 4-10 给出了 100mm、120mm 长锚具的情况，表 4-4 则为 80mm、130mm 长锚具的结果。

由图 4-10 和表 4-4 可知，当其他情况相同时，多数试件随着锥角差由 0.00°增加到 0.10°，再增加到 0.20°时，其极限荷载呈增大趋势，但也有例外，如试件 WS-16 大于 WS-19 和 WS-25 大于 WS-26，呈现出不规则性，但有一点规律是可以肯定的，就是有锥角差的试件，不论锥角差是 0.10°还是 0.20°，其极限荷载值均大于相应的没有锥角差的试件。这充分说明，在夹片-套筒型锚具系统中利用角度差异的概念来解决应力集中问题是切实可行的，能有效提高锚具的锚固性能，另外从没有锥角差的试件破坏模式大多为 FRP 筋在锚具夹片伸入端端部被整体剪断这一现象也可以证明这一点。

表 4-4　锥角差对夹片-套筒型锚具锚固性能的影响　　　　　　单位：kN

锚具长度	锥角差		
	0.00°	0.10°	0.20°
80mm	93.0（WS-21）	93.7（WS-22）	94.5（WS-23）
130mm	112.2（WS-24）	117.5（WS-25）	114.3（WS-26）

注：80mm 长锚具铝套筒厚度为 0.6mm，130mm 长锚具铝套筒厚度为 0.8mm。

4. 锚具长度对锚固性能的影响

试验采用了 80mm、100mm、120mm 和 130mm 四种不同的长度，研究锚具长度对夹片-套筒型锚具锚固性能的影响。图 4-11 为锚具长度对 FRP 筋夹片-套

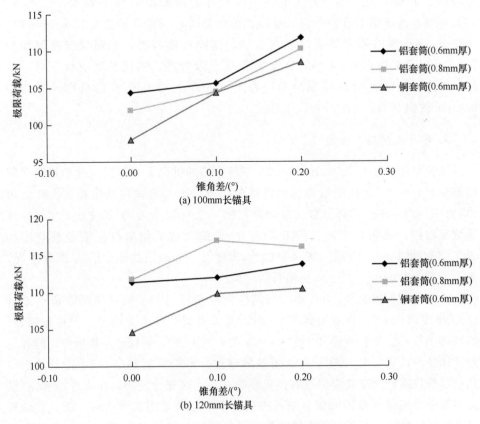

图 4-10　锥角差对极限荷载的影响

筒型锚具组装件极限荷载的影响曲线。

图 4-11 显示的结果表明，当其他条件相同时，锚具长度增加，锚具组装件极限荷载增大，锚固性能提高。但其并不是成比例的，当锚具长度达到一定尺寸后，锚具长度的增加对锚固系统锚固性能的有利影响趋势将放缓。如在锥角差为 0.10°、铝套筒厚度为 0.6mm 的情况下，80mm、100mm、120mm 长锚具组装件试验所得极限荷载值分别为 93.7kN、105.7kN、112.1kN，锚具长度相对分别增加 25%、50%，极限荷载则分别增加 12.8%、19.6%。而在锥角差为 0.10°、铝套筒厚度为 0.8mm 的情况下，100mm、120mm、130mm 长锚具组装件试验所得极限荷载值分别为 104.5kN、117.0 kN、117.5 kN。锚具长度相对分别增加 20%、30%，极限荷载则分别增加 12.0%、12.4%。

5. 小结

通过 26 组 FRP 筋夹片-套筒型锚具组装件静载试验结果及分析，可以得到

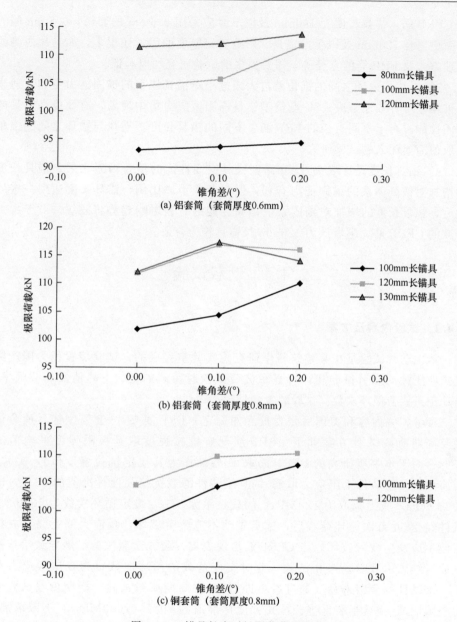

图 4-11　锚具长度对极限荷载的影响

如下结论：

1) 软金属套筒材质对夹片–套筒型锚具的锚固性能有一定的影响，当其他条件相同时，选用铝制套筒用于夹片–套筒型锚具效果要好于铜制套筒。

2) 套筒厚度的选择和锚具长度有关，笔者认为，对于本书研究的 8mm 国产 CFRP 筋，锚具长度为 100mm 及以下时应采用 0.6mm 的套筒，0.8mm 厚的套筒更适合 120mm 及以上的锚具。影响套筒厚度的因素还很多，如夹片内侧的处理方式及 FRP 筋的直径等，需要更多的试验研究加以验证。

3）夹片与锚环之间的锥角差过大或过小对锚具体系的锚固能力不利，适当的锥角差可有效地解决夹片-套筒型锚具锚固区应力集中现象，有效提高锚具的锚固性能。对于不同直径的 FRP 筋、不同的锚具长度，夹片与锚环之间的锥角差取值需要深入的试验研究。

4）锚具长度是影响夹片-套筒型锚具锚固性能的重要因素之一，锚具长度的增加对锚具体系的锚固能力有利，但两者并不成比例，锚具长度达到一定尺寸后，锚具长度的增加对锚固系统锚固性能的有利影响趋势将放缓。对于本书研究的 CFRP 筋，笔者认为 120mm 长锚具较为合适。

4.4　动载试验

4.4.1　试验内容及方案

本次动载试验是在某建筑科学研究院实验室完成的，试验装置仍为国产数显式液压脉动疲劳试验机，可显示疲劳试验时荷载的上、下峰值及加载频率，自动记录疲劳循环次数。试验装置参见图 3-14。

参考相关内容和美国后张委员会的规定，FRP 筋夹片-套筒型锚具疲劳试验及周期荷载试验方案如下：FRP 筋规定抗拉强度取其极限强度平均值的 85％（对于本书所研究的 CFRP 筋取 100kN 作为其规定抗拉强度值），夹片-套筒型锚具组装件上限应力取筋-锚具组装件静载抗拉强度标准值的 66％，即 1320 MPa，应力幅取为 120MPa，加载频率为 5Hz，规定循环次数为 50 万次，试件经受 50 万次循环荷载后，锚具零件不应疲劳破坏，预应力筋在锚具夹持区域不应发生疲劳破坏。当 CFRP 筋出现表皮开裂或微裂纹的扩展导致组装件不适合继续承载时，终止试验，此时交变荷载的循环次数定为在试验应力水平下该试件的疲劳寿命。通过后再进行 50 次周期荷载试验，周期荷载试验应力上限取筋-锚具组装件静载抗拉强度标准值的 80％（1600MPa），下限取筋-锚具组装件静载抗拉强度标准值的 50％（1000MPa），FRP 筋在锚固区不应发生破坏。

4.4.2　试验结果

夹片-套筒型锚具组装件动载试验共进行了 6 组，每个试件所用试验筋长度相同，均为 3700mm，一端为固定锚具，另一端使用本章研制的夹片-套筒型锚具。试验前夹片-套筒型锚具也需预紧操作，预紧力的大小同静载试验相同，取试验筋极限抗拉强度的 65%。

夹片-套筒型锚具组装件动载试验试件如表 4-5 所示。

表 4-5　夹片-套筒型锚具动载试验试件

试件编号	锚具长度/mm	锚环锥角/(°)	锥角差/(°)	套筒厚度/mm
WSD-1	80	2.90	0.10	0.6
WSD-2	100	2.90	0.10	0.6
WSD-3	130	2.90	0.10	0.8
WSD-4	120	3.00	0.00	0.8
WSD-5	120	2.90	0.10	0.8
WSD-6	120	2.80	0.20	0.8

注：锚具夹片锥角均为 3.00°，套筒均采用铝制套筒。

疲劳试验前，进行了预紧对中工序；在试验过程中，所有锚具组装件各部分均未出现滑移现象。试件经受 50 万次疲劳荷载后，试验筋均未出现表皮开裂或断丝破坏现象，在锚具夹持区域未发生疲劳破坏，锚具各部分均能够协同工作，形状保持良好。接着对这组试件进行了周期荷载试验，经过 50 次循环荷载以后，试件在锚具夹持区域没有发生破坏，锚具组装件完好，完全满足美国后张委员会规范中关于锚具动载性能的要求。

疲劳试验过程中，通过粘贴在试件中间 CFRP 筋表面的应变片（参见图 3-15），可以观察到试件中的 FRP 筋轴向动应变随时间均保持良好的周期性正弦波形，直至疲劳试验结束。

动载试验结束后，利用如图 3-16 所示的自制试验装置对上述 6 组夹片-套筒型锚具组装件进行了残余静载试验，加载梯度为试验筋极限荷载的 10%，加载速率为每分钟 200~400MPa，当传感器上显示的力值在 1min 内降低不大于 1kN 时，进入下一级加载，张拉荷载达到筋极限荷载的 70% 时，持荷 10min 以上，再逐步加载至破坏。通过试件中间 CFRP 筋表面粘贴的应变片，测量 CFRP 筋在试验过程中的应变情况。

残余静载试验过程中，加载速率平稳，锚具组装件典型的失效模式有两种，试件 WSD-1 发生滑出破坏，但在锚固区域，锚具锚环与夹片之间、夹片与软金属套筒之间均未发生相对滑动，只是筋从锚固区中的套筒中滑出，筋表面的螺旋变形均被刮掉；其余试件各部分均未发生相对滑动，各组装件当拉力达到

100kN 左右时，可听到断断续续的清脆响声，荷载接近筋的极限破坏力时，响声加大并且密集起来，最后伴随着"嘭"的巨大响声，试验筋在有效张拉长度范围内炸散式破坏，属于锚固区域以外 CFRP 筋的破坏，为理想的破坏模式。

残余静载试验结果如表 4-6 所示。表 4-6 同时列出了未经动载试验的相应夹片-套筒型锚具静载试验结果，以便对比。

表 4-6　夹片-套筒型锚具残余静载试验结果

试件编号	残余极限破坏力/kN	锚固效率系数 η	试件编号	静载极限破坏力/kN	锚固效率系数 η
WSD-1	98.70	0.84	WS-22	93.70	0.80
WSD-2	112.11	0.95	WS-5	105.70	0.90
WSD-3	117.15	0.99	WS-25	117.50	1.00
WSD-4	114.80	0.97	WS-12	111.80	0.95
WSD-5	116.40	0.99	WS-16	117.00	0.99
WSD-6	115.87	0.98	WS-19	116.20	0.99

通过表 4-6 中的对比可知，经历了 50 万次循环荷载及 50 次周期荷载后，相比未经疲劳试验及周期荷载试验的锚具组装件 WS-22、WS-5，试件 WSD-1、WSD-2 静载残余极限拉力有所提高，分别提高 5.34%、6.06%。这是由于所研究的夹片-套筒型锚具系统在反复荷载作用下，锚具各部分趋于更加有利的位置，动载作用后，锚具组装件的残余静载锚固性能有所提高。

参见表 4-3 可知，其他各试件经历了 50 万次循环荷载及 50 次周期荷载后，各试件残余静载极限破坏力与未经过动载试验的试件基本相当，原因是本章研发的夹片-套筒型锚具长度达到 120mm 及以上时，锚固效率均已超过 0.95，即使适当的反复荷载可提高夹片-套筒型锚具的锚固性能，但试件破坏是由于试验筋在锚固区域以外的自由段发生的破坏引起锚具组装件失效，故无法观测到其提高的效果。同时，这些试件的残余静载试验结果表明：本章研制的夹片-套筒型锚具动载试验及残余静载试验过程中，能有效地锚固试验中所用的国产 CFRP 筋，具有优异的疲劳荷载及周期荷载性能。

4.5　小结

夹片-套筒型锚具利用软金属套筒代替粘结套筒，避免了粘结湿作业和树脂固化时间，其优点是施工方便、不损伤 FRP 筋，特别适合后张法应用。本章通过静载锚固性能试验，研究了不同几何参数对夹片-套筒型锚具锚固性能的影响；通过疲劳试验和周期荷载试验，研究了锚固系统的动载性能。主要研究内容及结论如下：

1）根据锚具应在 FRP 筋上产生的接触应力相对均匀和应力峰值最小这一基本思路，设计了新型夹片-套筒型锚具，详细叙述了夹片-套筒型锚具的加工制作。

2）对于本章研制的夹片-套筒型锚具，铝制套筒效果要好于铜制套筒，而套筒厚度对锚固效果的影响受很多因素制约，如锚具长度、夹片内侧的处理方式、FRP 筋直径等，需要更多的试验研究加以验证。

3）夹片与锚环之间的锥角差过大或过小对锚具体系的锚固能力不利，适当的锥角差可有效地解决夹片-套筒型锚具锚固区应力集中现象，有效提高锚具的锚固性能。对于本书研究的 CFRP 筋来说，锥角差为 $0.10°\sim0.20°$ 时，锚固效果较好。不同直径的 FRP 筋、不同的锚具长度，夹片与锚环之间的锥角差取值需要深入的试验研究。

4）锚具长度是影响夹片-套筒型锚具锚固性能的重要因素之一，锚具长度的增加对锚具体系的锚固能力有利。对于本书研究的国产 CFRP 筋，笔者认为 $120\mathrm{mm}$ 长锚具较为合适。

5）静载试验结果表明，本章研制的夹片-套筒型锚具能有效地锚固试验中所用的 CFRP 筋。整理后的锚具组装件静载锚固效率系数均超过了 0.95，平均值为 0.97，具有优良的静载锚固性能，说明本章研发的夹片-粘结型锚具是切实有效的。

6）动载试验结果表明，各夹片-套筒锚具组装件在经受循环疲劳荷载和周期荷载后，锚具夹持区域 CFRP 筋均未发生破坏，锚具组装件完好，动载性能优良。试验过程中，锚具各部分均能够协同工作，形状保持良好，试验筋均未出现表皮开裂或断丝破坏现象，完全符合我国现有预应力相关规范关于预应力筋锚具动载性能的要求。

第 5 章　预应力 FRP 筋混凝土梁的应力损失研究

预应力损失指的是预应力构件在预应力传递至构件瞬间产生的预应力与该结构在以后的正常使用阶段所能永久保持的预应力的差值。目前，国内还没有预应力 FRP 筋混凝土结构设计的相关规定，但国际上如美国、日本、加拿大等国家已有相应的有关规定。虽然国内一些研究机构都对预应力 FRP 筋混凝土结构的应力损失开展了一些研究[86-91]，但是还没有形成统一的观点。本节结合试验研究对预应力 FRP 筋混凝土梁的预应力损失进行了研究。

影响钢绞线预应力损失的因素很多，主要有如下几项：预应力筋孔道的摩擦损失、锚固时锚具变形及预应力筋回缩等损失、先张法热养护的温差损失、后张法分批张拉的弹性压缩损失、预应力筋的松弛损失以及混凝土的收缩与徐变损失。这些损失中，前四项为瞬时损失，后两项损失随时间的发展而变化，因此为长期损失。FRP 筋的预应力损失有些内容基本和钢绞线相同，所以下面主要参考钢绞线预应力损失的内容和国外有关规范来分析和计算 FRP 筋的预应力损失。

5.1　试件设计

试验共对 6 根预应力 CFRP 筋混凝土梁的应力损失进行了测量。为了方便试验测量，试件选取的都是无粘结预应力 CFRP 筋，预应力筋有体内的，也有体外的。试件设计参数见表 5-1。

表 5-1　试验梁参数

梁编号	预应力筋位置	预应力筋根数	受拉钢筋	受压钢筋	张拉力/kN
PCⅠ-4	体内	2	0	0	60
PCⅡ-7	体内	2	2Φ14	2Φ8	50
PCⅡ-9	体内	2	2Φ14	2Φ8	50
PB5	体内	4	2Φ16	2Φ12	40
PB6	体外	4	2Φ16	2Φ12	40
PB7	体内	3	2Φ16	2Φ12	40

试验测量的主要内容有：预应力 CFRP 筋上所贴的应变片在张拉过程中和放张后的应变，以及预应力筋端部传感器相应的读数。试验测量装置如图 5-1 所示。

图 5-1 预应力损失测量装置

5.2 FRP 筋的张拉控制应力

FRP 筋在较高的应力状态下会发生蠕变断裂现象，这与钢绞线有所不同，所以必须对 FRP 筋的张拉力进行控制。蠕变断裂是指纤维塑料筋在高应力持荷状态及不利环境条件下，在一段持荷时间内，纤维塑料筋内较弱或有缺陷的纤维会先发生断裂，然后断裂纤维周围的树脂基质发生蠕变并卸荷，将所受荷载全部传递给余下的未断裂纤维，而余下纤维中较弱者又会出现超载并发生断裂。重复上述循环，最后导致纤维塑料筋的整体破坏。

表 5-2 和表 5-3 为加拿大公路桥梁设计规范 CHBDC1998 给出的 FRP 筋在张拉和传力阶段的最大允许应力，该值与日本土木工程师协会设计建议 JSCE1997 所提供的数值相近。

表 5-2 混凝土梁板中纤维塑料筋在张拉和传力阶段的最大允许应力

纤维塑料筋类型	张拉阶段		传力阶段	
	先张法	后张法	先张法	后张法
AFRP 筋	$0.40\,f_{fu}$	$0.40\,f_{fu}$	$0.38\,f_{fu}$	$0.35\,f_{fu}$
CFRP 筋	$0.70\,f_{fu}$	$0.70\,f_{fu}$	$0.60\,f_{fu}$	$0.60\,f_{fu}$
GFRP 筋	不适用	$0.55\,f_{fu}$	不适用	$0.48\,f_{fu}$

表 5-3　承载力极限状态预应力构件中纤维塑料筋最大允许应力

纤维塑料筋类型	先张法构件	有粘结后张法构件	无粘结后张法构件
AFRP 筋	0.70 f_{fu}	0.70 f_{fu}	0.65 f_{fu}
CFRP 筋	0.85 f_{fu}	0.85 f_{fu}	0.80 f_{fu}
GFRP 筋（无粘结）	不适用	不适用	0.70 f_{fu}
GFRP 筋（无碱性灌浆）	不适用	0.70 f_{fu}	不适用

5.3　FRP 筋的预应力损失分析

目前可以认为预应力 FRP 筋的应力损失主要包括以下几个方面：锚具变形和 FRP 筋内缩引起的预应力损失、摩擦损失、混凝土收缩徐变引起的预应力损失、混凝土弹性压缩引起的应力损失以及预应力 FRP 筋应力的松弛和蠕变产生的预应力损失。这些损失中，前 4 项与钢绞线的预应力损失计算基本相同，只有最后一项与钢绞线的预应力损失计算有很大区别。下面分别介绍这些损失的计算。

5.3.1　锚具变形和预应力 FRP 筋内缩引起的预应力损失

锚具变形和 FRP 筋内缩引起的预应力损失是由于张拉之后放张预应力 FRP 筋，使锚具本身及锚具垫板产生压缩而引起的，其计算公式可参考混凝土结构设计规范中推荐的计算公式，即

对于直线预应力筋：

$$\sigma_{l1} = \frac{a}{l} E_f \tag{5-1}$$

对于曲线预应力筋：

$$\sigma_{l1} = 2\sigma_{con} l_f (k + \mu/r_c)(1 - x/l_f) \tag{5-2}$$

$$l_f = \sqrt{\frac{aE_f}{1000\sigma_{con}(k + \mu/r_c)}} \tag{5-3}$$

式中，a 为张拉端锚具变形和预应力筋的内缩值；l 为张拉端与锚固端之间的距离；E_f 为 FRP 筋的弹性模量；其他符号含义见《混凝土结构设计规范》（GB 50010—2010）。

表 5-4　锚具变形和 FRP 筋内缩值 a

锚具类型	a/mm
粘砂夹片式锚具（有顶压）	9
灌浆式锚具	1
带护套夹片锚具（有顶压）	5

由于 FRP 筋具有不同于传统预应力钢筋或钢绞线的横向抗剪强度和横向弹性模量，锚固方法也有所不同，在计算 FRP 筋混凝土锚固损失时，锚具变形和钢筋内缩值 a 以及摩擦系数 k 和 μ 需重新确定。在实际使用中，当无实测数据时，可参考表 5-4 中数值进行估算[86]。

本试验中采用课题组研发的粘结-夹片组合型锚具，a 按表 2-5 可取 1mm。试验中通过粘贴在 FRP 筋上的应变片对锚具变形和预应力筋内缩引起的预应力损失进行观测，即张拉完毕后油泵松开前后的读数差。锚具变形和预应力 FRP 筋内缩引起预应力损失的实测值和计算值如表 5-5 所示。

表 5-5　锚固应力损失的计算值和实测值的比较

梁编号	PC I -4	PC II -7	PC II -9	PB5	PB6	PB7
张拉完毕后的微应变值	8575	7130	8560	5710	5720	5716
卸载后的微应变值	7980	6630	8000	5400	5455	5428
实测应变减少百分比 A	6.94%	7.01%	6.54%	5.43%	4.63%	5.04%
应力损失计算值 /MPa	77.78	77.78	77.78	43.75	43.75	43.75
计算应力损失减少百分比 B	6.48%	7.78%	6.48%	5.47%	5.47%	5.47%
A/B	1.07	0.90	1.01	0.99	0.85	0.92

从表 5-5 可以看出，锚具变形和 FRP 筋内缩引起的预应力损失的计算值与实测值比较吻合，平均误差在 10% 以内。

5.3.2　预应力 FRP 筋与孔道壁之间摩擦引起的预应力损失

预应力筋与孔道壁之间摩擦引起的预应力损失主要是由孔道的弯曲和孔道位置偏差两部分的影响所产生。混凝土结构设计规范给出的公式如下：

$$\sigma_{l2} = \sigma_{con}\left[1 - e^{-(kx + \mu\theta)}\right] \tag{5-4}$$

当 $(kx + \mu\theta) \leqslant 0.2$ 时，可按下列近似公式计算：

$$\sigma_{l2} = \sigma_{con}(kx + \mu\theta) \tag{5-5}$$

此处 k 和 μ 由于材料的不同，其取值也有所不同，由于目前没有制定 FRP 筋的生产标准，这两项的取值须经试验确定。

由于本试验中 CFRP 筋是按直线布置的，而且试验梁较短，由摩擦引起的这部分预应力损失值非常小，可以不考虑这部分损失。

5.3.3　混凝土收缩徐变引起的预应力损失

混凝土的收缩、徐变会使构件缩短，对于预应力混凝土构件将产生预应力损失。由于影响混凝土收缩与徐变的因素极为复杂，混凝土收缩徐变引起的预应力损失计算也较为复杂。参考《混凝土结构设计规范》（GB 50010—2010），本项损失的计算如下：

先张法构件

$$\sigma_{l3} = \frac{45 + 280 \frac{\sigma_{pc}}{f'_{cu}}}{1 + 15\rho} \qquad (5-6)$$

后张法构件

$$\sigma_{l3} = \frac{35 + 280 \frac{\sigma_{pc}}{f'_{cu}}}{1 + 15\rho} \qquad (5-7)$$

5.3.4 混凝土弹性压缩引起的应力损失

采用后张法施工的预应力混凝土构件，当预应力筋较多，采用分批张拉时，后批张拉预应力筋所产生的混凝土弹性压缩变形将使先批张拉并锚固的预应力筋产生预应力损失。公路桥梁规范 JTG D62—2004 对本项损失的计算公式为

$$\sigma_{l4} = \alpha_{EP} \sum \Delta \sigma_{pc} \qquad (5-8)$$

式中，α_{EP} 为预应力筋与混凝土弹性模量的比值；σ_{pc} 为后张拉预应力筋所产生的混凝土法向应力。

由于试验采用的是分批分级张拉，这部分应力损失基本可以忽略。

5.3.5 预应力筋应力松弛损失

纤维塑料筋的松弛损失由三部分构成[101]：一是对纤维塑料筋施加预应力后，纤维塑料筋的树脂基质材料承担了一部分荷载，随着持荷时间的延长，树脂基质发生蠕变并将其所承担的那部分预应力卸载至纤维，造成松弛，这部分应力损失即为 $\sigma_{l5(1)}$；二是通过挤拉工艺制造出来的纤维塑料筋各纤维本身并不完全顺直，随着持荷时间的延长，受到拉应力的纤维开始在蠕变的树脂基质中流动并逐渐拉直，这部分由于纤维逐渐拉直而造成的应力损失即为 $\sigma_{l5(2)}$；三是纤维本身也会发生松弛，这部分应力损失即为 $\sigma_{l5(3)}$。

将这三部分损失加起来即为松弛损失 σ_{l5}：

$$\sigma_{l5} = \sigma_{l5(1)} + \sigma_{l5(2)} + \sigma_{l5(3)} \qquad (5-9)$$

对于 $\sigma_{l5(1)}$，会在预应力张拉后 1～3 天内发生，并且随温度上升而加速，可按下式计算：

$$\sigma_{l5(1)} = V_r \sigma_{con} E_r / E_f \qquad (5-10)$$

式中，V_r——纤维塑料筋中树脂的体积含量；

σ_{con}——张拉控制应力；

E_r——纤维塑料筋所用树脂的弹性模量；

E_f——纤维塑料筋所用纤维的弹性模量。

对于挤拉成型工艺生产的碳纤维筋与芳纶纤维筋，E_r/E_f 一般为 0.015～0.030，由于树脂含量一般为 30%～40%，所以 $\sigma_{l5(1)}$ 为 （0.006～0.012)σ_{con}，以这个限值进行超张拉是允许的，但不能超过此应力限值。因为这部分损失不是发生在纤维中，如果超过应力限值，将会对纤维造成超应力，有可能造成蠕变断裂。

对于 $\sigma_{l5(2)}$，纤维伸直所造成的损失与制造过程中挤拉成型工艺的质量控制有关，对于棒状纤维塑料筋，在挤拉成型过程中不可能发生很大的纤维弯曲，由此造成的松弛损失 $\sigma_{l5(2)} = (0.01～0.02)\sigma_{con}$。

对于 $\sigma_{l5(3)}$，纤维的松弛与纤维的种类有关。碳纤维在高应力蠕变断裂试验中被证实是不松弛的，所以 $\sigma_{l5(3)} = 0$。而芳纶纤维有一定的松弛率，如果从张拉后 24h 开始计算松弛损失，在 100 年设计寿命中，芳纶纤维的松弛损失为 6%～18%。

因此，对于 CFRP 筋来说，其总的应力松弛损失可取为 $0.035\sigma_{con}$。

FRP 筋总的预应力损失实测值和计算值的比较如表 5-6 所示。

表 5-6　FRP 筋预应力损失的实测值和计算值

梁编号	PCⅠ-4	PCⅡ-7	PCⅡ-9	PB5	PB6	PB7
张拉完毕后的微应变值	8575	7130	8560	5710	5720	5716
7 天后的微应变值	6770	5918	7115	4688	4785	4905
实测应变减少百分比 A	21.05%	17.00%	16.88%	17.90%	16.35%	14.19%
总应力损失计算值 /MPa	233.61	188.34	208.34	124.48	124.48	123.32
计算应力损失减少百分比 B	19.47%	18.83%	17.36%	15.56%	15.56%	15.42%
A/B	1.08	0.90	0.97	1.15	1.05	0.92

从表 5-6 可以看出，预应力梁 PCⅠ-4 没有非预应力钢筋，其应力损失最大，可见在预应力 FRP 筋混凝土梁中增加非预应力钢筋可以减少应力损失；另外，从表 5-6 的计算数据还可以看出，总的预应力损失计算值与实测值比较吻合，误差在 15% 以内。

5.3.6　与钢绞线应力损失的比较

用于预应力混凝土结构的 FRP 筋主要有 CFRP 筋和 AFRP 筋，GFRP 筋很少采用。由于 CFRP 筋和 AFRP 筋的弹性模量相差很大，分别约为钢绞线的75% 和 35%，弹性模量的差别也导致了预应力损失的大小有所不同。与钢绞线预应力混凝土（简称钢绞线 PC）构件相比较，FRP 筋 PC 构件的预应力损失的大小关系如表 5 - 7 所示。

表 5 - 7　钢绞线和 FRP 筋预应力损失的比较

损失内容	钢绞线	CFRP 筋	AFRP 筋
锚固损失 σ_{l1}	大	中	小
摩擦损失 σ_{l2}	小	大	中
混凝土收缩、徐变损失 σ_{l3}	大	中	小
混凝土弹性压缩损失 σ_{l4}	大	中	小
预应力筋应力松弛损失 σ_{l5}	小	中	大

弹性模量的大小主要影响 σ_{l1} 和 σ_{l4} 的相对大小，钢绞线的弹模最大，这两项损失也最大。孔材料和成孔方法对于摩擦系数的影响较大，由于数据有限，本书仅对采用波纹管成孔法成孔的摩擦损失进行了比较。钢绞线的摩擦系数最小，CFRP 筋的摩擦系数最大，因此 CFRP 筋的摩擦损失最大，而钢绞线的最小。混凝土的收缩徐变损失主要与所受的应力大小有关，在相同条件下，钢绞线的第一批应力损失最大，而 AFRP 筋的第一批应力损失最小，这导致钢绞线的收缩徐变损失最大。CFRP 筋的松弛损失很小，与低松弛钢绞线差不多或更低，AFRP 筋的松弛损失则很大。

5.4　小结

本章根据 FRP 筋的材料特点和各种锚具的优缺点开发出了 2 种组合锚具，并利用其对 FRP 筋进行了筋材试验，而且对 FRP 筋的预应力损失进行了计算，可以得出以下结论：

1）所研发的 2 种 FRP 筋组合锚具克服了各种单一类型 FRP 筋锚具的缺点，具有良好的静载和动载锚固性能。

2）影响夹片-粘结式锚具的主要因素有粘结胶的强度、套筒的表面处理、套筒的长度以及组装件的养护。

3）影响夹片-套管锚具锚固性能的主要因素有软金属的材质和厚度、夹片与锚环之间的锥角差、锚具长度。

4）FRP 筋从开始受力到破坏，完全呈线弹性。

5）FRP 筋的预应力损失内容基本与钢绞线的类似，弹性模量的大小对应力损失有很重要的影响。

6）与高强钢绞线预应力损失相比较，FRP 筋的预应力损失有所不同，如锚固损失、摩擦损失的计算公式相同而参数取值不同，松弛损失的计算公式不同。

7）预应力 FRP 筋的锚具变形及预应力筋内缩值 a、摩擦系数 k 和 μ 的大小与预应力钢绞线有所不同。

8）FRP 筋总的预应力损失计算值与实测值比较吻合，误差在 15％以内。

第 6 章　预应力 FRP 筋混凝土梁有限元
非线性分析基本问题的讨论

目前，关于预应力 FRP 筋混凝土梁的研究成果主要是基于大量试验数据的经验公式，结果离散性较大，而有限元模拟方法的研究成果不多[92-96]。由于一些技术和经济等原因，不可能对预应力 FRP 筋混凝上构件都采用试验研究。ANSYS 软件是一个随着计算机技术的发展而被广泛应用的大型通用有限元软件，在钢筋混凝土结构和预应力混凝土结构非线性分析中已得到了较多的应用[96-100]。本章在介绍预应力混凝土结构有限元的各种建模方法后，对预应力 FRP 筋混凝土梁的建模过程进行了详细介绍，并且与体内有粘结和体内无粘结预应力 FRP 筋混凝土梁的试验结果进行了比较，验证了模型的可靠性。

6.1　钢筋混凝土有限元模型的选择

一般钢筋混凝土结构的有限元模型主要有三种，即分离式、组合式和整体式，下面分别介绍。

6.1.1　分离式模型

利用 Solid65 单元模拟混凝土，Link8 单元模拟钢筋，混凝土单元和钢筋单元共用一个节点。其优点是可直观地获得钢筋的内力，缺点是为了考虑共用节点的位置，有时会使混凝土的单元尺寸划分得很小，容易出现因应力集中而导致计算难以收敛的问题。

分离式模型可以揭示钢筋与混凝土之间相互作用的微观机理，这是整体式模型无法做到的。在需要对结构构件内微观机理分析研究时，分离式模型的优点显得尤为突出。

6.1.2　组合式模型

组合式模型是将钢筋分布于整个单元中，假定混凝土和钢筋粘结很好，并把单元视为连续均匀材料。与分离式模型不同的是，它求出的是综合了混凝土与钢筋单元一个统一的刚度矩阵。这种方法对于含筋较多，且钢筋均匀分布的混凝土结构非常适合。

组合式模型又分为两种：一种是分层组合式，在横截面上分成许多混凝土层和若干钢筋层，并对截面的应变作出某些假设，这种组合方式在钢筋混凝土板、壳结构中应用较广；另一种组合方法是采用带钢筋膜的等参单元。

6.1.3　整体式模型

在整体式有限元模型中，将钢筋弥散于整个单元当中，并视单元为连续均匀材料。与分离式相比较，整体式有限元模型的单元刚度矩阵综合了钢筋和混凝土单元的刚度矩阵，这一点与组合式相同。但与组合式不同的是，整体式模型不是分别求出钢筋和混凝土对单元刚度的贡献后再进行组合，而是一次求得综合的刚度矩阵。

6.2　混凝土的开裂模拟

混凝土的抗拉强度很低，在较小的拉应力作用下就会开裂，从而使结构的性能发生重大变化，这也是造成混凝土结构非线性的重要因素。对混凝土裂缝的模拟是钢筋混凝土结构分析的关键之一。在钢筋混凝土结构非线性有限元分析中，常用的模型有分离式模型、分布式模型和断裂力学模型。

ANSYS 可以采用分布、离散或断裂的裂缝模式。在分布裂缝模式中，考虑到骨料的联锁作用，认为裂缝还可以传递剪力，故而引入残留抗剪系数。它和裂缝的开合有密切关系，所以根据裂缝的开合应选择不同的残留抗剪系数。在离散裂缝模式中，一般采用单元重划分技术，若发现应力超过断裂应力，手工修改结构或杀死单元来模拟裂缝的出现和扩展。如果采用断裂裂缝模式，需要使用动态网格划分技术，通过 ANSYS 的宏命令流来实现。

ANSYS 中常用来模拟混凝土材料的 Solid65 单元采用的即分布裂缝模型，其优点在于：

1) 能够自动生成裂缝，而且不需要改变单元的几何布局。
2) 在任何方向都可以生成裂缝，而不需要预先指定裂缝的方向。

6.3　预应力有限元的建模方法及比较

预应力混凝土结构的分析方法可分为两大类：其一是将力筋的作用以荷载的形式作用于结构，即所谓的等效荷载法；其二是力筋和混凝土分别用相应的单元模拟，预应力通过不同的模拟方法施加，称之为实体力筋法。这两种方法都可根据不同的分析目的或需要而采用不同的单元进行模拟。

6.3.1　等效荷载法

等效荷载法的优点是建模简单，不必考虑力筋的具体位置而可直接建模，网格划分简单，对结构在预应力作用下的整体效应比较容易求得。其主要缺点是：

1）无法考虑力筋对混凝土作用力的分布和方向。曲线力筋对混凝土作用在各处是不同的，等效时没有考虑，水平分布力也没有考虑。

2）在外荷载作用下的共同作用难以考虑，不能确定力筋在外荷载作用下的应力增量。

3）难以求得结构细部受力反应，否则荷载必须施加在力筋的位置上，这又失去了建模的方便性。

4）张拉过程难以模拟，而且无法模拟由于应力损失引起力筋各处应力不等的情况。

5）细部计算结果与实际情况误差较大，不宜进行详尽的应力分析。

6.3.2　实体力筋法

实体力筋法可消除等效荷载法的缺点，对预应力混凝土结构的应力分析能够精确地模拟。实体力筋法在建模处理上有三种处理方法，即实体分割法、节点耦合法和约束方程法。

1. 实体分割法

基本思路是先以混凝土结构的几何尺寸创建实体模型，然后用工作平面和力筋线拖拉形成的面将混凝土实体分割，再将分割后实体上的一条与力筋线型相同的线定义为力筋线，这样不断分割下去，最终形成许多复杂的体和多条力筋线，然后分别进行单元划分，施加预应力、荷载、边界条件后进行求解。这种方法基于几何模型的处理，力筋位置准确，求解结果精确，但当力筋线型复杂时，建模比较麻烦，甚至导致布尔运算失败。

2. 节点耦合法

该法的基本思路是分别建立实体和力筋的几何模型，创建几何模型时不必考虑二者的关系，然后对几何模型的实体进行各自单元划分，单元划分后采用耦合节点自由度将力筋单元和实体单元联系起来。这种方法是基于有限元模型的处理。

这种方法建模比较简单，若熟悉 APDL 编程，则耦合节点自由度的处理也比较简单。其缺点是当混凝土单元划分不够密时，力筋节点位置可能有些走动，造成一定误差，为消除该误差，势必将混凝土单元划分得较密，即以牺牲计算效率获得上述优点，该方法是处理和分析大量复杂力筋线形的有效方法。

3. 约束方程法

在节点耦合法中，是通过点（混凝土单元上的一个节点）点（力筋上的一个节点）自由度耦合的，这样需要寻找最近的节点然后耦合，略显麻烦。可通过 CEINTF 命令在混凝土单元节点和力筋单元节点之间建立约束方程，与节点耦合法建模相比较，更为简单。在分别建立几何模型和单元划分后，只需选择力筋节点，CEINTF 命令自动选择混凝土单元的数个节点，在容差范围内与力筋的一个节点建立约束方程，通过多组约束方程，将力筋单元和混凝土单元连接为整体。显然，该法更能提高工作效率，且对混凝土网格密度要求不高，进而提高了计算效率。该法也比较符合实际情况，计算结果较为精确。

为了得到非线性分析中各种变量的准确结果，本书在后面的算例中主要采用了实体力筋法，并采用降温法来实现预应力的模拟。

6.4　材料单元和本构关系的选择

6.4.1　混凝土

1. 单元选择

ANSYS 的 Solid65 单元是专为混凝土、岩石等抗压能力远大于抗拉能力的非均匀材料开发的单元，它可以模拟混凝土中的加强钢筋（或纤维、型钢等），以及材料的拉裂和压溃现象。它在三维 8 节点等单元 Solid45 的基础上，增加了针对混凝土的性能参数和组合式钢筋模型。Solid65 单元最多可以定义 3 种不同的加固材料，即此单元允许同时拥有 4 种不同的材料。混凝土材料具有开裂、压碎、塑性变形和蠕变的能力；加强材料则只能受拉压，不能承受剪切力。

Solid65 单元的几点假设：

1）单元中任何节点都能产生开裂。

2）如果单元节点被压碎，通过调整材料属性来模拟裂缝。在裂缝的处理形式上，采用"弥散裂缝"而非"分离裂缝"。

3）假设混凝土最初是各向同性材料。

4）一但单元利用钢筋特性，便认为钢筋弥散于单元之中。

5）混凝土有可能在开裂或压碎之前进入塑性状态，此时将使用 Drucker - Prager 破坏准则。

Solid65 单元具有分析拉应力区开裂和压应力区可能的压溃反应的能力，每个单元在 8 个积分点处进行开裂和压溃的检验。在单元的积分点处，如果混凝土单元的主应力超出了混凝土的抗拉或抗压强度，单元则被标记为开裂或压溃，裂缝或压溃区的方向由相应的主应力方向确定。在有限元数值计算中，裂缝的模拟通过修改相应主应力方向的应力应变关系来削弱该方向上的主应力值。剪力在开裂截面上的传递由剪力传递系数来确定，可以是全剪力传递，也可以是无剪力传递。压溃考虑的则是一种塑性失效准则，一旦压溃出现，如果继续增加荷载，在压溃方向上，应变增加，应力保持常数。

ANSYS 中混凝土在复杂应力状态下的破坏准则可以表示为

$$\frac{F}{f_c} - S \geqslant 0 \tag{6-1}$$

其中，F 是主应力（σ_{xp}，σ_{yp}，σ_{zp}）的函数；S 表示失效面，是关于主应力及 f_t，f_c，f_{cb}，f_1，f_2 五个参数的函数；f_c 是单轴抗拉强度。若应力状态不满足式（6-1），则不发生开裂或压碎。应力状态满足式（6-1）后，若有拉伸应力将导致开裂，若有压缩应力将导致压碎。

ANSYS 中采用五个材料强度参数和静水压力状态来定义混凝土的破坏曲面，五个材料参数分别为单轴抗拉强度、单轴抗压强度、双轴抗压强度、静水压力作用下单轴抗压强度和双轴抗压强度。当静水压力较小，满足 $|\sigma_h| \leqslant \sqrt{3} f_c$ 时，可以使用两个参数 f_t 和 f_c 来定义混凝土的破坏曲面。其他三个参数采用 Willam and Warake 强度模型的默认值，即 $f_{cb} = 1.2 f_c$，$f_1 = 1.45 f_c$，$f_2 = 1.725 f_c$。当静水压力较大时，必须设定五个参数，否则将导致混凝土模型计算结果的不正确。

F 和 S 都可以用主应力 σ_1、σ_2、σ_3 表示，而三个主应力有四种取值范围，因此混凝土失效行为也可以分为四个范围，在每个范围内都是一对独立的 F 和 S，下面只简单给出四个范围：

1）$0 \geqslant \sigma_1 \geqslant \sigma_2 \geqslant \sigma_3$（压-压-压破坏区）。

2）$\sigma_1 \geqslant 0 \geqslant \sigma_2 \geqslant \sigma_3$（拉-压-压破坏区）。

3）$\sigma_1 \geqslant \sigma_2 \geqslant 0 \geqslant \sigma_3$（拉-拉-压破坏区）。

4）$\sigma_1 \geqslant \sigma_2 \geqslant \sigma_3 \geqslant 0$（拉-拉-拉破坏区）。

2. 本构关系

混凝土本构关系较多，为了加速收敛过程，一般不考虑下降段，应力-应变关系按混凝土结构设计规范（GB 50010—2010）选取，其关系式如式（6-2）和式（6-3）所示，应力-应变关系曲线如图 6-1 所示。

上升段：

$$\varepsilon_c \leqslant \varepsilon_0, \quad \sigma_c = f_c\left[1 - (1 - \frac{\varepsilon_c}{\varepsilon_0})^2\right] \qquad (6-2)$$

水平段：

$$\varepsilon_0 \leqslant \varepsilon_c \leqslant \varepsilon_{cu}, \quad \sigma_c = f_c \qquad (6-3)$$

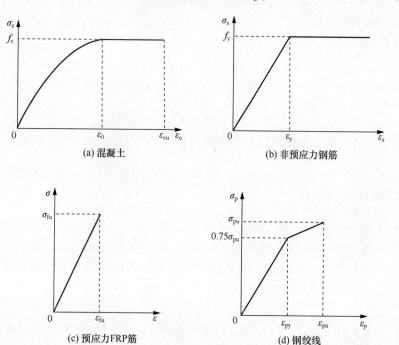

图 6-1　各种材料的应力-应变关系

6.4.2　普通钢筋

1. 单元选择

Link8 单元是有着广泛工程应用的杆单元，比如可以用来模拟桁架、缆索、连杆、弹簧等。这种三维杆单元是杆轴方向的拉压单元，每个节点具有三个自由度，即沿节点坐标系 x、y、z 方向的平动。就像在铰接结构中的表现一样，本单元不承受弯矩。本单元具有塑性、蠕变、膨胀、应力刚化、大变形、大应变等功能。需要注意 Link8 单元的一般假设和限制：假设材料为均质等直杆，且在轴向上施加荷载；杆的长度不能为零，即节点 i 和节点 j 不能重合。本书采用 Link8 单元来模拟普通钢筋。

2. 本构关系

普通钢筋应力 - 应变关系的计算模型可根据不同的要求选用，其中理想弹塑性模型最为简单。一般结构破坏时钢筋的应变尚未进入强化段，此模型适用，其应力 - 应变关系为

当 $\varepsilon_s \leqslant \varepsilon_y$ 时

$$\sigma_s = E_s \varepsilon_s \qquad (E_s = \frac{f_y}{\varepsilon_y}) \qquad\qquad (6-4)$$

当 $\varepsilon_y \leqslant \varepsilon_s \leqslant \varepsilon_u$ 时

$$\sigma_s = f_y \qquad\qquad (6-5)$$

在 ANSYS 分析中使用经典的双线性随动强化（BKIN），应力-应变关系如图 6-1 所示。

6.4.3　预应力 FRP 筋

预应力 FRP 筋可采用 Link10 来模拟，该单元是一种只受拉或压的单元，与 FRP 筋材料剪切强度较低相吻合。Link10 单元具有塑性变形、徐变、应力刚化、超弹和大变形能力。FRP 筋是线弹性材料，可以按理想弹性材料的本构关系进行描述，其应力 - 应变关系为

$$\sigma_f = E_f \varepsilon_f \qquad (0 \leqslant \sigma_f \leqslant \sigma_{fu}) \qquad\qquad (6-6)$$

式中，σ_f 为 FRP 筋的拉应力，ε_f 为 FRP 筋的拉应变，E_f 为 FRP 筋的弹性模量。

6.4.4　预应力钢绞线

预应力钢绞线在单调荷载下采用图 6-1（d）所示的应力-应变曲线，不考虑屈服段的作用。一般需考虑强化段的影响，强化段的起点应力为 $0.75\sigma_{pu}$，终点的应变为 0.05。由于钢绞线的弯曲刚度较小，所以也采用 Link10 单元来模拟。

6.4.5　粘结单元

采用 Combin39 非线性弹簧单元来模拟和研究 FRP 筋与混凝土之间的粘结滑移特性。Combin39 单元可以用于任何分析，它是一种具有非线性 F-D 性能的单向受力单元。该单元在 1-D，2-D 或 3-D 应用中具有轴向和扭转能力。轴向能力代表该单元具有轴向拉压性能，每个节点都具有一个自由度，即节点的 x，y，z 三个方向的平移自由度，不考虑弯曲和扭转。扭转能力是指一种纯粹的扭转单元，每个节点都有一个自由度，即绕 x，y，z 轴的扭转，不考虑弯曲或轴向的荷载。因为单元的每个节点都有一个自由度，该单元具有大变形的能力。

图 6 - 2 是 Combin39 单元的几何模型。

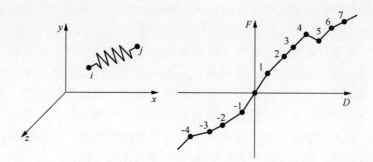

图 6 - 2　Combin39 单元的几何模型

FRP 筋和混凝土之间粘结单元的本构模型较多[102]，其中连续曲线模型物理概念明确，曲线光滑连续，且参数简单，其本构关系如下。

上升段：

$$\frac{\tau}{\tau_0} = 2\sqrt{\frac{s}{s_0}} - \frac{s}{s_0} \quad (0 \leqslant s \leqslant s_0) \tag{6-7}$$

下降段：

$$\tau = \tau_0 \frac{(s_u - s)^2(2s + s_u - 3s_0)}{(s_u - s_0)^3} + \tau_u \frac{(s - s_0)^2(3s_u + s - s_0)}{(s_u - s_0)^3} \quad (s_0 \leqslant s \leqslant s_u)$$

$$\tag{6-8}$$

式中，τ_0、s_0 为峰值点的剪应力和对应的滑移；τ_u、s_u 为残余剪应力和达到残余剪切强度时的滑移。

6.5　非线性分析中其他问题的处理

6.5.1　非预应力筋的处理

在利用 ANSYS 分析钢筋混凝土构件时，非预应力钢筋主要有分离式和整体式两种模型。分离式模型把钢筋和混凝土作为不同的单元来处理，整体式模型将钢筋连续均匀分布于整个混凝土单元中，它综合了混凝土和钢筋对刚度的贡献，其单元仅为 Solid65，通过参数设定钢筋的分布情况。本文对这两种处理方式都进行了模拟。

6.5.2　支座和加载点的处理

混凝土结构的有限元分析中，如果约束直接加在混凝土节点上，可能在支座位置产生很大的应力集中，使支座附近的混凝土提前破坏，造成求解失败。在有限元模型中，可在支座处加上一弹性垫块，采用 Solid45 单元来模拟，可有效避免应力集中。

为了尽可能得到加载过程的下降段和加速非线性分析的收敛过程，本书的算例中都采用位移加载的方式进行分析。预应力通过降温法来实现，即给预应力筋一个温降值，使之产生收缩变形，来模拟预应力筋的预拉作用。在无粘结预应力混凝土梁中，预应力筋仅在梁端部与混凝土粘结，会产生很大的应力集中。同样，对于集中荷载的加载点，也容易出现这种问题，可采用添加弹性垫块的方法来处理，在 ANSYS 中采用 Solid45 单元来进行模拟。

6.5.3　加速收敛的方式

如果考虑了混凝土和钢筋的材料非线性，开裂前程序比较容易收敛，当混凝土开裂后随着荷载的增大，程序收敛就变得越来越困难。本书考虑了以下几个方面来加速收敛过程。

（1）网格密度

选择适当的网格密度能够帮助程序收敛。网格划分太稀会导致误差较大，划分太密会花费大量时间，计算费用很高，而且对程序的收敛所起的作用不明显。通过分析认为，单元尺寸为 50～100 mm 时比较合适，能够满足精度要求，且计算费用也不太高。

（2）子步数

子步数（NSUBST）的设置对程序的收敛性影响较大，目前对子步数设置没有很好的方法，计算中一般通过试算的方法来确定，有时要经过多次反复调整才能达到收敛。

（3）收敛准则

在混凝土计算中，一般选择力的收敛而不同时使用位移的收敛，否则会给收敛带来困难。可以用 CNVTOL 命令来调整收敛精度，加速收敛，减少计算时间。收敛精度默认值是 0.1%，根据计算精度需要一般可以放宽到 5%～10%，这样收敛速度将提高。

6.6　有限元结果与试验结果的对比

下面结合文献［101］中的有粘结和无粘结预应力 FRP 筋混凝土梁的试验结果，分析混凝土的不同本构关系和破坏准则、不同加载方式、张开裂缝剪力传递系数和不同建模方法对计算结果的影响。

6.6.1　模型尺寸和材料性能

中国建筑科学研究院的孟履祥博士分别采用 AFRP 筋和 CFRP 筋作为有粘结和无粘结预应力筋，对预应力 FRP 筋混凝土梁的抗弯性能进行了试验研究[101]，本书分别选取了 BAS2-214 和 UCS2-210B 两根试验梁作为算例，来讨论各种参数对分析结果的影响。试验梁的配筋、截面尺寸和加载方式见图 6-3。试验梁混凝土强度设计等级为 C50，实测立方体抗压强度平均值为 63.6MPa；AFRP 筋和 CFRP 筋的面积分别为 $43mm^2$ 和 $50mm^2$，实测极限拉应力分别为 1940MPa 和 2547MPa，弹性模量分别为 53.8GPa 和 140GPa。受拉和受压钢筋分别采用直径为 14mm 和 6.5mm 的环氧涂层钢筋，屈服强度分别为 487MPa 和 335MPa，弹性模量分别为 210GPa 和 200GPa。

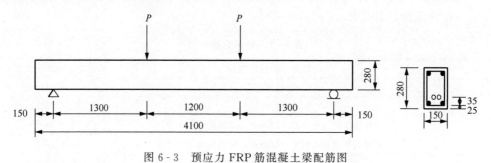

图 6-3　预应力 FRP 筋混凝土梁配筋图

6.6.2　体内有粘结预应力 FRP 筋混凝土梁的有限元分析

1. 不同本构和破坏准则对分析结果的影响

相对而言，普通钢筋和 FRP 筋的本构关系比较确定，ANSYS 中普通钢筋一般采用双线性随动强化模型（BKIN），FRP 筋采用默认的线弹性。ANSYS 默认的混凝土本构模型在开裂和压碎前是线性的应力-应变关系，而开裂和压碎后采用 Willam and Warake 破坏准则，这显然不能满足对预应力混凝土结构从加载直到破坏的全过程非线性分析的要求。因此，要在材料性质中加入反映其本构模型的特性。ANSYS 为了满足对不同材料分析的需要提供了众多的材料本构关系和破坏准则。针对预应力 FRP 筋混凝土结构的有限元分析，下面选择了不同的本构关系和破坏准则进行组合，以期获得最佳的分析方案。

共提出了 7 种不同的强化模型和破坏准则的组合方案：

1）混凝土采用默认的线弹性本构关系及默认的破坏准则（W-W 准则）。

2）混凝土采用默认的线弹性本构关系，假设混凝土只会拉裂不会压碎，即关闭压碎功能（拉应力准则）。

3）混凝土采用多线性等向强化模型（MISO），输入混凝土的单轴应力-应变曲线，不考虑下降段，采用默认的破坏准则（W-W 准则）。

4）混凝土采用多线性等向强化模型（MISO），输入混凝土的单轴应力-应变曲线，不考虑下降段，关闭压碎功能（拉应力准则）。

5）混凝土采用多线性随动强化模型（MKIN），输入混凝土的单轴应力-应变曲线，不考虑下降段，采用默认的破坏准则（W-W 准则）。

6）混凝土采用多线性随动强化模型（MKIN），输入的混凝土单轴应力-应变曲线不考虑下降段，关闭混凝土的压碎功能（拉应力准则）。

7）混凝土采用多线性随动强化本构关系（MKIN），输入的混凝土单轴应力-应变曲线考虑下降段，关闭混凝土的压碎功能（拉应力准则）。

各种组合方案见表 6-1。

表 6-1　分析方案一览

方案	混凝土的强化模型	混凝土的破坏准则
1	线弹性	W-W 准则
2	线弹性	拉应力准则
3	多线性等向强化模型（MISO），单轴曲线无下降段	W-W 准则
4	多线性等向强化模型（MISO），单轴曲线无下降段	拉应力准则
5	多线性随动强化模型（MKIN），单轴曲线无下降段	W-W 准则
6	多线性随动强化模型（MKIN），单轴曲线无下降段	拉应力准则
7	多线性随动强化模型（MKIN），单轴曲线有下降段	拉应力准则

对于以上各种分析方案，都是采用实体分割法来建模，用默认的求解方法进行求解，并采用位移加载的方式进行加载。计算得出的荷载-挠度曲线与试验结果的对比如图 6-4 所示。

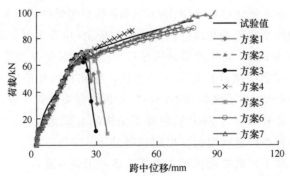

图 6-4　不同本构和破坏准则分析结果的比较

将按照不同的有限元模型计算得出的预应力梁的荷载-挠度曲线进行对比，可以得出以下结论：

1）纵筋屈服前，不同的有限元模型计算得出的预应力梁的荷载-挠度曲线几乎是重合的，且计算结果与试验结果有很好的吻合；钢筋屈服后，由于混凝土的强化法则和压碎设置的差别，各种模型得出的荷载-挠度曲线差别比较明显。

2）打开混凝土的压碎选项时，由于考虑了混凝土的压碎破坏，增加了有限元计算收敛的难度，使得有限元模拟难以得到较完整的荷载-挠度曲线。当荷载加至纵筋屈服时，计算便因为不能收敛而停止。

3）预应力混凝土简支梁在单调荷载下，不同的强化模型对计算结果的影响不太大，相对于多线性等向强化模型，采用多线性随动强化模型的计算结果更接近试验结果。

4）混凝土采用默认的线弹性本构关系时，有时可以获得较接近试验结果的分析结果，这可能是因为预应力梁的部分混凝土还在弹性范围内，但线弹性本构关系本质上不能反映混凝土的受力性能。

5）就本书算例而言，混凝土本构关系中有无下降段对极限承载力计算结果的影响并不大，但是有下降段时往往会造成计算收敛的困难，所以在预应力梁分析中可以不考虑下降段。

6）在各种方案中，方案 6 计算的荷载-挠度曲线与试验结果最为接近。

2. 不同加载方式对分析结果的影响

在 ANSYS 中加载方式可以分为力加载和位移加载，图 6-5 所示的是不同加载方式下计算结果和试验结果的比较。

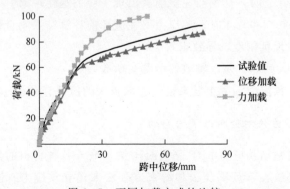

图 6-5 不同加载方式的比较

由图 6-5 可以看出，当采用力的加载方式时，可以获得较接近试验结果的承载力，但是刚度相差较大，反映在荷载-挠度曲线上就是跨中挠度的差别较大。当采用位移加载时，计算结果的刚度和承载力都与试验结果吻合较好。

3. 张开裂缝剪力传递系数 β_t 对分析结果的影响

张开裂缝的剪力传递系数 β_t 对计算结果的影响较大，此值在 $0\sim1.0$ 间变化，0 表示开裂面光滑，不能传递剪力；1 表示裂缝面粗糙，没有剪力传递的损失。β_t 一般取 $0.3\sim0.5$[99]，也有对梁取 0.5、对深梁取 0.25、对剪力墙取 0.125 等经验数值。为了取得理想的计算结果，采用方案 6 的本构关系和破坏准则，张开裂缝的剪力传递系数 β_t 分别取 0.2、0.3、0.4 和 0.5，研究其对计算结果的影响。

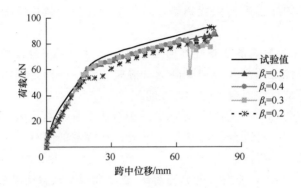

图 6-6　不同张开裂缝剪力传递系数的比较

不同的张开裂缝剪力传递系数下计算得到的荷载-挠度曲线与试验结果的比较如图 6-6 所示。由图 6-6 可以看出：

1）当 β_t 取 0.2 时，在钢筋屈服前就出现了应力退化现象。

2）当 β_t 取 0.3 和 0.4 时，预应力梁在破坏前计算结果吻合较好，只是在临近破坏时容易出现负刚度，导致求解失败。

3）当 β_t 增大到 0.5 时，发散的情况有所改善。

可见，对于预应力混凝土梁来说，β_t 取较大的值更有利于计算的收敛。

4. 不同建模方法对分析结果的影响

对于体内有粘结预应力 FRP 筋混凝土梁，输入各种材料的性能后，可以分别采用实体分割法、节点耦合法和约束方程法来建立预应力有限元模型，下面分析不同的建模方法对计算结果的影响。

实体分割法由于是在钢筋位置处对梁体进行切割，因而可以获得位置相对较准确的钢筋，实体分割法得到的钢筋和混凝土的有限元模型如图 6-7 所示。

节点耦合法和约束方程法虽然处理预应力筋节点和临近混凝土节点的过程不一样，但本质上都是将预应力筋节点和混凝土节点建立耦合关系。节点耦合法建立的有限元模型如图 6-8 所示。在节点耦合法和约束方程法中，为了突出与实体分割法的区别和简化建模过程，采用整体式模型对非预应力筋进行建模。

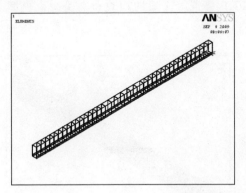
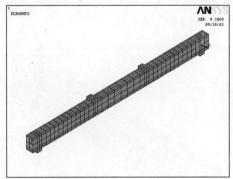

图 6-7　实体分割法钢筋和混凝土的有限元模型

　　不同建模方式下计算得到的荷载-挠度曲线与试验结果的比较如图 6-9 所示。由图 6-9 可以看出，节点耦合法和约束方程法的计算方法基本相同，而且这两种方法的计算结果与实体分割法都非常接近。

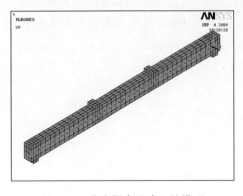
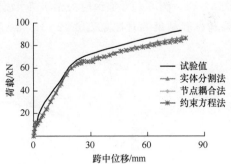

图 6-8　节点耦合法建立的模型　　　　图 6-9　不同建模方法的比较

6.6.3　体内无粘结预应力 FRP 筋混凝土梁的有限元分析

1. 不同建模方法对试验结果的影响

　　体内无粘结预应力 FRP 筋混凝土梁由于预应力筋和混凝土可以相对滑动，

为了反映无粘结预应力的特性，只能采用节点耦合法和约束方程法建立模型。在耦合法中，将预应力 FRP 筋和混凝土采用分别独立建模，忽略它们间的相互摩擦，再将 FRP 筋的节点与相近的混凝土节点在预应力 FRP 筋法线方向进行耦合，或者建立约束方程，但不限制它们切线方向的相对滑动。最后将 FRP 筋的两个端点与混凝土梁端部的钢板节点进行全部耦合，模拟端部的预应力锚固，其有限元模型如图 6-10 所示，预应力 FRP 筋混凝土梁的加载和支座约束模型如图 6-11 所示。

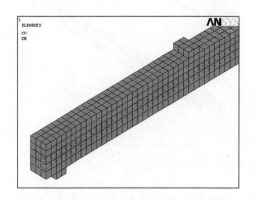

图 6-10　预应力端部锚固　　　　　图 6-11　有限元加载模型

预应力 FRP 筋混凝土梁 UCS2-210B 的跨中挠度-荷载曲线，其有限元模型的计算值与试验值的比较见图 6-12，预应力 FRP 筋的应力增量随荷载的变化见图 6-13，图 6-14 是预应力梁破坏形态的比较。所有预应力梁的有限元分析结果与试验结果的对比见表 6-2。

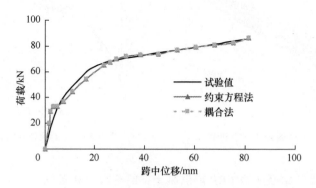

图 6-12　梁 UCS2-210B 有限元模型的计算值与试验值

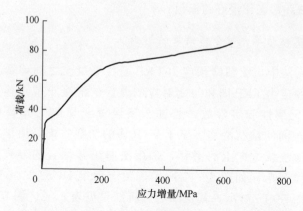

图 6 - 13　梁 UCS2-210B 预应力筋的应力增量-荷载曲线

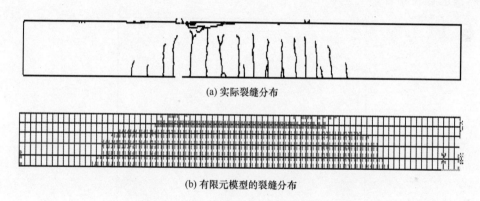

(a) 实际裂缝分布

(b) 有限元模型的裂缝分布

图 6 - 14　梁 UCS2-210B 破坏形态的比较

表 6 - 2　有限元计算结果与试验结果的对比

梁编号	试验值/kN	耦合法		粘结单元法	
		计算值/kN	误差	计算值/kN	误差
UCS1-210A	60.6	65.3	7.8%	74.9	23.6%
UCS2-210A	89.9	90.7	0.9%	101.6	13.0%
UCS2-210B	85.9	86.3	0.5%	97.5	13.6%
UCS2-214	109.2	109.3	0.1%	119.8	9.7%

　　由图 6 - 12 可见，约束方程法和耦合法两种方法的计算结果几乎没有区别。这是因为模型的网格划分和材料属性完全一样，这两种方法并没有本质上的区别。从图 6 - 14 破坏形态的对比可以看出，ANSYS 也可以对无粘结预应力 FRP

筋混凝土梁的破坏形态作很好的模拟。

2. 是否考虑粘结单元对分析结果的影响

在粘结单元法中，无粘结预应力 FRP 筋与混凝土之间弹簧单元的具体建模过程，是把预应力 FRP 筋和与之对应的最近的混凝土节点连接起来，赋予Combin39 的单元属性和实常数，通过选项设置成切向的弹簧单元，来模拟FRP 筋与混凝土间的粘结滑移。至于 FRP 筋的法线方向，由于粘结滑移的刚度较大，不考虑法线方向上的滑移，采用法向位移耦合的方式进行处理。有限元模型中的弹簧单元如图 6-15 所示，预应力梁 UCS2-210B 两种不同分析方法的对比如图 6-16 所示，其他梁的分析结果见表 6-2。图 6-17 为弹簧单元的拉力沿混凝土梁长度方向的分布情况，弹簧拉力在梁端部最大，这与实际情况比较吻合。

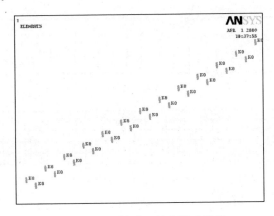

图 6-15　弹簧单元的有限元模型

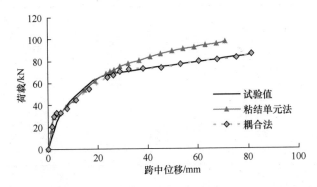

图 6-16　不同分析方法的计算值与试验结果的对比

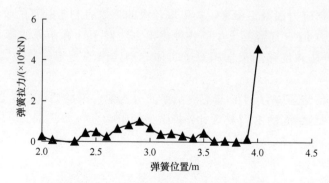

图 6-17 弹簧拉力沿梁长方向的分布情况

由图 6-16 和表 6-2 可见,无粘结预应力 FRP 筋混凝土梁的两种建模分析方法中,耦合法精度相对较好,粘结单元法的刚度较试验结果偏大。这是由于在粘结单元法中,弹簧单元的本构关系是按 FRP 筋和混凝土间的粘结滑移本构关系进行取值的,这与体内无粘结预应力 FRP 筋的自由滑动还有一定的区别。另外,在有限元分析中,粘结单元法相对来说比较难收敛,如何提高这种算法的收敛性也是一个值得研究的问题。

6.7 小结

本章详细介绍了 ANSYS 对预应力 FRP 筋混凝土梁有限元非线性分析的全过程,通过有粘结和无粘结预应力 FRP 筋混凝土梁的实例,对影响计算结果的各种建模方法和各种主要参数进行了分析,可以得出以下结论:

1) 通过合理的建模和参数选择,ANSYS 可以对有粘结和无粘结预应力 FRP 筋混凝土梁的受力过程进行很好的模拟。

2) 当打开混凝土的压碎选项时,由于考虑了混凝土的压碎破坏,增加了有限元计算收敛的难度,有限元模拟难以得到较完整的荷载-挠度曲线,当荷载加至纵筋屈服时,计算便因为不能收敛而停止。

3) 预应力 FRP 筋混凝土简支梁在单调荷载下,不同的强化模型对计算结果的影响不太大,相对于多线性等向强化模型,采用多线性随动强化模型的计算结果更接近试验结果。

4) 就本书算例而言,混凝土本构关系中有无下降段对极限承载力计算结果的影响并不大,但是有下降段时往往会增加计算收敛的困难,所以在预应力梁极限承载力分析中可以不考虑下降段。

5) 当采用力的加载方式时,可以获得较接近试验结果的承载力,但是刚度相差较大;当采用位移加载时,计算刚度和承载力都与试验结果吻合较好。

6）对于预应力混凝土梁来说，β_t 取较大的值更有利于计算的收敛。

7）预应力 FRP 筋混凝土梁的各种建模方法对于计算结果的影响不是很大，但是节点耦合法和位移约束法相对于实体分割法来说更容易收敛，而且误差不是很大。

8）在无粘结预应力 FRP 筋混凝土梁的分析中，添加粘结单元会增加收敛的难度，而且粘结单元的本构关系对分析结果的影响也较大。

第7章 预应力 FRP 筋混凝土梁 抗弯性能的研究

由于 FRP 筋是线弹性材料，预应力 FRP 筋混凝土梁的延性相对于钢筋混凝土梁较差，为了防止预应力 FRP 筋混凝土结构发生脆性破坏，在实际设计中就要采取一定的措施来提高结构的延性。为此不少学者提出了各种提高预应力 FRP 筋混凝土梁延性的方法，如部分预应力概念设计、采用各种粘结方式的预应力相结合的方法、采用纤维混凝土等方法。本章主要根据有粘结和无粘结预应力混凝土梁的受力性能，采用各种形式预应力相结合的方式，来改善预应力 FRP 筋混凝土梁的延性和受力性能。除了进行试验研究外，本章还将对各种形式预应力 FRP 筋混凝土梁的抗弯承载力进行理论推导，并且采用有限元非线性技术对试验结果和各种参数进行模拟计算。

7.1 预应力 FRP 筋混凝土梁抗弯试验研究

7.1.1 试验梁的设计

1. 试验梁的规格尺寸

试验共设计了 13 个试件，混凝土梁跨度为 2.8m，截面尺寸为 150mm×250mm，跨高比 11.2：1。所有试验梁均为简支梁，矩形截面，对于体外预应力，在简支梁的两端各 400mm 处加大截面至 300mm×250mm（图 7-2）。试验变化参数主要有预应力筋的种类、粘结方式、在梁截面中的位置和预应力度。为了提高预应力 CFRP 筋混凝土梁的延性，试验梁除了配置部分非预应力钢筋外，还主要采用体内有粘结、无粘结和体外预应力相结合的方式来研究预应力 CFRP 筋混凝土梁的抗弯受力性能。混凝土梁受压区采用直径 12mm 的 II 级钢筋，受拉区采用直径 16mm 的 II 级钢筋，箍筋采用直径 8mm 的 I 级钢筋。为了比较 CFRP 筋和钢绞线预应力混凝土梁受力性能的区别，试验中还设计了 3 根钢绞线预应力混凝土梁，钢绞线的直径为 9.5mm。混凝土梁均按"强剪弱弯"的原则设计，试件设计参数及配筋详见图 7-1～图 7-3 和表 7-1。

所有试验梁预应力 CFRP 筋均采用直线束型，预应力筋重心至梁底距离为 60mm。对于试件中有粘结预应力混凝土梁，采用预埋内径为 50mm 的镀锌波纹管，无粘结预应力混凝土梁预埋直径为 32mm 的 PVC 管。

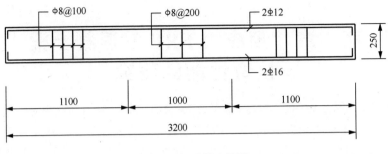

图 7-1　试件配筋图

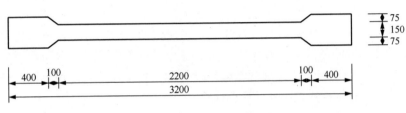

图 7-2　试件俯视图

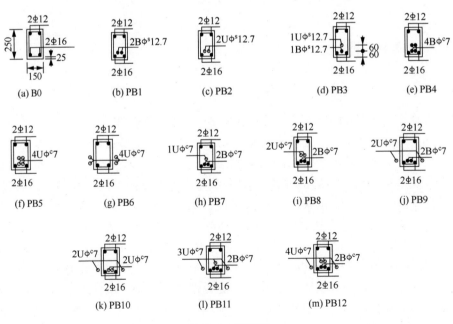

图 7-3　截面图

表 7 - 1　试件明细

试件编号	受压钢筋	受拉钢筋	预应力筋	预应力筋种类	预应力筋粘结方式	预应力筋位置	预应力度 λ
B0	2 Φ12	2 Φ16	—	—	—	—	0
PB1	2 Φ12	2 Φ16	2B φ^{s}9.5	钢绞线	有	体内	0.545
PB2	2 Φ12	2 Φ16	2U φ^{s}9.5	钢绞线	无	体内	0.545
PB3	2 Φ12	2 Φ16	1B φ^{s}9.5 +1U φ^{s}9.5	钢绞线	有 无	体内	0.545
PB4	2 Φ12	2 Φ16	4B φ^{c}8	CFRP	有	体内	0.709
PB5	2 Φ12	2 Φ16	4U φ^{c}8	CFRP	无	体内	0.709
PB6	2 Φ12	2 Φ16	4U φ^{c}8	CFRP	无	体外	0.709
PB7	2 Φ12	2 Φ16	2B φ^{c}8 +2U φ^{c}8	CFRP	有 无	体内	0.709
PB8	2 Φ12	2 Φ16	2B φ^{c}8 +1U φ^{c}8	CFRP	有 无	体内	0.646
PB9	2 Φ12	2 Φ16	2B φ^{c}8 +2U φ^{c}8	CFRP	有 无	体内 体外	0.709
PB10	2 Φ12	2 Φ16	4U φ^{c}8	CFRP	无	体内 体外	0.709
PB11	2 Φ12	2 Φ16	2B φ^{c}8 +3U φ^{c}8	CFRP	有 无	体内 体外	0.753
PB12	2 Φ12	2 Φ16	2B φ^{c}8 +4U φ^{c}8	CFRP	有 无	体内 体外	0.785

注：1. 符号 φ^s 表示钢绞线，后面的数字表示直径。φ^c 表示碳纤维筋。

2. 字母 B 表示有粘结，U 表示无粘结。

3. 预应力强度比 $\lambda = \dfrac{A_p f_{py}}{A_p f_{py} + A_s f_y}$，其中 A_p，A_s 分别表示预应力筋和受拉钢筋的面积；f_{py}，f_y 分别表示预应力筋抗拉强度的设计值和受拉钢筋的屈服强度。

4. 根据《混凝土结构设计规范》中规定，在构件承载力设计时，钢绞线取极限抗拉强度 σ_b 的 85% 作为条件屈服点；对预应力 CFRP 筋的设计强度也按相同的原则确定。

2. 试验所用材料的性能

试验采用的各种材料的实测力学性能如表 7 - 2 和表 7 - 3 所示。

表 7 - 2　混凝土的力学性能

混凝土等级	抗压强度 /MPa	弹性模量 /GPa
C40	51.4	31.4

表 7-3　各种筋材的力学性能

筋材	直径/mm	面积/mm²	极限强度/MPa	设计强度/MPa
钢绞线	9.5	54.8	1860（标准值）	1320
CFRP 筋	8	50	1730	1470
普通钢筋	16	201	575	368
	12	113	491	340
	8	50	473	331

3. 试验梁的加载及测试方案

（1）试验仪器的布置

试验梁均采用三分点加载，加载点的距离为 1000mm，加载点距支座距离为 900mm，试验加载方案和测点布置分别见图 7-4 和图 7-5。

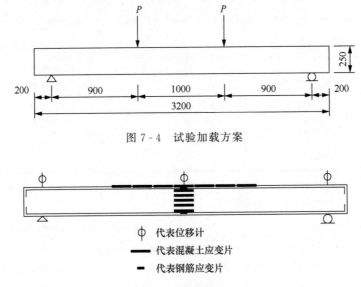

图 7-4　试验加载方案

图 7-5　测点布置图

试验的测量内容如下：

1）在加载千斤顶上安装压力传感器，测量加载力值。

2）在试验梁支座和跨中安装电子位移计测量位移。

3）在梁顶混凝土表面两加载点之间满布 1×100mm 标距的电阻应变片，测量混凝土梁顶部混凝土的应变。

4）用应变片测量混凝土梁跨中侧面混凝土表面的应变，以验证平截面假定。

5）在预应力 CFRP 筋及非预应力钢筋跨中位置的表面粘贴电阻应变片，测量它们的应变变化。

6）在每级加载完成后，采用裂缝仪测量各级荷载下的最大裂缝宽度，并按裂缝出现的顺序和位置进行编号。

（2）试验梁的加载程序

首先做好试验梁的准备工作：

1）清理试验梁，使之露出坚硬的混凝土面。

2）在试验梁表面涂刷一层白浆，厚度适中并均匀覆盖混凝土表面。

3）白浆面充分干燥后，在梁侧面绘制 100mm×50mm 方格网并编号。

4）在梁侧的受拉纵筋合力点处画一条红线。

试验过程中使用 YE2539 高速应变仪实时采集数据，采集频率为 0.5Hz，按以下的加载程序进行：

1）分级单调加载，加载为 5kN 一级，至非预应力钢筋屈服。

2）在非预应力钢筋屈服后，继续以每 10kN 一级进行加载，但当加载不足 10kN 而跨中位移已超过 5mm 时，则以每 5mm 位移一级加载至试验梁破坏，破坏的标志是混凝土压碎或纤维塑料筋拉断。

3）试验梁破坏后缓慢卸载至 0kN。

试验构件加载示意图如图 7-6 所示。

图 7-6　加载示意图

4. 试验梁的制作、张拉及灌浆

（1）试验梁的制作

对于有粘结预应力 CFRP 筋混凝土梁，先在构件中预埋内径为 50mm 的镀锌波纹管，并在距离梁两端的 500mm 处分别设置进浆管和排气管，等预应力筋张拉完毕后立刻实施灌浆。对于无粘结预应力梁，只需在浇筑混凝土前预埋

PVC 管即可。

（2）预应力筋的张拉

1）张拉设备。采用的张拉设备为穿心式千斤顶、配套手摇油泵以及连接配件。由于所选用的千斤顶和油泵一般用于张拉力较大的实际工程中，对于试验中相对较小的张拉力来说，如果仅通过油压表来控制张拉力的大小会造成较大的误差。相比于实际工程来说，试验对于张拉力的精确度要求更高，因此我们在千斤顶力架之间设置了一个力传感器（量测范围 0～20t），从而可以从与之配套的数字显示仪上直接读取张拉力的大小。同时，在碳纤维筋上粘贴应变片，并做防水处理，通过在锚固端的力传感器和测试应变片的应变共同监控张拉力的大小。

2）张拉控制力的大小。试验所用的碳纤维筋直径为 8mm，实测碳纤维筋的极限强度为 1731MPa，极限拉力为 86.5kN，弹性模量为 140GPa。试验中碳纤维筋的设计张拉控制应力取极限强度的 45%，张拉力为 45%×86.5kN＝38.9kN。为了减少试验过程中的应力损失，方便控制张拉力，对预应力 CFRP 筋进行了部分超张拉，并且张拉力值取为整数。抗弯构件中考虑到预应力筋根数较多，张拉控制应力取极限强度的 46.2%，张拉力为 40kN。试验中部分预应力筋用的是直径为 9.5mm 的钢绞线，公称面积为 54.8mm²，设计强度为 1860MPa，弹性模量为 1.95×105MPa，实测极限拉力为 96.8kN。钢绞线的张拉控制应力取极限强度的 50%。考虑试验中的应力损失，构件的实际张拉力均取为 50kN，为极限强度的 51.6%。

3）CFRP 筋的张拉方案。有效预应力的大小是本次试验研究的一个参数，所以预应力 CFRP 筋的张拉控制十分重要。CFRP 筋抗剪能力较弱，所有张拉设备应严格沿预应力筋轴线安装。CFRP 筋的弹性模量较小，每单次张拉后，锚具内夹片内移、锚具与钢板之间挤压等因素导致预应力损失较大，故本试验张拉 CFRP 筋采取分级分批的张拉方法，以方便观测试验梁反拱及梁截面应力变化。

张拉步骤为：张拉前先将碳纤维筋两端锚具上的夹片放好，然后将张拉设备安装好即可开始进行张拉。单根预应力碳纤维筋的预应力张拉采用分批加载方式，总张拉力为 40kN，分两次张拉完毕，每次增加 20kN。每次加荷完毕后静置 1～2min，待碳纤维筋变形稳定，通过记录仪读出碳纤维筋的应变读数。至此单根预应力碳纤维筋张拉完毕，可以松开油泵的油门进行卸载。卸载完毕后将梁试件静置 5min 左右再读取预应力碳纤维筋的应变读数，比较这一读数和张拉时的最后一次读数以及传感器的读数，即可分析该筋的预应力损失。由于暂时还没有配套工具同时张拉多根预应力碳纤维筋，我们采取多根分级分批的张拉方式，即按照对称的原则分别张拉单根 CFRP 筋至控制应力的 50%，然后再按相反的原则张拉到控制应力，这种张拉方式会减少由于张拉顺序不同而引起的应力损失。在张拉过程中，要时刻控制多根 CFRP 筋的应力增长相差不能超过 5%，还要注意千斤顶的伸长量，两边伸长量差值不能超过 5mm，如果出现两种情况的任何一种，必须停止预应力张拉，检查两端锚具情况。预应力 CFRP筋的张拉设备和张拉过程如图 7-7 所示。

图 7-7　预应力 CFRP 筋的张拉

（3）有粘结预应力 CFRP 筋梁的灌浆

所有预应力 CFRP 筋张拉完毕后，立刻对其中有粘结预应力混凝土梁实施灌浆。灌浆材料是由 ANG 高强无收缩灌浆料和早强型 42.5R 硅酸盐水泥加水搅拌而成的混合物，灌浆工艺与普通后张预应力灌浆工艺相同。灌浆过程如图 7-8 所示。

图 7-8　预应力 CFRP 筋的灌浆

7.1.2　试验研究结果

1. 试验现象及结果

虽然试验中各个试验梁预应力 FRP 筋的粘结方式有所不同，但是试验现象和破坏形态基本都相同。预应力 FRP 筋混凝土梁在开裂之前荷载和位移之间呈线弹性变化，在接近开裂时开始发生非线性变形，在混凝土开裂后荷载-位移曲线出现第一次偏折，位移随着荷载的增长速度较之前有所加快，梁不断出现新裂缝并且裂缝逐渐延伸，预应力 FRP 筋和非预应力钢筋的应力逐渐增大；之后非预应力钢筋屈服，梁的荷载-位移曲线出现第二次偏折。非预应力钢筋屈服之后，在梁的纯弯段基本不再出现新裂缝，而已有的裂缝则不断向上延伸并加宽，此时荷载增加缓慢，纤维塑料筋的应力增量较大，而梁顶混凝土压应变和跨中位移迅速增大，最后梁顶混凝土压应变增大至极限压应变（$3000 \sim 4000 \mu\varepsilon$），梁因混凝土压碎而破坏。试验过程中均没有发生 CFRP 锚具滑移的现象，由于预应力 CFRP 筋配置较多且张拉力不是很大，所以也没有发生 CFRP 筋拉断的现象。卸载后，梁的残余变形较小，裂缝尚可部分闭合。

标准混凝土梁和预应力 CFRP 筋混凝土梁典型的破坏如图 7-9 所示。

(a) 标准梁的破坏　　　　　　　　　　(b) 预应力混凝土梁的破坏

图 7-9　构件典型的破坏

试验构件采用分配梁进行加载，分配梁的自量为 1.2kN。各试验构件的试验结果如表 7-4 所示。

表 7-4　试验结果

编号	开裂荷载 /kN	屈服荷载 /kN	屈服位移 /mm	极限荷载 /kN	极限挠度 /mm	延性系数	破坏形态
B0	19	64.7	13.47	84.0	59.74	5.77	混凝土压碎
PB1	27	94.8	10.77	123.1	36.94	4.45	混凝土压碎
PB2	31	75.8	11.76	101.9	33.85	3.87	混凝土压碎
PB3	22	89.2	12.18	119.6	42.09	4.63	混凝土压碎
PB4	28	98.0	13.86	145.8	46.43	4.98	混凝土压碎
PB5	41	94.4	12.44	120.1	43.10	4.41	混凝土压碎
PB6	36	88.0	12.85	104.6	45.8	4.24	混凝土压碎
PB7	33	92.6	12.84	131.3	42.32	4.67	混凝土压碎
PB8	41	90.9	12.04	126.9	37.65	4.37	混凝土压碎
PB9	35	98.4	12.99	129.4	41.53	4.22	混凝土压碎
PB10	35	100.4	13.43	120.5	41.13	3.68	混凝土压碎
PB11	29	98.7	12.75	125.8	33.45	3.34	混凝土压碎
PB12	44	108.6	12.94	139.7	37.64	3.74	混凝土压碎

2. 荷载-位移曲线

　　由于在预应力 CFRP 筋混凝土梁中配置了非预应力钢筋，其在加载过程中的反应与钢绞线部分预应力混凝土梁比较接近，荷载-位移曲线呈现三直线特征，该三直线的两个弯折点分别对应混凝土开裂和非预应力钢筋屈服。试验最终的破坏过程比较突然，以致没能得到荷载-位移曲线的下降段。试验梁的荷载-挠度曲线如图 7-10 所示。

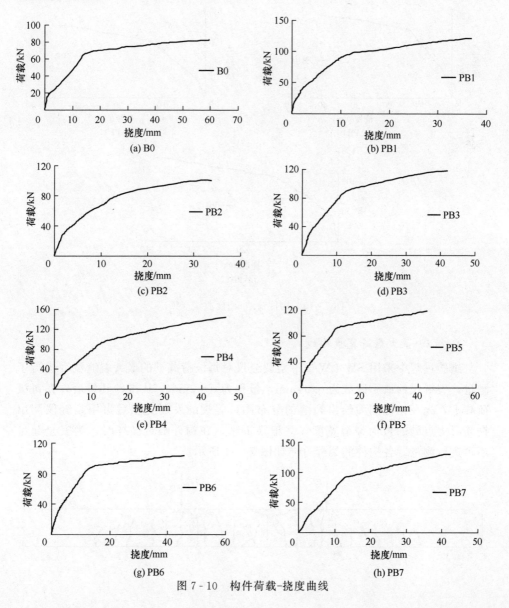

图 7-10　构件荷载-挠度曲线

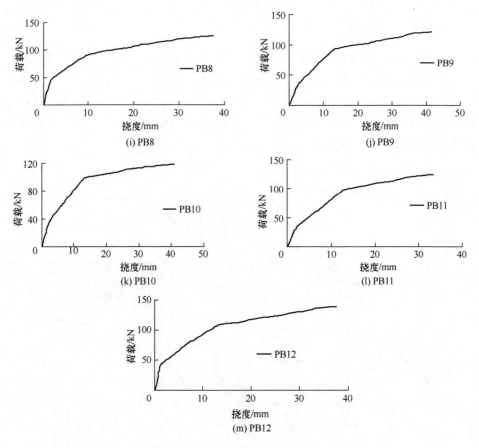

图 7-10　构件荷载-挠度曲线（续）

3. 荷载-最大裂缝宽度曲线

试验过程中采用 SW-LW-101 型裂缝仪对每级荷载下的最大裂缝宽度进行了测量，裂缝仪的最小读数为 0.04mm，量程为 0～2mm。从试件开裂后，在每级荷载下，先在构件侧面绘出裂缝的分布图，等裂缝发展完全后再用裂缝仪测出钢筋合力点处的最大裂缝宽度，并记录下来，在构件临近破坏时，为安全起见不再进行测量。各构件的裂缝分布如图 7-11 所示。

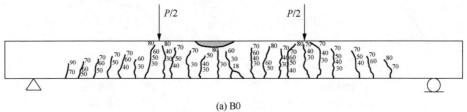

(a) B0

图 7-11　构件的裂缝分布

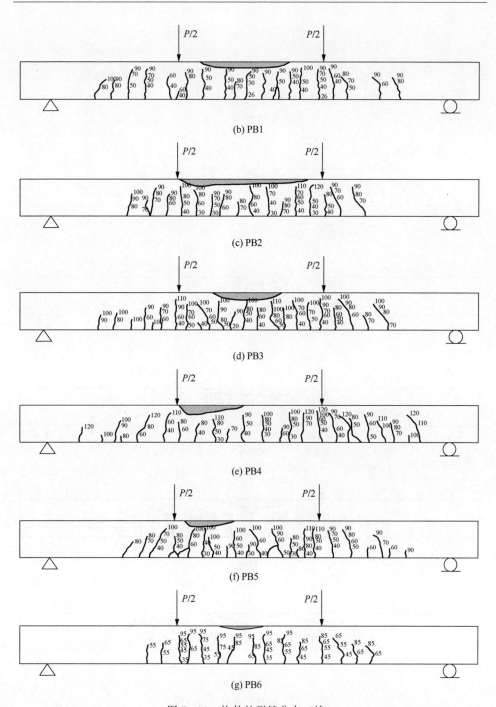

图 7 - 11　构件的裂缝分布（续）

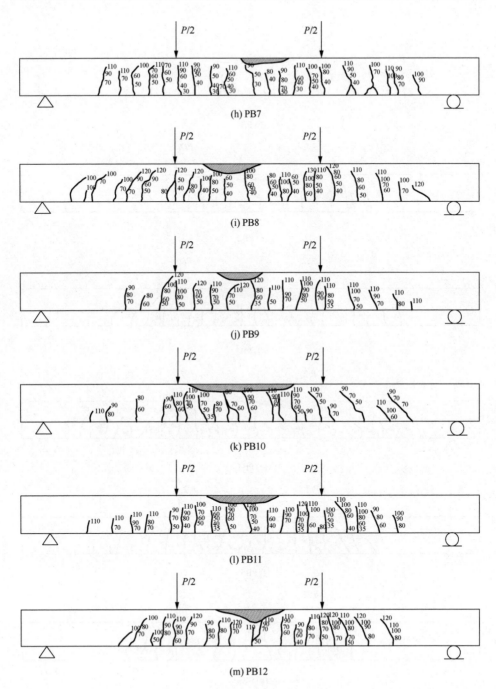

图 7 - 11　构件的裂缝分布（续）

各构件的最大裂缝宽度随荷载的变化如图 7 - 12 所示。

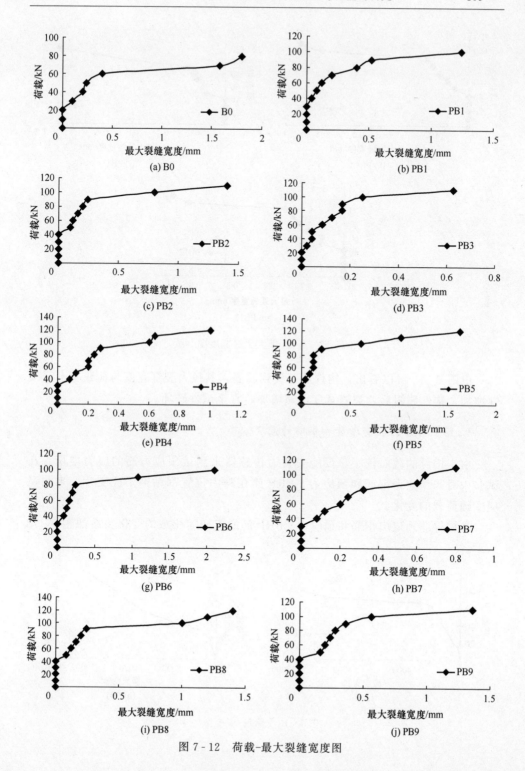

图 7 - 12　荷载-最大裂缝宽度图

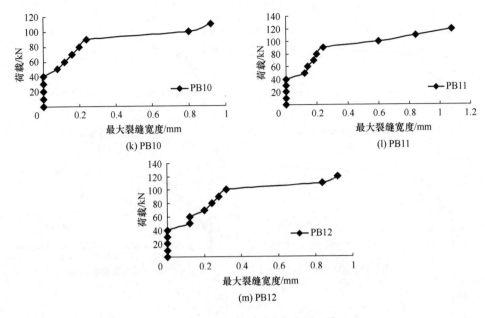

(k) PB10

(l) PB11

(m) PB12

图 7-12　荷载-最大裂缝宽度图（续）

由图 7-12 可以看出，构件从开裂到屈服，其最大裂缝宽度与荷载基本呈线性增加，构件屈服后，裂缝宽度迅速增加，直至试件破坏。

4. 预应力筋的应变增量和钢筋的应变

由于构件的截面较小，没能安置力传感器来测量预应力筋的应力增量。在试验中对非预应力钢筋和预应力 CFRP 筋在跨中位置都粘贴了应变片，来测量应变随荷载的变化。

各构件非预应力钢筋和预应力 CFRP 筋的应变随荷载的变化关系如图 7-13 所示。

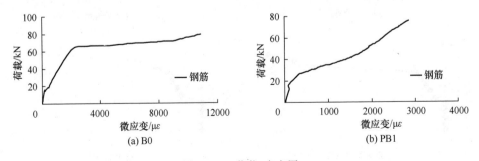

(a) B0

(b) PB1

图 7-13　荷载-应变图

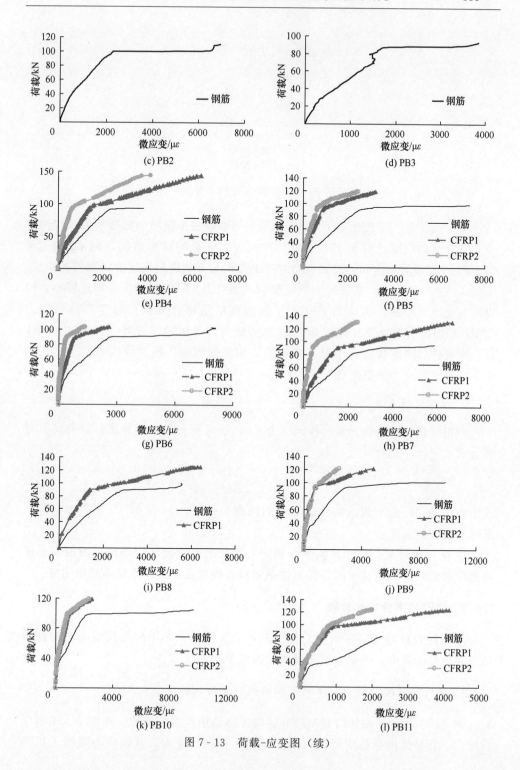

图 7-13 荷载-应变图（续）

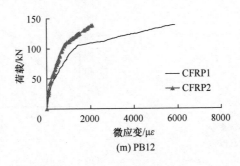

图 7 - 13　荷载-应变图（续）

图 7 - 13 中，CFRP1 和 CFRP2 分别表示预应力梁截面中底排和第二排预应力 CFRP 筋的应变，对于 PB9 和 PB10 预应力筋是同排布置的，则 CFRP1 和 CFRP2 分别表示体内和体外预应力 CFRP 筋的应变，钢筋表示受拉钢筋的应变。由图 7 - 13 可以看出，在混凝土梁屈服前，预应力 CFRP 筋的应变增量较小，但当混凝土梁屈服后，预应力 CFRP 筋的应变增量迅速增加，而且底排预应力 CFRP 筋的应力增量要比第二排的应力增量大。对于同排布置的预应力 CFRP 筋，在构件屈服前其应变增量基本一致，构件屈服后，根据预应力 CFRP 筋的粘结情况，其应力增量略有不同，如图 7 - 13（j）、（k）所示。

　　5. 位移延性系数

采用综合性能系数 λ 来对各预应力 FRP 筋混凝土梁的延性进行计算，其计算公式如下：

$$\lambda = \frac{\Delta_u}{\Delta_y} \cdot \frac{M_u}{M_y} \tag{7 - 1}$$

式中，Δ_u 和 M_u 分别表示构件破坏时的挠度和强度，Δ_y 和 M_y 分别表示构件屈服时的挠度和强度。

由表 7 - 4 可见，由于试验中各预应力混凝土梁的破坏形态都是由混凝土压碎所控制的，所以试验梁的位移延性系数都比较接近，延性规律不是很明显。

7.1.3　试验结果分析和比较

本试验的目的是研究预应力 CFRP 筋在不同位置和不同粘结情况对构件承载力和延性的影响，下面分别对各种试验结果进行比较。

　　1. 体内有粘结预应力和体内无粘结预应力的比较

图 7 - 14 所示的是体内有粘结和体内无粘结预应力的比较。由图 7 - 14 可以看出，不管是体内有粘结预应力还是体内无粘结预应力，其预应力混凝土构件

的承载力较普通混凝土梁的承载力都有较大的提高，但跨中挠度所有降低。体内有粘结预应力梁的承载力比体内无粘结预应力梁的承载力要大，体内有粘结钢绞线预应力混凝土梁的承载力比无粘结钢绞线预应力的承载力要提高 20％左右，体内有粘结预应力 CFRP 筋混凝土梁的承载力比体内无粘结预应力梁的承载力提高约 22％。体内无粘结预应力相对有粘结预应力，在加载过程中无粘结预应力筋可以自由滑动，所以预应力筋的应力增量较小，预应力混凝土梁的变形也相对较大，而有粘结预应力筋不能滑动，应力较大，所以有粘结预应力混凝土梁的承载力相对要大些。从图 7-14 中还可以看出，当采用有粘结和无粘结预应力相结合后，构件的承载力介于两者之间，延性也介于两者之间。考虑到构件的破坏都是混凝土压碎导致的，致使有粘结和无粘结预应力组合构件的延性优势没能得到充分体现。

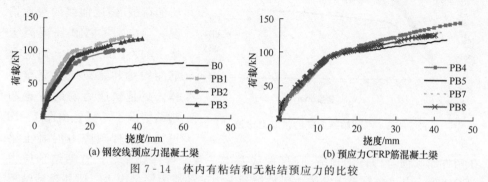

(a) 钢绞线预应力混凝土梁　　　　　　(b) 预应力 CFRP 筋混凝土梁

图 7-14　体内有粘结和无粘结预应力的比较

2. 体内无粘结预应力和体外无粘结预应力的比较

图 7-15 所示为体内无粘结和体外无粘结预应力的对比情况。由图 7-15 可以看出，体内无粘结预应力混凝土梁的承载力要比体外无粘结预应力梁的承载力大，约提高 15％。这是因为虽然这两种无粘结预应力结构在加载过程中预应力筋都可以相对滑动，但是体外无粘结预应力筋还存在着偏心距损失的影响，

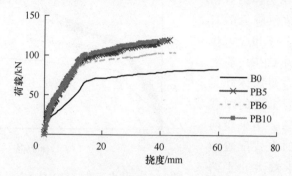

图 7-15　体内无粘结和体外无粘结预应力的比较

即在加载过程中预应力筋的偏心距会随着挠度的增加而不断减小，所以体外预应力混凝土梁的承载力相对体内无粘结预应力混凝土梁的承载力要小些。预应力混凝土梁 PB10 是采用体内无粘结预应力和体外无粘结预应力相结合的方式配置预应力筋的，其承载力要比前两者的承载力都高，这是因为其预应力筋是在梁底同排布置的，而前两者都是分两排进行布置的，预应力梁在受力过程中有效张拉力相对要大些，因而承载力也相对较大。

3. 预应力筋不同位置和粘结情况的比较

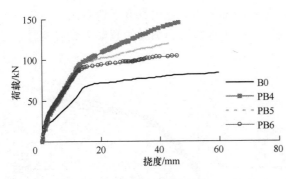

图 7 - 16　不同粘结方式的预应力比较

图 7 - 16 所示的是体内有粘结、体内无粘结和体外无粘结预应力 CFRP 筋混凝土梁的荷载 挠度曲线的对比情况。预应力 CFRP 筋混凝土梁 PB4、PB5 和 PB6 预应力筋的数量和张拉应力完全一样，只是预应力筋的位置和粘结情况不一样。由图 7 - 16 可见，三种预应力混凝土梁在构件屈服前，构件的荷载 挠度曲线基本一致，构件屈服后，有粘结预应力 CFRP 筋的应力增量最大，体内无粘结预应力筋的应力增量次之，体外无粘结预应力筋的应力增量最小，所以体内有粘结预应力混凝土梁的承载力最大，体内无粘结预应力梁的承载力次之，体外无粘结预应力筋由于偏心距的损失，其承载力也最小。

4. 体内有粘结预应力和体外无粘结预应力的比较

图 7 - 17 所示为体内有粘结和体外无粘结预应力的对比情况。由图 7 - 17 可见，体内有粘结预应力 CFRP 筋混凝土梁的承载力要比体外无粘结预应力混凝土梁的承载力提高 40% 左右，当采用两种方式相结合的方式配置预应力筋时，其承载力介于两者之间，由于构件的破坏形

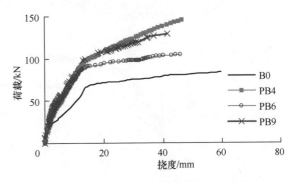

图 7 - 17　体内有粘结和体外无粘结预应力的比较

态是由混凝土压碎控制的,所以延性的增加效果并不明显。

5.各种组合情况的比较

图 7-18 所示分别是体内有粘结、体内无粘结和体外无粘结预应力筋相结合的混凝土梁的比较,由图可以看出,这两种预应力筋相组合的情况,其荷载-挠度曲线基本一致。分析其原因,这两种情况的预应力 CFRP 筋都是在梁底一排布置的,构件在受力过程中有效应力较大,而且破坏形态由混凝土压碎控制,预应力混凝土梁的变形较小,所以这两种情况的差别还没体现出来预应力混凝土梁就已经破坏。

图 7-19 所示的是体内有粘结、无粘结和体外无粘结三种预应力筋相组合情况的对比,由图可以看出随着预应力筋数量的增加,预应力梁的刚度逐渐增大,承载力也逐渐提高。由于预应力梁的破坏形态是由混凝土压碎进行控制的,所以各种情况下挠度增加规律并不是很明显。

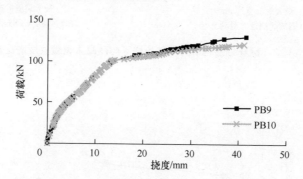

图 7-18　预应力混凝土梁 PB9 和 PB10 的比较

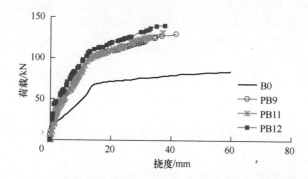

图 7-19　预应力混凝土梁 PB9、PB11 和 PB12 的比较

6. 各种预应力组合情况下最大裂缝宽度的比较

图 7-20 和图 7-21 分别表示的是预应力筋在不同粘结条件和不同位置条件下预应力梁最大裂缝宽度的比较。由图可知，其变化规律与预应力混凝土梁承载力的规律基本相同，这主要是由于预应力混凝土梁的最大裂缝宽度是由构件的变形决定的。

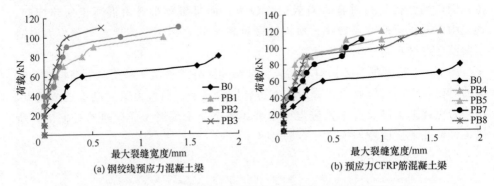

(a) 钢绞线预应力混凝土梁　　　　　　　(b) 预应力与CFRP筋混凝土梁

图 7-20　预应力筋在不同粘结条件下构件最大裂缝宽度的比较

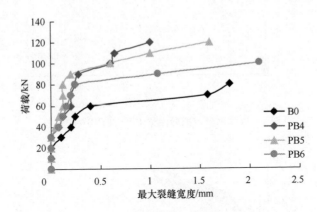

图 7-21　预应力筋在不同位置条件下构件最大裂缝宽度的比较

7.2　有粘结预应力 FRP 筋混凝土梁抗弯承载力的计算

许多研究者对预应力 FRP 筋混凝土梁的抗弯设计进行了系统的理论分析和试验研究，美国 ACI 协会 2004 年发布了预应力 FRP 筋混凝土结构的设计规范[103]，但都没有考虑非预应力钢筋的影响。为了增加预应力 FRP 筋混凝土结构的延性，改善结构的受力性能，在实际工程中一般均添加了部分非预应力钢筋。本书考虑了非预应力钢筋对预应力 FRP 筋混凝土梁抗弯性能的影响，对其抗弯设计进行了研究，定义了各种破坏模式，推导了相应的承载力计算公式，并对抗弯强度的折减系数进行了分析。文中还通过 24 根预应力 FRP 筋混凝土梁的试验结果对设计公式进行了校核。

7.2.1 抗弯承载力设计

1. 基本假定

1）预应力 FRP 筋混凝土梁在纯弯段范围内，其平均应变分布符合平截面假定。

2）受压区混凝土的应力图形简化为等效的矩形应力图，且不考虑混凝土抗拉强度。

3）对于 FRP 筋，其应力应变关系为理想的线弹性。

4）对于非预应力钢筋，其计算模型为完全弹塑性模型，不考虑强化阶段。

2. 破坏类型和抗弯承载力的计算公式

根据体内有粘结预应力 FRP 筋混凝土梁的受力过程，可能存在三种破坏类型，即超筋破坏、适筋破坏和少筋破坏，其中状态 2 为超筋和适筋的界限破坏状态。

（1）状态 1（超筋破坏 I）

在这种状态下由于非预应力钢筋配筋率过高，受压区混凝土在其屈服前变形达到极限而导致破坏，而预应力 FRP 筋材未断裂，梁的变形较小，无明显预兆，破坏较突然，可称为"超筋破坏"，在实际设计时应当避免这种破坏形式。

由图 7-22 的应变关系和受力平衡方程，可以解得受压区高度 x_c。FRP 筋的极限应变一般为 $1.2\% \sim 6.0\%$，ε_d 一般很小，可以略去不计[104]，为方便公式的推导，本书均未考虑 ε_d。

根据应变关系，由平截面假定得

$$\frac{x_c}{h_s} = \frac{\varepsilon_{cu}}{\varepsilon_{cu} + \varepsilon_s} \tag{7-2}$$

$$\frac{x_c}{h_p} = \frac{\varepsilon_{cu}}{\varepsilon_{cu} + \varepsilon_f} \tag{7-3}$$

由受力平衡得

$$\alpha_1 f'_c \beta x_c b + A'_s f'_y = A_s E_s \varepsilon_s + A_f E_f (\varepsilon_f + \varepsilon_d + \varepsilon_{pe}) \tag{7-4}$$

则可解得受压区高度

$$x_c = \frac{-B_1 + \sqrt{B_1^2 - 4A_1 C_1}}{2A_1} \tag{7-5}$$

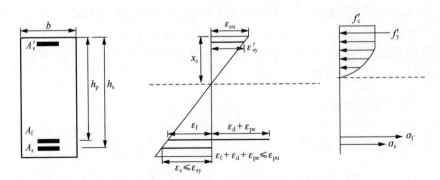

图 7 - 22　预应力梁截面及超筋破坏状态的应变和应力

其中，$A_1 = \alpha_1 f'_c \beta b$；

　　　$B_1 = A'_s f'_y + A_s E_s \varepsilon_{cu} + A_f E_f \ (\varepsilon_{cu} - \varepsilon_{pe})$；

　　　$C_1 = -A_s E_s \varepsilon_{cu} h_s - A_f E_f \varepsilon_{cu} h_p$。

则受弯承载力为

$$M_u = A_s \sigma_s (h_s - \frac{1}{2}\beta x_c) + A_p E_p (\varepsilon_f + \varepsilon_{pe})(h_p - \frac{1}{2}\beta x_c) + A'_s f'_y (\frac{1}{2}\beta x_c - a'_s)$$

$$(7 - 6)$$

以上式中及图 7 - 22 中，ε_{pu} 为 FRP 筋的总应变；ε_f 为弯曲应变；ε_{pe} 为有效应力引起的应变；ε_d 为消压应变；ε_{cu} 为混凝土的受压极限应变；x_c、h_p 和 h_s 分别为混凝土受压区高度、预应力 FRP 筋高度和非预应力钢筋高度；ε_s 和 ε'_s 分别为受拉钢筋和受压钢筋的应变；ε_{sy}、ε'_{sy}、f_y 和 f'_y 分别为受拉和普通钢筋的应力；a'_s 为压区钢筋的保护层厚度。

上述符号适用于书中所有图表和公式。

（2）状态 2（界限破坏）

FRP 筋拉断时刚好受压区混凝土压碎，非预应力钢筋基本已经屈服。其应力、应变关系如图 7 - 23 所示，公式推导如下：

$$\frac{x_c}{h_p} = \frac{\varepsilon_{cu}}{\varepsilon_{cu} + \varepsilon_f}$$

$$(7 - 7)$$

$$M_u = A_s f_y (h_s - \frac{1}{2}\beta x_c) + A_p f_{pu}(h_p - \frac{1}{2}\beta x_c) + A'_s f'_y (\frac{1}{2}\beta x_c - a'_s) \quad (7 - 8)$$

（3）状态 3（适筋破坏 Ⅱ）

非预应力钢筋屈服后，截面转角过大，使受压区混凝土达到变形极限而导致梁构件破坏，此时非预应力钢筋先达到屈服，而后混凝土压碎，预应力 FRP 筋未断裂。这种破坏形式类似于钢筋混凝土的"适筋破坏"，也是预应力 FRP 筋混凝土梁较为理想的设计破坏模式。

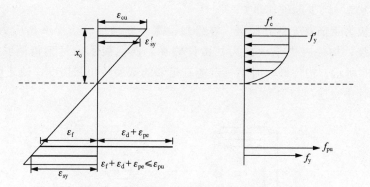

图 7 - 23　界限破坏状态的应变和应力

其应力、应变关系如图 7 - 24 所示。

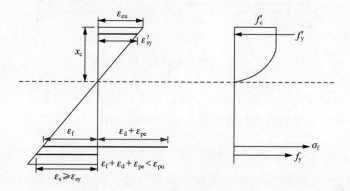

图 7 - 24　适筋破坏状态的应变和应力

公式推导如下：

$$\frac{x_c}{h_p} = \frac{\varepsilon_{cu}}{\varepsilon_{cu} + \varepsilon_f} \tag{7-9}$$

$$\alpha_1 f'_c \beta x_c b + A'_s f'_y = A_s f_y + A_f E_f (\varepsilon_f + \varepsilon_d + \varepsilon_{pe}) \tag{7-10}$$

$$x_c = \frac{-B_2 + \sqrt{B_2^2 - 4A_2 C_2}}{2A_2} \tag{7-11}$$

其中，$A_2 = \alpha_1 f'_c \beta b$；

$B_2 = A'_s f'_y - A_s f_y + A_f E_f (\varepsilon_{cu} - \varepsilon_{pe})$；

$C_2 = -A_f E_f \varepsilon_{cu} h_p$。

则

$$M_u = A_s f_y (h_s - \frac{1}{2}\beta x_c) + A_p E_p (\varepsilon_f + \varepsilon_{pe})(h_p - \frac{1}{2}\beta x_c) + A'_s f'_y (\frac{1}{2}\beta x_c - a'_s)$$

$$\tag{7-12}$$

（4）状态 4（少筋破坏Ⅲ）

非预应力钢筋首先达到屈服，在外加荷载不断增加的情况下预应力 FRP 筋材随后断裂，构件丧失承载能力，构件破坏，而混凝土未达到极限抗压强度，如图 7 - 25 所示。构件破坏时不一定能有足够的截面转角和挠度，缺乏明显的预兆，在设计中也应尽量避免。

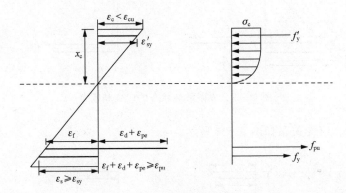

图 7 - 25　少筋破坏状态的应变和应力

由于梁顶混凝土压应变未知，为简化计算，假设梁顶混凝土压应变达到极限应变，可根据变形协调条件得出偏大的中和轴高度：

$$x_c = \frac{\varepsilon_{cu}}{\varepsilon_{cu} + \varepsilon_f} h_p \qquad\qquad (7 - 13)$$

为偏于安全，在按偏大的高度计算承载力时，应将承载力进行折减，文献 [101] 建议折减系数 φ_1 应取 0.85，则

$$M_u = \varphi_1 \left[A_s f_y \left(h_s - \frac{1}{2}\beta x_c \right) + A_p f_{pu} \left(h_p - \frac{1}{2}\beta x_c \right) + A_s' f_y' \left(\frac{1}{2}\beta x_c - a_s' \right) \right]$$

$$(7 - 14)$$

文献 [86] 中还出现了另外一种破坏形式，即预应力 FRP 筋首先断裂，非预应力钢筋达到屈服或未屈服，之后混凝土受压区达到极限应变而破坏。有效预应力过大是出现这种破坏的原因，如果选择合理的张拉控制力，是可以避免这种破坏形式的，所以本书归纳的基本破坏形式没有考虑这种情况。

3. 判断准则

由上面的受力分析，可以根据受压区高度来判断预应力 FRP 筋混凝土梁的破坏状态：

1）当 $x_c > \dfrac{\varepsilon_{cu}}{\varepsilon_{cu} + \varepsilon_{sy}} h_s$ 时，预应力梁的破坏模式对应超筋破坏 Ⅰ。

2) 当 $\dfrac{\varepsilon_{cu}}{\varepsilon_{cu}+\varepsilon_{f}}h_{p}\leqslant x_{c}\leqslant\dfrac{\varepsilon_{cu}}{\varepsilon_{cu}+\varepsilon_{sy}}h_{s}$ 时，预应力梁的破坏模式对应适筋破坏 Ⅱ。

3) 当 $x_{c}<\dfrac{\varepsilon_{cu}}{\varepsilon_{cu}+\varepsilon_{f}}h_{p}$ 时，预应力梁的破坏模式对应少筋破坏 Ⅲ。

4. 抗弯承载力的校核

上述承载力计算公式中，由于考虑了受压区非预应力钢筋的作用，所以公式的适用条件是 $x\geqslant 2a'_{s}$。如果不满足，可以根据钢筋混凝土梁的处理方法取 $x=2a'_{s}$ 进行简化计算。为了验证计算公式和判断准则的正确性，本书参考了 24 根体内有粘结预应力 FRP 筋混凝土梁的试验研究[59,86,105-107]对承载力进行了校核，校核结果如表 7-5 所示。

表 7-5　抗弯承载力的校核

编号	文献来源	FRP 类型	$\dfrac{\varepsilon_{cu}}{\varepsilon_{cu}+\varepsilon_{f}}h_{p}/mm$	$\dfrac{\varepsilon_{cu}}{\varepsilon_{cu}+\varepsilon_{sy}}h_{s}/mm$	x_{c}/mm	破坏模式	M_{exp} /(kN·m)	M_{u} /(kN·m)
Ⅲ-1	[59]	GFRP	35.66	114.91	35.66	Ⅲ	13.20	16.97
Ⅲ-3	[59]	GFRP	33.84	114.91	33.84	Ⅲ	13.70	16.97
YRGL-1	[86]	GFRP	67.39	191.27	84.23	Ⅱ	36.00	41.72
YRGL-2	[86]	GFRP	91.69	191.27	91.69	Ⅲ	44.00	44.80
YRCL-1	[86]	CFRP	73.97	191.27	92.46	Ⅱ	40.00	44.65
YRCL-2	[86]	CFRP	90.98	191.27	113.72	Ⅱ	56.00	51.65
yal-2	[105]	AFRP	66.00	143.00	53.32	Ⅱ	33.95	46.62
yal-3	[105]	AFRP	66.00	143.00	57.70	Ⅱ	41.30	51.33
yal-4	[105]	AFRP	66.00	143.00	48.05	Ⅱ	32.90	42.86
yal-7	[105]	AFRP	66.00	143.00	53.32	Ⅱ	38.50	46.62
BAS1-210	[106]	AFRP	50.00	130.88	32.58	Ⅱ	38.90	38.65
BAS2-210A	[106]	AFRP	50.00	130.88	40.07	Ⅱ	49.80	50.67
BAS2-210B	[106]	AFRP	50.00	130.88	37.89	Ⅱ	50.90	51.63
BAS2-214	[106]	AFRP	50.00	149.76	44.02	Ⅱ	60.50	61.07
BAS3-210A	[106]	AFRP	50.00	130.88	49.92	Ⅱ	54.30	58.73
BAS3-210B	[106]	AFRP	50.00	130.88	45.30	Ⅱ	55.60	60.86
BAS3-314	[106]	AFRP	48.00	149.76	60.00	Ⅱ	82.50	85.11

编号	资料来源	FRP 类型	$\dfrac{\varepsilon_{cu}}{\varepsilon_{cu}+\varepsilon_{f}}h_{p}/\text{mm}$	$\dfrac{\varepsilon_{cu}}{\varepsilon_{cu}+\varepsilon_{sy}}h_{s}/\text{mm}$	x_{c}/mm	破坏模式	M_{exp} /(kN·m)	M_{u} /(kN·m)
BAS4-206	[106]	AFRP	50.00	169.15	45.29	Ⅱ	57.90	57.44
BAS4-210	[106]	AFRP	41.11	130.88	51.38	Ⅱ	69.50	73.19
BAS4-214	[106]	AFRP	48.35	149.76	60.44	Ⅱ	77.90	79.73
As-210	[107]	AFRP	50.00	146.83	33.78	Ⅱ	35.64	40.05
As-216	[107]	AFRP	50.00	147.90	34.19	Ⅱ	37.69	40.22
Cs-210	[107]	CFRP	55.28	146.83	56.44	Ⅱ	55.23	59.56
Cs-216	[107]	CFRP	50	147.90	44.31	Ⅱ	41.62	48.69

由表 7-5 中的计算数据可以看出，适筋破坏 Ⅱ 的 x_{c} 基本介于 $\dfrac{\varepsilon_{cu}}{\varepsilon_{cu}+\varepsilon_{f}}h_{p}$ 和 $\dfrac{\varepsilon_{cu}}{\varepsilon_{cu}+\varepsilon_{sy}}h_{s}$ 之间，极个别不符合的情况可能是由于材料性能参数不详造成的。对于少筋破坏 Ⅲ 的预应力梁，由于采用的是简化偏大的 x_{c}，所以实际情况也是符合判断准则的。从表中还可以看出，试验梁的受弯承载力计算值与试验值吻合较好。

7.2.2　强度折减系数

在实际设计中除了计算承载力设计值以外，还要考虑强度折减系数，来保证结构有一定的可靠度。对文献 [59]、[86]、[105-107] 中的 24 根试验梁的结果分别采用不同的折减系数进行计算，其计算结果见表 7-6。另外，由预应力 FRP 筋混凝土梁的破坏过程分析可知，FRP 的种类和预应力梁的破坏模式是影响承载力强度的主要因素，表 7-6 中还分别对不同种类的 FRP 筋和破坏模式的折减系数进行了统计。由于 GFRP 不建议作为预应力筋使用[103]，所以表 7-6 没有分析预应力 GFRP 筋的情况。

表 7-6　强度折减系数分析

分析类型	均值和标准差	$M_{exp}/(\varphi M_{u})$					
		$\varphi=1.0$	$\varphi=0.9$	$\varphi=0.85$	$\varphi=0.8$	$\varphi=0.75$	$\varphi=0.70$
所有数据	均值	0.866	0.962	1.019	1.082	1.155	1.237
	标准差	0.091	0.101	0.107	0.114	0.1215	0.130
	倍数 n	−1.472	−0.374	0.175	0.724	1.274	1.822

续表

分析类型	均值和标准差	$M_{exp}/(\varphi M_u)$					
		$\varphi=1.0$	$\varphi=0.9$	$\varphi=0.85$	$\varphi=0.8$	$\varphi=0.75$	$\varphi=0.70$
适筋破坏 II	均值	0.918	1.020	1.080	1.148	1.224	1.312
	标准差	0.086	0.095	0.101	0.107	0.114	0.122
	倍数 n	-0.954	0.215	0.800	1.384	1.969	2.554
少筋破坏 III	均值	0.788	0.876	0.927	0.985	1.050	1.125
	标准差	0.0139	0.015	0.016	0.017	0.018	0.020
	倍数 n	-15.292	-8.092	-4.491	-0.891	2.709	6.309
AFRP 筋构件	均值	0.916	1.018	1.078	1.145	1.222	1.309
	标准差	0.086	0.0956	0.101	0.107	0.115	0.123
	倍数 n	-0.973	0.190	0.771	1.353	1.934	2.516
CFRP 筋构件	均值	0.9405	1.045	1.107	1.176	1.254	1.344
	标准差	0.087	0.096	0.102	0.109	0.116	0.124
	倍数 n	-0.685	0.467	1.043	1.618	2.194	2.770

为有一定的保证率，$M_{exp}/(\varphi M_u)$ 比值的均值减去标准差的一定倍数 n 应该等于 1。从表 7-6 的数据可知，为了保证有 95% 的保证率，如果从破坏形态考虑，适筋破坏 II 和少筋破坏 III 的承载力折减系数都应该取 0.75；如果从 FRP 的种类考虑，则 AFRP 筋和 CFRP 筋构件的承载力折减系数也应该都取 0.75。美国 ACI 规范规定承载力折减系数对于 AFRP 筋和 CFRP 筋构件分别取 0.70 和 0.85，由于表 7-6 中的 CFRP 筋预应力构件数目较少，这可能是造成 φ 值偏小的原因。由于 FRP 的种类对承载力的影响更大[103]，为保证预应力 FRP 筋混凝土梁设计安全，本书建议承载力折减系数对于 AFRP 筋和 CFRP 筋构件分别取 0.75 和 0.80。

7.3　无粘结预应力 FRP 筋的极限应力计算

与有粘结预应力混凝土 FRP 筋结构相比，分析无粘结预应力 FRP 筋混凝土结构的最大困难在于：荷载作用下，由于 FRP 筋与混凝土之间可以发生滑动，预应力筋应力增量不能由单个截面的应变相容条件来确定，而与结构的整体变形相关，有粘结和无粘结预应力筋的应力分布如图 7-26 所示。目前，国内外关于有粘结预应力 FRP 筋混凝土结构极限应力的研究较多[106]，但是无粘结 FRP 筋混凝土结构的极限应力还没有形成统一的结论。本书在列举和分析了关于体内无粘结预应力混凝土结构的各种计算方法和计算公式后，推导了基于结构挠度的无粘结预应力筋的极限应力简化计算公式，并采用文献的试验结果对各种公式的适用性进行了比较。

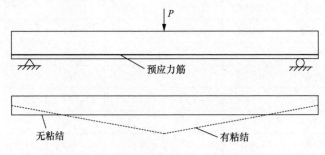

图 7 - 26　有粘结和无粘结预应力筋的应力分布

7.3.1　现有的计算方法和主要计算公式

预应力筋的应力增量问题一直是体外或体内无粘结预应力混凝土结构研究中的一个难点问题。既有的计算方法概括起来，可以分为三类：

1）各种折减粘结系数法。这是由 Baker[108] 首先提出的，通过将最大弯矩截面无粘结筋处混凝土应变乘以折减系数而得到无粘结筋的应变。Naaman[109] 则进一步将折减系数与构件的加载形式以及构件是否开裂相联系，其所建议的公式已被 ACI 440.4R 所接受。

2）基于综合配筋指标的回归经验公式法。包括 ACI318 规范公式、我国 JGJ 92—2004 中的计算公式及国内一些研究单位建议的公式。

3）基于等效塑性铰区长度的计算方法。这种方法最早是由 Pannell[110] 提出来的，在等效塑性区长度内，无粘结预应力筋的应变与相同位置处的有粘结预应力筋的应变相同，而等效塑性区长度的大小则由试验确定。英国 BS8110 规范及加拿大 A23.3—94 规范都是采用该法建立的。

上面这些计算方法大都是依靠试验统计结果建立计算公式，由于试验考虑因素及试验数量的局限性，这些结果不可能考虑全部影响因素，都有一定的使用范围。单纯依靠试验统计方法不可能建立完整统一的无粘结预应力筋应力变化的分析方法，而且统计方法也不能够从结构受力机理上阐述预应力筋应力增量的本质。

下面主要介绍我国《无粘结预应力混凝土结构技术规程（JGJ 92—2004）》（以下简称《规程》）计算公式、美国 ACI440-4R 公式、Pannell 公式和 Chakrabarti 公式等有代表性的主要计算公式。

1. 我国 JGJ 92—2004 计算公式

《规程》中无粘结预应力筋的极限应力的计算公式是以综合配筋指标为变量，通过大量试验数据线性回归得到的公式：

$$f_{pu} = f_{pe} + \Delta f_p \tag{7-15}$$
$$\Delta f_p = (240 - 335\beta_0)(0.45 + 5.5h/l_0) \tag{7-16}$$

且
$$f_{pe} \leqslant f_{pu} \leqslant f_u$$

式（7-16）中，β_0 为综合配筋指标，$\beta_0 = \dfrac{A_p f_{pe}}{f_c b d_p} + \dfrac{A_s f_y}{f_c b d_p} \leqslant 0.4$；$f_{pe}$ 为有效应力；l_0 为构件计算跨度；h 为构件截面高度，d_p 为预应力筋合力点至截面受压边缘的距离；f_u 为预应力筋极限强度。

式（7-16）主要考虑了综合配筋指标和构件跨高比对无粘结预应力筋极限应力的影响，忽略了其他较次要的因素，公式简便明了，有较好的工程实用价值。但公式主要是依据中国建筑科学研究院（1978 年）矩形截面的梁或板式试件的试验数据，而对 T 形截面、箱形截面的极限应力的设计值未作出具体的规定，还有待完善。另外，该公式是否适用于无粘结预应力 FRP 筋还有待验证。

2. ACI440-4R 公式

ACI440-4R 公式是美国混凝土协会用来计算体内无粘结预应力 FRP 筋混凝土结构极限应力的公式，采用了 Naaman 提出的折减系数 Ω_u 的概念，其计算公式为

$$f_{pu} = f_{pe} + E_p \Omega_u \varepsilon_{cu} \left(\frac{d_p}{c_u} - 1 \right) \tag{7-17}$$

$$\Omega_u = \begin{cases} \dfrac{1.5}{L/d_p}, & \text{对于集中荷载} \\[3mm] \dfrac{3.0}{L/d_p}, & \text{对于三分点或均匀荷载} \end{cases}$$

式（7-17）中，E_p 为预应力 FRP 筋的弹性模量；d_p 为 FRP 筋到截面顶部的距离；ε_{cu} 为混凝土极限抗压应变（计算中取 0.003）；L 为梁的有效跨度；c_u 为极限状态下中性轴的高度，计算如下：

$$c_u = \frac{-B + \sqrt{B^2 - 4AC}}{2A} \tag{7-18}$$

其中，$A = 0.85 f'_c b_w \beta_1$；

$B = A_p (E_p \varepsilon_{cu} \Omega_u - f_{pe}) + A'_s f'_y - A_s f_s + 0.85 f_c (b - b_w) h_f$；

$C = -A_p E_p \varepsilon_{cu} \Omega_u d_p$。

公式（7-17）考虑了影响无粘结预应力筋极限应力的诸多因素，使得该公式的计算相当复杂，不便于记忆和运用，在工程应用中存在一定的局限性。

3. Pannell 公式

Pannell 公式是最早提出利用等效塑性区长度 L_e 来计算无粘结预应力极限强度的公式：

$$f_{ps} = f_{pe} + \frac{\lambda \varepsilon_{cu} E_p (h_p - c)}{L} \tag{7-19}$$

式（7-19）中 λ 是等效塑性区长度 L_e 与受压区高度 c 的比值。Pannell 通过试验发现不同试验梁的 λ 值比较接近，基本等于一个常数，并建议取 10.5 以考虑非预应力筋的影响。再根据受力平衡方程，就可得出无粘结预应力筋的极限应力。以矩形截面为例，其计算公式为

$$f_{pu} = \left[f_{pe} + \frac{\lambda \varepsilon_{cu} E_p}{L} \left(h_y - \frac{A_s f_y}{0.68 f'_c b} \right) \right] \Big/ \left[1 + \frac{\lambda \varepsilon_{cu} A_p E_p}{0.68 f'_c b L} \right] \tag{7-20}$$

式（7-20）中，L 为简支梁的全长；f'_c 为混凝土圆柱体的抗压强度。其余符号同前面的公式。

基于等效塑性区长度的计算方法，其本质上是试图考虑结构变形对结构强度的影响，但由于在承载力极限状态下该法无法考虑荷载形式、加载方式以及边界约束条件的影响，其应用范围受到了限制。另外，由于 FRP 筋和普通钢绞线的强度和弹性模量的不同，对于无粘结预应力 FRP 筋混凝土梁的 λ 值，应该做进一步的研究。

4. Chakrabarti 公式

Chakrabarti 公式是在大量试验基础上建立的一个考虑多个变量的计算公式：

$$f_{ps} = \frac{f_{pe} + 70 + A}{1 - B} \tag{7-21}$$

式中，$A = \dfrac{f'_c}{100 \rho_s} \times \dfrac{d_p}{d_s} \times \dfrac{414}{f_y} \left(1 + \dfrac{\rho_s}{0.025} \right) \leqslant 138$，$B = \dfrac{r f'_c}{100 \rho_p f_{pe}} \leqslant 0.25$。

当跨高比小于或等于 33 时，r 取 1.0；当跨高比大于或等于 33 时，r 取 0.8。式（7-21）中 ρ_s 和 ρ_p 分别为普通钢筋和预应力筋的配筋率，其他符号同前面的公式。Chakrabarti 公式考虑了普通钢筋的有利作用，而且同时考虑了跨高比、混凝土强度、预应力筋的配筋率等因素对极限应力的影响，系数 A 和 B 较独特。据文献 [111] 的统计分析可知，Chakrabarti 公式计算无粘结预应力筋极限应力的总体衡量性能相对其他公式要好。

7.3.2　基于挠度的无粘结预应力筋的极限应力

文献 [71]、[72] 探讨了一个可使无粘结预应力筋极限应力的计算从大量数据的回归过渡到机理分析的方法，本书采用这种思路对无粘结预应力 FRP 筋极限应力的简化计算公式进行了推导。对于直线布筋的体内无粘结预应力 FRP 筋混凝土梁，设跨径为 L，相邻锚具距离为 L_0，预应力筋在跨中截面偏心距为 e_p，无粘结预应力 FRP 筋混凝土梁在某一荷载作用下发生变形，跨中挠度为 Δ。对于无粘结预应力筋而言，FRP 筋的伸长量应为圆弧 $\overset{\frown}{ABC}$ 与跨径的差值。为了简化计算，假定构件在变形过程中，FRP 筋绕跨中截面转动呈折线型，计算模型如图 7-27 所示。

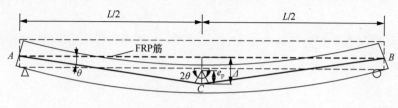

图 7-27　计算模型

1. 基本假定

1）忽略无粘结预应力 FRP 筋与混凝土之间的摩擦。

2）构件在荷载下不发生剪切破坏或者 FRP 锚具滑移破坏。

3）极限破坏形式为混凝土压碎破坏，即破坏时梁顶缘混凝土达到其极限压应变，非预应力钢筋屈服，无粘结预应力 FRP 筋没有发生破坏。

2. 简化计算公式的推导

图 7-27 中 θ 很小，可以近似计算为

$$\theta = \frac{\Delta}{0.5L} \tag{7-22}$$

则 FRP 筋的伸长量为

$$\Delta_p = 2\theta e_p = \frac{4e_p\Delta}{L} \tag{7-23}$$

相应 FRP 筋的应力增量为

$$\Delta f_p = E_p \Delta\varepsilon_p = E_p \frac{\Delta_p}{L_0} = \frac{4E_p e_p\Delta}{LL_0} \tag{7-24}$$

由关系式（7-24）可知 FRP 筋的应力增量与跨中挠度呈线性关系，这与试验结果相符合，所以求无粘结预应力 FRP 筋的极限应力的关键转化为求结构的

跨中的挠度 Δ。令

$$\varphi_u = \frac{M_u}{E_u I_u} = \frac{\varepsilon_{cu}}{c} \tag{7-25}$$

由力的平衡方程可以得到中性轴的高度 c（以矩形截面为例）：

$$0.85 f'_c bx + f'_y A'_s = (f_{pe} + \Delta f_p) A_p + f_y A_s \tag{7-26}$$

令

$$q_0 = \frac{c}{h_p} = \frac{x}{0.8 h_p} = \frac{(f_{pe} + \Delta f_p) A_p + f_y A_s - f'_y A'_s}{0.8 \times 0.85 f'_c b h_p} \tag{7-27}$$

在式（7-27）中，Δf_p 为未知量，为了简化计算，略去 $f'_y A'_s$ 和 $\Delta f_{pe} A_p$ 项对 q_0 的影响，则

$$q_0 = \frac{f_{pe} A_p + f_y A_s}{0.8 \times 0.85 f'_c b h_p} \tag{7-28}$$

在极限状态下，构件的挠度为 $\Delta = k \dfrac{M_u L^2}{E_u I_u}$，将式（7-25）、式（7-27）代入，得

$$\Delta = k \frac{\varepsilon_{cu} L^2}{q_0 h_p} \tag{7-29}$$

式（7-29）中 k 为荷载形式及支座约束情况系数，可以从设计手册中查得：对简支梁三分点对称加载 $k = 0.1065$，简支梁跨中一点加载 $k = 0.0833$，两跨连续梁对称跨中加载 $k = 0.0581$。

无粘结预应力 FRP 筋的极限应力为

$$f_{pu} = f_{pe} + E_p (\Delta \varepsilon_p) = f_{pc} + \frac{4 E_p e_p \Delta}{L L_0} \approx f_{pe} + \frac{4 E_p e_p k \varepsilon_{cu}}{q_0 h_p} \tag{7-30}$$

无粘结预应力 FRP 筋的应力增量是结构总体变形的反映，当 q_0 较小时，以破坏截面曲率为基准近似计算的极限挠度过大，为保证近似计算的精度，文献 [112] 建议对于 $q_0 < 0.15$ 的试件取 $\varepsilon_{cu} = 0.002$。

7.3.3　各种公式的验证比较

文献 [101]、[113] 对体内无粘结预应力 FRP 筋预应力混凝土梁进行了试验研究，具体的试验数据和材料性能详见各个文献。试验中只有 1 根构件由于 FRP 筋锚具滑移产生破坏，其他构件的破坏过程都符合基本的假定条件。为了对上面各种计算公式的准确性和适用性进行验证，选取了文献 [101]、[113] 中符合基本假定的 11 根体内无粘结预应力 FRP 筋混凝土简支梁，对各个公式的计算结果进行比较。

各个计算公式计算的结果见表 7-7。

表 7-7　极限状态下无粘结预应力 FRP 筋的实测应力和计算应力

编号	$f_{pu实测}$	$\Delta f_{p实测}$	JGJ/92 公式		ACI440 公式		Pannell 公式		Chakrabarti 公式		本书公式	
			$f_{pu计1}$	$\Delta f_{p计1}$	$f_{pu计2}$	$\Delta f_{p计2}$	$f_{pu计3}$	$\Delta f_{p计3}$	$f_{pu计4}$	$\Delta f_{p计4}$	$f_{pu计5}$	$\Delta f_{p计5}$
UCS1-210A	1744	508	1412	176	1704	468	1439	203	1856	6203	1722	486
UCS1-210B	1575	663	1091	179	1431	519	1118	206	1424	512	1452	540
UCS2-210B	1526	571	1124	169	1301	346	1149	194	1359	404	1354	399
UCS2-214	1727	361	1518	152	1592	226	1542	176	1720	354	1637	271
UCS2-314	1253	409	992	148	1049	205	1016	172	1213	369	1096	252
UCS3-214	1078	338	897	157	980	240	920	180	1038	298	1038	298
UCS4-214	1088	264	971	147	1010	186	992	168	1073	249	1071	247
JL-1	1349	204	1300	155	1479	334	1378	233	1528	383	1460	315
JL-2	1532	182	1493	143	1611	261	1565	215	1713	363	1608	258
JL-3	983	137	980	134	1062	216	1046	200	1131	285	1076	230
JL-4	1241	94	1241	94	1286	139	1310	163	1371	224	1321	174

各种计算方法的计算值与实测值比值的比较见表 7-8。

表 7-8　各种计算方法的比较

计算方法	JGJ/92 公式		ACI440 公式		Pannell 公式		Chakrabarti 公式		本书公式	
	$\dfrac{f_{pu计1}}{f_{pu实测}}$	$\dfrac{\Delta f_{p计1}}{\Delta f_{p实测}}$	$\dfrac{f_{pu计2}}{f_{pu实测}}$	$\dfrac{\Delta f_{p计2}}{\Delta f_{p实测}}$	$\dfrac{f_{pu计3}}{f_{pu实测}}$	$\dfrac{\Delta f_{p计3}}{\Delta f_{p实测}}$	$\dfrac{f_{pu计4}}{f_{pu实测}}$	$\dfrac{\Delta f_{p计4}}{\Delta f_{p实测}}$	$\dfrac{f_{pu计5}}{f_{pu实测}}$	$\dfrac{\Delta f_{p计5}}{\Delta f_{p实测}}$
平均值	0.87	0.57	0.96	1.00	0.90	0.79	1.03	1.34	0.99	1.10
标准差	0.11	0.27	0.09	0.44	0.12	0.50	0.09	0.61	0.08	0.44

由表 7-8 的数据可知，采用本书推导的简化计算公式，无粘结预应力 FRP 筋极限应力与实测值比值的平均值为 0.99，标准差为 0.08，与其他四种方法相比较都较优。FRP 筋计算的应力增量与实测应力增量比值的平均值为 1.10，标准差为 0.44，虽然本书的简化计算方法相对较优，但还是有一定的误差。无粘结预应力 FRP 筋的应力增量 Δf_p 与 FRP 筋的有效应力相比，所占比例不是很大，因此预应力筋的极限应力还是吻合较好。目前关于体内无粘结预应力 FRP 筋混凝土梁的试验成果还较少，今后应该进行大量的试验研究工作，采用不同的加载形式和截面形式，对本书提出的简化计算方法进行验证。

7.4　体外预应力 FRP 筋混凝土梁的承载力计算分析

FRP 筋的耐腐蚀性能好，因此非常适合用作体外预应力筋。目前，关于 FRP 筋用作体外预应力筋的研究和应用已有不少。试验研究表明，用 FRP 筋作为体外预应力筋进行加固的结构，其受弯性能与高强预应力钢筋或钢绞线加固的结构有相似之处。但是与高强预应力钢丝（绞线）相比，FRP 筋因具有弹性模量低、极限延伸率相对较低的特点，体外预应力 FRP 筋加固的钢筋混凝土结构又表现出自身的一些特点。而横向抗剪强度低、不宜弯折等问题在 FRP 筋应用于体外预应力加固领域所带来的问题更需要研究解决。

为了明确所要研究的问题，下面首先对采用钢丝（绞线）作为预应力筋的传统体外预应力混凝土结构的研究现状进行回顾，再简述体外预应力 FRP 筋混凝土结构的研究现状，然后采用折减系数法对体外预应力 FRP 筋混凝土梁的承载力进行探讨。

7.4.1　研究现状

1. 体外预应力钢绞线混凝土梁

体外预应力筋偏心距会发生变化是体外预应力混凝土梁与无粘结预应力混凝土梁的主要不同。由于二次效应的存在（图 7-28），体外预应力混凝土梁的承载力、刚度、频率及其裂缝开展不同于体内无粘结预应力混凝土梁。影响二次效应的因素有很多，如预应力筋的布置方式、转向块的布置方式、梁的跨高比和有效预应力的大小等。由于体外预应力混凝土梁可以看成是特殊的无粘结梁，大部分研究是在无粘结预应力混凝土梁研究成果的基础上进行的。

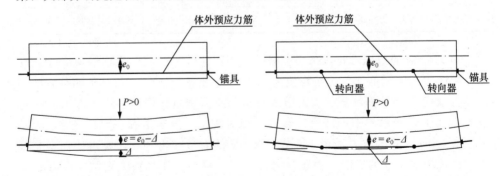

图 7-28　体外预应力混凝土梁的二次效应

2. 现有设计计算方法

目前，各国的设计规范中的规定不尽相同，大多数过于简单，严重滞后于体外预应力结构的发展。比如：

1）欧洲。欧洲规范不考虑预应力筋的应力增量。

2）美国。美国 ACI 建筑规范（ACI 318）与《美国公路桥梁设计规范（AASHTO—1994）》分别给出了体内无粘结筋的应力增量的计算方法 [式（7 - 31）和式（7 - 32）]，但未对体外预应力筋的应力增量计算作专门的规定。

$$\sigma_{pu} = \sigma_{pe} + 70 + \frac{f'_c}{k\rho_{ps}} \leqslant \sigma_{pe} + C \quad (\text{MPa}) \tag{7 - 31}$$

式中，当 $L/h_p \leqslant 35$ 时，$k = 100$ 且 $C = 420$；当 $L/h_p > 35$ 时，$k = 300$ 且 $C = 280$。L 是梁的跨度；h_p 是预应力筋离混凝土受压区边缘的距离；σ_{pe} 为有效预应力；f'_c 为混凝土圆柱体轴心抗压强度；ρ_{ps} 为预应力筋的配筋率。

$$\sigma_{pu} = \sigma_{pe} + \Omega_u E_{ps} \varepsilon_{cu} \left(\frac{h_p}{c} - 1\right) \frac{L_1}{L_2} \leqslant 0.94 f_{py} \tag{7 - 32}$$

式中

$$\Omega_u = \begin{cases} 1.5/(L/h_p), & \text{跨中集中荷载} \\ 3.0/(L/h_p), & \text{三分点荷载或均布荷载} \end{cases} \quad (\text{规范中取值})$$

$$\Omega_u = \begin{cases} 2.6/(L/h_p), & \text{跨中集中荷载} \\ 5.4/(L/h_p), & \text{三分点荷载或均布荷载} \end{cases} \quad (\text{试验拟合结果})$$

c 是中性轴至混凝土受压区边缘的高度，在我国规范中用 x_0 表示；E_{ps} 为预应力钢丝（绞线）的弹性模量；ε_{cu} 为混凝土的极限压应变；L_1 为受荷载作用的跨度的总和；L_2 为锚固端之间的预应力束总长。

3）我国。我国还没有正式的计算体外预应力的规范或规程，有时采用《无粘结预应力混凝土结构技术规程》（JGJ/T 92—2004）中无粘结筋的应力增量公式来计算体外预应力筋的应力增量，或保守地不考虑预应力筋的应力增量。

3. 现有的研究方法

虽然在各国规范中还缺乏精确且概念明确的计算方法，但是关于体外预应力混凝土梁的试验研究和理论分析已越来越深入的展开。目前，针对体外预应力混凝土梁提出的计算方法主要有弯矩-曲率法、塑性铰区长度法、利用试验结果对无粘结预应力混凝土构件的计算公式进行修正、非线性有限元这四种方法。

非线性有限元方法最为精确，可以全面考虑各个影响因素，但是建模过程较为复杂，不容易被一般设计人员掌握；弯矩曲率法需要将构件在长度方向上离散成单元，并进行试算，因此计算仍较复杂；根据试验结果对无粘结预应力混凝土构件的计算公式进行修正，很难充分考虑体外筋变形特征；塑性铰区长度法概念明确，计算公式简单，但是塑性铰区的长度计算仍存在问题。

4. 体外预应力 FRP 筋混凝土梁

随着 FRP 材料在混凝土结构中应用的迅速发展，体外预应力 FRP 筋混凝土梁已成为近年来的研究热点，但是现有的研究中主要以试验为主。

东南大学的朱虹等对体外预应力 AFRP 筋梁的性能进行了试验研究[61]，试验结果表明采用体外预应力 AFRP 筋对钢筋混凝土梁进行加固，可明显提高结构的抗弯承载力，减小挠度和裂缝宽度；受拉钢筋配筋率对体外预应力钢筋混凝土梁的受力性能影响较大；对体外预应力 AFRP 筋混凝土梁提出了设计方法。

Robert 等研究了预应力 CFRP 筋加固连续梁的效果[62]，试验共设计了 3 根两跨的连续梁，变化参数是局部加固的位置。研究结果有：在连续梁负弯矩处进行局部加固，能显著改善梁极限状态下的受力性能，预应力筋的加固效率比在正弯矩处加固和正、负弯矩都加固要高；连续梁体外 CFRP 筋预应力加固的受弯性能与体外钢筋预应力加固相似，因此建议将体外预应力钢筋混凝土的设计方法用于 FRP 筋预应力梁。

A. Ghallab 等对体外 FRP 筋预应力加固预应力混凝土梁进行了研究[63]，试验中 3 根梁加固的时期不同（1 根梁不受外荷载进行加固，另外 2 根梁在分别受到极限荷载的 36%、60% 后进行加固），试验结果表明：采用 AFRP 筋预应力加固梁的极限承载力与加固的时期无关，主要取决于混凝土强度、体内和体外预应力值的大小；预应力加固后，裂缝完全闭合，在挠度计算时可采用全截面进行计算；加固梁在外荷载下，开裂荷载、挠度和极限承载力都能改善，且不减弱梁的延性。

Raafat 等研究了各种因素对体外 CFRP 筋预应力加固效果的影响[64]，试验研究的主要因素是跨高比 S/d_{ps} 和体内有粘结预应力筋的预应力度 PPR，通过对 3 组共 12 根梁的试验表明，体外预应力 CFRP 加固梁是一种有效的加固方法，抗弯承载力最大可提高 70%；当体内有粘结预应力筋的预应力度 PPR 相同，跨高比 S/d_{ps} 越大，加固后梁的承载力提高越多；当跨高比 S/d_{ps} 相同，预应力度 PPR 越小，加固效果越明显；最后还根据变形关系，推导出了体外预应力筋的应力增量计算式，与试验结果吻合较好。

Kiang 等对体外预应力局部加固混凝土梁进行了研究[65]，在理论分析的基础上编程计算局部加固的长度，并且根据应变折减系数 Ω 推导出了局部加固梁的承载力设计值，用试验验证了理论分析的正确性和局部加固的可行性。试验的主要变化参数是体外预应力筋的种类、局部加固的长度和转向块的影响。研究结果表明：如果实际加固长度满足需要加固的长度，则局部加固是一种有效的加固方法；需加固的锚固点到支座的距离 a_c 主要受荷载形式和设计承载力的影响；如果能保证局部有效加固长度，相对于通长加固梁，局部加固梁的极限荷载、最大挠度和最大裂缝宽度都能取得满意的结果，并且优于通长加固梁；理论计算与试验结果吻合较好，误差不超过 6% 。

A. Ghallab 等全面地分析了各种因素对体外预应力加固梁挠度的影响[115]，试验参数有：预应力水平、转向块的个数、体外预应力筋的高度、加固前梁的加载史、混凝土强度和梁的跨高比。试验结果表明：体外预应力能有效控制裂缝扩展和使用荷载产生的挠度；随着预应力水平的提高，加固梁在使用荷载下的挠度减小，但延性降低；2 个转向块的加固效果比 1 个的好；随着预应力筋偏心距的增加，加固梁的挠度减小；加固前的受荷历史和混凝土强度对加固后梁的受弯性能影响不大。除了试验研究外，还比较分析了各种计算混凝土梁挠度的公式，并根据试验结果对各种公式进行了延伸。

7.4.2　简化计算方法

为了方便计算后文混合配筋预应力的承载力，下面采用折减系数的方法对体外预应力 FRP 筋混凝土梁的承载力进行计算。

应变折减的方法是将无粘结预应力等同于有粘结截面进行计算，然后利用应变折减系数 Ω 来满足无粘结的约束条件。由于无粘结预应力筋可以相对滑动，其平均应变与关键截面处的应变基本相等，在关键截面（最大弯矩截面）处应变增量按以下公式计算：

$$\Delta\varepsilon_{\text{average}} = (\Delta\varepsilon_p)_{\text{unbonded}} = \Omega(\Delta\varepsilon_p)_{\text{bonded}} \tag{7 - 33}$$

式中，$\Delta\varepsilon_{\text{average}}$——无粘结预应力筋的平均应变增量；

$(\Delta\varepsilon_p)_{\text{unbonded}}$——关键截面处无粘结预应力筋的应变增量；

$(\Delta\varepsilon_p)_{\text{bonded}}$——有粘结预应力筋的应变增量，即相同位置混凝土的应变增量。

对于体外预应力混凝土简支梁来说，控制截面取弯矩最大的跨中截面，设梁体破坏时压区混凝土的极限应变为 ε_{cu}，由平截面假定，预应力筋高度处 d_p 混凝土的应变 ε_{cd} 为

$$\varepsilon_{\text{cd}} = \varepsilon_{\text{cu}}\left(\frac{d_p}{c} - 1\right) \tag{7 - 34}$$

则无粘结预应力筋的应力增量为

$$\Delta f_p = \Omega_u E_p \varepsilon_{\text{cu}}\left(\frac{d_p}{c} - 1\right) \tag{7 - 35}$$

由 $f_{\text{pu}} = f_{\text{pe}} + \Delta f_p$，得到

$$f_{\text{pu}} = f_{\text{pe}} + \Omega_u E_p \varepsilon_{\text{cu}}\left(\frac{d_p}{c} - 1\right) \tag{7 - 36}$$

再根据截面受力平衡条件，有

$$0.85f'_c b_w \beta_1 c + 0.85f'_c (b - b_w)h_f = A_p f_{pu} + A_s f_y - A'_s f'_y \qquad (7-37)$$

式中，b_w 是梁截面腹板的宽度；b 是梁截面受压区翼缘的宽度；β_1 是等效矩形应力图系数；h_f 是梁截面受压区翼缘高度；A_p、A_s、A'_s 分别是预应力筋、受拉钢筋和受压钢筋的面积；f_{pu}、f_y、f'_y 分别是预应力筋应力、受拉钢筋屈服强度和受压钢筋的屈服强度。

联合公式（7-36）和公式（7-37），即可得出受压区高度 c：

$$c = \frac{-B + \sqrt{B^2 - 4AC}}{2A} \qquad (7-38)$$

其中，$A = 0.85f'_c b_w \beta_1$；

$B = A_p(E_p \varepsilon_{cu} \Omega_u - f_{pe}) + A'_s f'_y - A_s f_s + 0.85f_c(b - b_w) h_f$；

$C = -A_p E_p \varepsilon_{cu} \Omega_u d_p$。

这样只要给出极限状态下的应变折减系数 Ω_u，就可以得出预应力筋的极限强度，进而得到预应力梁的极限承载力。

Aravinthan 和 Mutsuyoshi 在 1997 年通过对大量试验结果分析后[116]，对体外预应力筋计算进行了理论总结，他们指出体外预应力筋偏心率的变化对构件承载能力有很大的影响，并提出了偏心距折减系数 R_d 来估算体外预应力筋的位置。

在极限状态下体外预应力筋的有效高度 d_e 为

$$d_e = R_d d_p \qquad (7-39)$$

其中偏心距折减系数 R_d 的计算公式为

$$R_d = \begin{cases} 1.14 - 0.005(\dfrac{L}{d_p}) - 0.19(\dfrac{S_d}{L}) \leqslant 1.0, & \text{对于跨中单点加载} \\[2mm] 1.25 - 0.010(\dfrac{L}{d_p}) - 0.38(\dfrac{S_d}{L}) \leqslant 1.0, & \text{对于三分点加载} \end{cases}$$

$$(7-40)$$

式（7-40）中，S_d 是转向块的间距，当有 2 个以上转向块或跨中设置转向块时，S_d 取 0；L 是预应力梁的跨度；d_p 是预应力筋的高度。

除了采用偏心距折减系数以外，Aravinthan 和 Mutsuyoshi 还提出了修正的应变折减系数 Ω 来考虑体内预应力筋对体外预应力筋的影响。

$$\Omega = \begin{cases} \dfrac{0.21}{(L/d_p)} + 0.04(\dfrac{A_{pint}}{A_{ptot}}) + 0.04, & \text{对于跨中单点加载} \\[2mm] \dfrac{2.31}{(L/d_p)} + 0.21(\dfrac{A_{pint}}{A_{ptot}}) + 0.06, & \text{对于三分点加载} \end{cases}$$

$$(7-41)$$

式（7-41）中，A_{pint} 是体内预应力筋的面积，A_{ptot} 是体内和体外预应力筋的总面积。

将公式（7-39）～公式（7-41）代入公式（7-35）和公式（7-36），就可以计算体外预应力筋的应力增量和极限应力。

7.4.3　已有试验数据对计算公式的验证

根据国内外的试验数据，3 组共 11 根体外预应力 FRP 筋混凝土梁的试验参数分别见文献 [61]、[64]、[117]。根据简化计算公式对 11 根体外预应力 FRP 筋的极限应力进行计算，计算结果见表 7-9。

表 7-9　试验结果与公式计算结果的比较

梁编号	来源文献	Δf_{pu}试验值 /MPa	f_{pu}试验值 /MPa	计算值 Δf_{pu}^1 /MPa	计算值 f_{pu}^1 /MPa	$\dfrac{\Delta f_{pu}}{\Delta f_{pu}^1}$	$\dfrac{f_{pu}}{f_{pu}^1}$
A1	[61]	315.7	1041.7	385.3	1111.3	0.82	0.94
A2	[61]	170.0	908.0	219.3	957.3	0.78	0.95
PG11	[64]	917.5	2893.0	309.1	2284.6	2.97	1.27
PG41	[64]	900.2	2874.0	256.4	2230.2	3.51	1.29
PG42	[64]	801.9	2784.6	169.5	2152.2	4.73	1.29
B2	[117]	325.0	1036.0	318.3	1029.3	1.02	1.01
B3	[117]	395.0	1015.0	474.0	1094.0	0.83	0.93
B4	[117]	271.0	891.0	279.3	899.3	0.97	0.99
B5	[117]	391.0	961.0	389.0	959.0	1.01	1.00
B6	[117]	465.0	1035.0	504.7	1074.7	0.92	0.96
B7	[117]	400.0	934.0	409.0	943.0	0.98	0.99
					均值	1.68	1.06
					方差	1.38	0.15

从表 7-9 的数据可以看出，按照两个折减系数的简化计算方法计算得到的预应力筋 FRP 筋的极限应力与试验结果比较接近，除了文献 [64] 中的应力增量计算值与试验值有一定误差外，其他文献应力增量的计算值与试验值也比较吻合。分析其原因，Aravinthan 提出的修正应变折减系数 Ω 的计算公式虽然考虑了体内有粘结预应力筋的影响，但是体外预应力筋是钢绞线，如果换成 FRP 筋，预应力梁的刚度发生了变化，所以公式也相应变化。因为目前用预应力 FRP 筋加固预应力梁的实测数据较少，所以公式具体如何调整，今后还需进一步研究。

因为预应力 FRP 筋的应力增量与预应力筋极限状态下的应力相比较小，所以虽然预应力 FRP 筋的应力增量计算有一定误差，但是 FRP 筋在极限状态下的应力也不会相差太大，从而预应力梁的极限承载力也不会相差很大。所以在缺少规范的条件下，可以用这种折减系数的方法进行计算体外预应力 FRP 筋混凝土梁的承载力。

7.5　有粘结和无粘结相结合预应力 FRP 筋混凝土梁的承载力计算

为了增加预应力 FRP 筋混凝土结构的延性，本文采取将有粘结和无粘结预应力相结合的办法，对这类预应力结构进行了试验研究。本节对这类结构的承载力进行推导，在先推导出预应力 FRP 筋同排布置的情况以后，还推导了预应力筋不同排布置的情况。

因为预应力筋的粘结情况和位置各不同，有粘结和无粘结相结合的预应力 FRP 筋混凝土梁的承载力计算较为复杂。本文采用应力折减系数 Ω 和偏心距折减系数 R_d 来分别对无粘结预应力 FRP 筋和体外预应力 FRP 筋进行处理，将各种预应力筋在极限状态下的应力都转化成有粘结预应力筋的应力，这样可以方便地计算出混合预应力梁的承载力。

7.5.1　基本假定和破坏形态

1. 基本假定

1）有粘结预应力 FRP 筋混凝土梁在纯弯段范围内，其平均应变分布符合平截面假定。

2）体内无粘结和体外预应力 FRP 筋在受力过程中可以相对滑动，应力沿 FRP 筋长度方向均匀分布。

3）受压区混凝土的应力图形简化为等效的矩形应力图，且不考虑混凝土抗拉强度。

4）非预应力钢筋均按适筋梁进行配置，预应力梁破坏时非预应力钢筋均已屈服。

5）对于 FRP 筋，其应力-应变关系为理想的线弹性。

6）对于非预应力钢筋，其计算模型为完全弹塑性模型，不考虑强化阶段。

2. 破坏形态

在确定预应力梁的破坏形态前，先引入预应力 FRP 筋平衡配筋率 ρ_b 的概念。

假设在一种状态下，有粘结预应力 FRP 筋拉断时刚好受压区混凝土压碎，非预应力钢筋基本已经屈服，定义这种破坏状态为平衡状态。其应力和应变关系如图 7-29 所示。

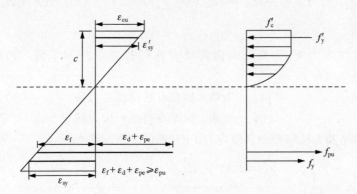

图 7-29　界限破坏状态的应变和应力

根据几何关系可以得出

$$\frac{c}{d_p} = \frac{\varepsilon_{cu}}{\varepsilon_{cu} + \varepsilon_f} \tag{7-42}$$

根据受力平衡关系可以得出

$$\alpha_1 f'_c \beta c b + A'_s f'_y = A_s f_s + \rho_b b d_0 f_{pu} \tag{7-43}$$

由上式可以得到平衡配筋率的表达式为

$$\rho_b = \alpha_1 \beta \frac{f'_c}{f_{pu}} \frac{d_p}{d_0} \frac{\varepsilon_{cu}}{\varepsilon_{cu} + \varepsilon_f} - \left(\rho_s \frac{f_y}{f_{pu}} - \rho'_s \frac{f'_y}{f_{pu}}\right) \tag{7-44}$$

其中，$\varepsilon_f = \varepsilon_{pu} - \varepsilon_{pe} - \varepsilon_d$，$\varepsilon_d$ 为消压应变，一般很小，可以略去不计，为方便公式的推导，本书均没考虑 ε_d。

式（7-44）中，ρ_b、ρ_s、ρ'_s 分别表示预应力 FRP 筋的平衡配筋率、非预应力受拉钢筋的配筋率和非预应力受压钢筋的配筋率，d_p 和 d_0 分别指预应力 FRP 筋高度和非预应力钢筋高度。

公式（7-44）得出的平衡配筋率是根据有粘结预应力 FRP 筋混凝土梁得出的，而且假定最底排的有粘结预应力 FRP 筋被拉断，如果是有粘结和无粘结预应力筋相结合，还要将无粘结筋的应力进行转换。

为了计算平衡配筋率和后面预应力梁的极限承载力，先引入 3 个系数：体内无粘结预应力 FRP 筋在极限状态下的应力折减系数 Ω_{u1}，体外预应力 FRP 筋在极限状态下的应力折减系数 Ω_{u2}，体外预应力 FRP 筋的偏心距折减系数 R_d。有了这 3 个折减系数，可以将体内无粘结和体外预应力 FRP 筋在极限状态下的应力转换成体内有粘结预应力筋的应力。

根据受力相等的原则，将所有有粘结和无粘结预应力筋的拉力等效成相同高度的有粘结预应力筋的拉力，即

$$A_{\mathrm{p}} f_{\mathrm{pu}} = \sum_{i=1}^{m} \rho_i b d_0 f_{\mathrm{p}i} (\gamma_i + \Omega_{\mathrm{u}1i} + \Omega_{\mathrm{u}2i}) = \sum_{i=1}^{m} \rho_i b d_0 (f_{\mathrm{p}ei} + E_{\mathrm{p}} \varepsilon_{\mathrm{f}i})(\gamma_i + \Omega_{\mathrm{u}1i} + \Omega_{\mathrm{u}2i})$$

$$(7 - 45)$$

式中，m 为预应力 FRP 筋沿截面高度方向的排数，γ_i 为常数，其值按下式取值：

$$\gamma_i = \begin{cases} 1, & \text{当第 } i \text{ 排有有粘结预应力筋} \\ 0, & \text{当第 } i \text{ 排无有粘结预应力筋} \end{cases} \qquad (7 - 46)$$

则多排有粘结和无粘结相结合预应力 FRP 筋的平衡配筋率为

$$\rho_{\mathrm{b}} = \frac{A_{\mathrm{p}}}{bd_0} = \frac{\displaystyle\sum_{i=1}^{m} \rho_i b d_0 (\gamma_i + \Omega_{\mathrm{u}1i} + \Omega_{\mathrm{u}2i})\left(f_{\mathrm{p}ei} + E_{\mathrm{p}} \dfrac{d_{\mathrm{p}i} - c}{c} \varepsilon_{\mathrm{cu}}\right)}{bd_0 f_{\mathrm{pu}}} \qquad (7 - 47)$$

式（7 - 47）中，临界受压区高度 c 可以根据公式（7 - 42）计算得出。

根据预应力筋的平衡配筋率可以判断出预应力梁是由混凝土抗压强度控制还是由 FRP 筋的抗拉强度控制。具体的破坏形态可以分为三种。

（1）超筋破坏

当预应力 FRP 筋的配筋率 ρ 大于等于平衡配筋率 ρ_{b} 时，预应力梁发生超筋破坏。在这种破坏状态下，非预应力钢筋首先达到屈服，在外加荷载不断增加的情况下混凝土达到受压强度，构件丧失承载能力，构件破坏，而预应力 FRP 筋没有达到其极限强度。

（2）适筋破坏

当预应力 FRP 筋的配筋率 ρ 小于平衡配筋率 ρ_{b} 且大于 $0.5\rho_{\mathrm{b}}$ 时，预应力梁发生适筋破坏。在这种破坏状态下，非预应力钢筋屈服后，截面转角过大使预应力 FRP 筋（一般是最底排的有粘结预应力 FRP 筋）拉断而导致梁构件破坏，此时非预应力钢筋先达到屈服，预应力 FRP 筋随后被拉断，而混凝土未被压碎。在这种破坏形式下，虽然混凝土未被压碎，但是已经进入非线性阶段，可以采用等效矩形应力来计算混凝土的受压应力。

（3）少筋破坏

当预应力 FRP 筋的配筋率 ρ 小于 $0.5\rho_{\mathrm{b}}$ 时，预应力梁发生超筋破坏。在这种状态下由于预应力筋配筋率过低，受压区混凝土还处于线性变形阶段，而预应力 FRP 筋已经被拉断，非预应力钢筋已经屈服。这种状态下虽然混凝土还处于线性变形阶段，但是仍可采用等效矩形应力来计算混凝土的受压应力，误差不超过 3%[118]。这种破坏模式破坏较突然，在实际设计时应当避免这种破坏形式。

7.5.2　有粘结和无粘结相结合的预应力 FRP 筋同排布置承载力推导

下面针对上面定义的 2 种破坏状态（对于少筋破坏，可近似采用适筋状态进行估算，但是在设计中应当避免这种情况），分别计算其承载力，假定同排预应力 FRP 筋的有效应力都相等。

1. 超筋破坏

超筋破坏的应力、应变关系如图 7-30 所示。

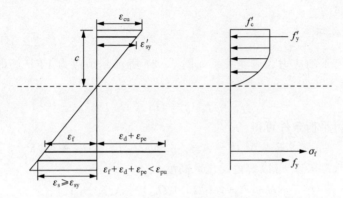

图 7-30　超筋破坏状态的应变和应力

根据平截面假定有

$$\varepsilon_f = \varepsilon_{cu} \frac{d_p - c}{c} \tag{7-48}$$

则在极限状态下 FRP 筋的应变为

$$\varepsilon_p = \varepsilon_{pe} + \varepsilon_{cu} \frac{d_p - c}{c}(\gamma + \Omega_{u1} + \Omega_{u2}) \tag{7-49}$$

根据力的平衡方程有

$$\alpha_1 f'_c \beta cb + A'_s f'_y = A_s f_s + \rho b d_0 f_p \tag{7-50}$$

将式（7-49）代入式（7-50），得

$$\alpha_1 f'_c \beta cb + A'_s f'_y = A_s f_s + \rho b d_0 E_p \Big[\varepsilon_{pe} + \varepsilon_{cu} \frac{d_p - c}{c}(\gamma + \Omega_{u1} + \Omega_{u2}) \Big] \tag{7-51}$$

令 $k = \dfrac{c}{d_p}$，则有

$$\alpha_1 f'_c \beta \frac{d_p}{d_0} k_u - (\rho_s f_y - \rho'_s f'_y) = \rho E_p \Big[\varepsilon_{pe} + \varepsilon_{cu} \frac{1 - k_u}{k_u}(\gamma + \Omega_{u1} + \Omega_{u2}) \Big] \tag{7-52}$$

定义常数 $\lambda_1 = \dfrac{1}{\alpha_1 \beta f_c' \dfrac{d_p}{d_0}}$, $\lambda_2 = \lambda_1 E_p \varepsilon_{cu}$, $\eta = \rho_s f_y - \rho_s' f_y'$, $\Omega_u' = \gamma + \Omega_{u1} + \Omega_{u2}$, 则

可解得

$$k_u = \sqrt{\left[\frac{\lambda_2 \rho}{2}\left(\Omega_u' - \frac{\varepsilon_{pe}}{\varepsilon_{cu}}\right) - \frac{\eta \lambda_1}{2}\right]^2 + \lambda_2 \rho \Omega_u'} - \frac{\lambda_2 \rho}{2}\left(\Omega_u' - \frac{\varepsilon_{pe}}{\varepsilon_{cu}}\right) + \frac{\eta \lambda_1}{2} \quad (7\text{-}53)$$

进而可以得到预应力梁的极限承载力:

$$M_n = \alpha_1 f_c' b \beta k_u d_p^2 \left(1 - \frac{\beta k_u}{2}\right) + A_s' f_y'(d_p - a_s') + A_s f_y(d_0 - d_p) \quad (7\text{-}54)$$

2. 适筋破坏

这种状态下的应力、应变关系如图 7 - 31 所示。预应力 FRP 筋的应力为已知,其值为

$$f_p = f_{pu}(\gamma + \Omega_{u1} + \Omega_{u2}) \quad (7\text{-}55)$$

根据受力平衡条件可得

$$\alpha_1 f_c' \beta c b + A_s' f_y' = A_s f_y + \rho b h_0 f_{pu}(\gamma + \Omega_{u1} + \Omega_{u2}) \quad (7\text{-}56)$$

根据式 (7 - 56) 可以解得受压区高度 c:

$$c = \frac{\rho b h_0 f_{pu}(\gamma + \Omega_{u1} + \Omega_{u2}) + A_s f_y - A_s' f_y'}{\alpha_1 f_c' \beta b} \quad (7\text{-}57)$$

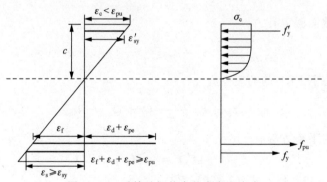

图 7 - 31　适筋破坏状态的应变和应力

则预应力梁的极限承载力为

$$M_n = \rho b h_0 f_{pu}(\gamma + \Omega_{u1} + \Omega_{u2})\left(d_p - \frac{\beta c}{2}\right) + A_s f_y\left(d_0 - \frac{\beta c}{2}\right) + A_s' f_y'\left(\frac{\beta c}{2} - a_s'\right)$$

$$(7\text{-}58)$$

式中, a_s' 指受压钢筋的高度。

公式 (7 - 54) 和公式 (7 - 58) 的适用条件是等效矩形应力区的高度 βc 不小于 $2a_s'$。如果 βc 小于 $2a_s'$, 则取 $2a_s'$。

7.5.3　有粘结和无粘结相结合的预应力 FRP 筋不同排布置承载力推导

在实际工程中，有时候受到混凝土构件截面的影响，需要将预应力筋沿构件截面高度进行多排布置，如图 7 - 32 所示，还有双 T 板和 I 形梁都有类似的情况。

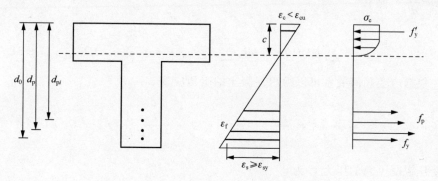

图 7 - 32　预应力筋沿高度方向布置的截面

假定所有预应力 FRP 筋的有效应力都相同，那么在预应力梁破坏的最后阶段，在最底排有粘结 FRP 筋的应力最大，也最容易发生破坏。下面分别推导适筋梁和超筋梁的承载力计算公式。

1. 适筋梁

假定最底排有粘结预应力 FRP 筋刚好达到极限应力 f_{pu}，并定义 $f_m = f_{pu} - f_{pe}$，则任意排有粘结预应力 FRP 筋的应力为

$$f_i = f_{pe} + f_m \left(\frac{d_{pi} - c}{d_p - c} \right) = f_{pe} + f_m \left(\frac{\dfrac{d_{pi}}{d_p} - \dfrac{c}{d_p}}{1 - \dfrac{c}{d_p}} \right) \qquad (7 - 59)$$

式中，d_0、d_p、d_{pi} 分别为受拉钢筋的高度、最底排有粘结预应力筋的高度和任意排预应力筋的高度。

则所有预应力 FRP 筋总的拉应力为

$$\sum_{i=1}^{m} f_i = \sum_{i=1}^{m} \left[f_{pei} + f_m \left(\frac{\dfrac{d_{pi}}{d_p} - \dfrac{c}{d_p}}{1 - \dfrac{c}{d_p}} \right) (\gamma_i + \Omega_{u1i} + \Omega_{u2i}) \right] \qquad (7 - 60)$$

总的拉力 T 为

$$T = \sum_{i=1}^{m} p_i b d_0 f_i = b d_0 \sum_{i=1}^{m} \rho_i \left[f_{pei} + f_m \left(\frac{\frac{d_{pi}}{d_p} - \frac{c}{d_p}}{1 - \frac{c}{d_p}} \right) (\gamma_i + \Omega_{u1i} + \Omega_{u2i}) \right]$$

$$(7 - 61 - 1)$$

令 $k = \dfrac{c}{d_p}$，则有

$$T = \sum_{i=1}^{m} p_i b d_0 f_i = b d_0 \sum_{i=1}^{m} \rho_i \left[f_{pei} + f_m \left(\frac{\frac{d_{pi}}{d_p} - k}{1 - k} \right) \Omega'_{ui} \right] \quad (7 - 61 - 2)$$

根据应变几何关系可以得出混凝土的受压应变 ε_c：

$$\varepsilon_c = \frac{c}{d_p - c} \varepsilon_f = \frac{\frac{c}{d_p}}{1 - \frac{c}{d_p}} (\varepsilon_{pu} - \varepsilon_{pei}) = \frac{k}{1 - k} \frac{1}{E_f} (f_{pu} - f_{pei}) \quad (7 - 62)$$

则受压混凝土总的压力 C 为

$$C = \frac{1}{2} k d_p b E_c \varepsilon_c = \frac{1}{2} k d_p b \frac{1}{n} \frac{k}{1 - k} f_{pu} \left(1 - \frac{f_{pei}}{f_{pu}} \right) \quad (7 - 63)$$

式中，n 为 FRP 筋的弹性模量与混凝土弹性模量的比值。

根据受力平衡方程得

$$C + A'_s f'_y = A_s f_y + T \quad (7 - 64)$$

将公式（7 - 61）和公式（7 - 63）代入公式（7 - 64），可以解得 k：

$$k = \frac{\sqrt{B^2 - 4AC} - B}{2A} \quad (7 - 65)$$

式中，$A = \dfrac{1}{2n} \dfrac{d_p}{d_0} (1 - \xi)$；

$B = (\rho_s \xi_1 - \rho'_s \xi_2) + \sum\limits_{i=1}^{m} \rho_i (\xi + \Omega'_{ui} - \Omega'_{ui} \xi)$；

$C = - (\rho_s \xi_1 - \rho'_s \xi_2) - \sum\limits_{i=1}^{m} \rho_i \left[\xi + \Omega'_{ui} (1 - \xi) \dfrac{d_{pei}}{d_p} \right]$。

其中，$\xi = \dfrac{f_{pei}}{f_{pu}}$，$\xi_1 = \dfrac{f_y}{f_{pu}}$，$\xi_2 = \dfrac{f'_y}{f_{pu}}$，$\Omega'_{ui} = \gamma_i + \Omega_{u1i} + \Omega_{u2i}$，均为常数。

得到了受压区高度，即可得出预应力梁的极限承载力：

$$M_n = b d_0 \sum_{i=1}^{m} \rho_i f_i \Omega'_{ui} \left(d_{pi} - \frac{\beta c}{2} \right) + A_s f_y \left(d_0 - \frac{\beta c}{2} \right) + A'_s f'_y \left(\frac{\beta c}{2} - a'_s \right)$$

$$(7 - 66)$$

2. 超筋破坏

对于多排超筋破坏的预应力梁，此时受压区混凝土已经到达抗压强度，而

最底排的有粘结预应力没有达到极限抗拉强度，其应力和应变关系如图 7 - 33 所示。

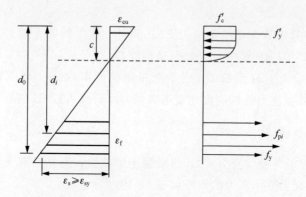

图 7 - 33 多排超筋破坏状态的应变和应力

根据平截面假定可以得到任意高度预应力筋的应变：

$$\varepsilon_{fmi} = \varepsilon_{cu} \frac{d_i - c}{c} \tag{7-67}$$

则任意高度预应力筋的应力为

$$f_{pi} = f_{pei} + E_p \varepsilon_{fmi} = E_p \varepsilon_{pei} + E_p \varepsilon_{cu} \frac{d_i - c}{c} \tag{7-68}$$

根据受力平衡方程：

$$\alpha_1 f'_c \beta c b + A'_s f'_y = A_s f_y + \sum_{i=1}^{m} \rho_i b d_0 \left[E_p \varepsilon_{pei} + E_p \varepsilon_{cu} \frac{d_i - c}{c} (\gamma_i + \Omega_{u1i} + \Omega_{u2i}) \right] \tag{7-69}$$

按照上面定义的常数 λ_1，λ_2，η，Ω'_{ui}，则可解得受压区高度系数 k：

$$k = \sqrt{\left[\frac{\lambda_2}{2} \sum_{i=1}^{m} \rho_i \left(\Omega'_{ui} - \frac{\varepsilon_{pei}}{\varepsilon_{cu}} \right) - \frac{\lambda_1 \eta}{2} \right]^2 + \lambda_2 \sum_{i=1}^{m} \rho_i \frac{d_i}{d_p} \Omega'_{ui}} + \frac{\lambda_1 \eta - \lambda_2 \sum_{i=1}^{m} \rho_i \left(\Omega'_{ui} - \frac{\varepsilon_{pei}}{\varepsilon_{cu}} \right)}{2} \tag{7-70}$$

则预应力梁的承载力为

$$M_n = \sum_{i=1}^{m} \left[\rho_i b d_0 \left(f_{pei} + E_p \varepsilon_{cu} \frac{d_i - c}{c} \Omega'_{ui} \right) \left(d_i - \frac{\beta c}{2} \right) \right] + A'_s f'_y \left(\frac{\beta c}{2} - a'_s \right) + A_s f_y \left(d_0 - \frac{\beta c}{2} \right) \tag{7-71}$$

公式（7-66）和公式（7-71）的适用条件是等效矩形应力区的高度 βc 不小于 $2a'_s$。如果 βc 小于 $2a'_s$，则取 $2a'_s$。

以上所有的公式中，体内无粘结预应力 FRP 筋在极限状态下的应力折减系

数 Ω_{u1}、体外预应力 FRP 筋在极限状态下的应力折减系数 Ω_{u2} 和体外预应力 FRP 筋的偏心距折减系数 R_d 分别按公式（7-32）、公式（7-41）、公式（7-40）计算。

另外当第 i 排没有无粘结预应力 FRP 筋时，应力折减系数 Ω_{u1} 取 0；当第 i 排有无粘结预应力 FRP 筋时，应力折减系数 Ω_{u1} 按公式（7-32）取值。体外预应力 FRP 筋的应力折减系数 Ω_{u2} 也是按相同的原则取值。当设有体外预应力 FRP 筋时，体外预应力筋的高度还要考虑偏心距折减系数 R_d 的影响。

7.5.4　公式的校核

本书共进行了 9 根预应力 FRP 筋混凝土梁试验，有粘结和无粘结相结合预应力 FRP 筋混凝土梁承载力的校核如表 7-10 所示。

表 7-10　抗弯承载力的校核

梁编号	配筋率 ρ /%	平衡配筋率 ρ_b /%	破坏状态	实际破坏形态	M_{exp} / (kN·m)	M_{com} / (kN·m)	$\dfrac{M_{exp}}{M_{com}}$
PB4	0.59	0.52	超筋	混凝土压碎	65.61	61.34	1.07
PB5	0.59	0.19	超筋	混凝土压碎	54.05	54.31	1.00
PB6	0.59	0.11	超筋	混凝土压碎	47.07	47.31	0.99
PB7	0.59	0.34	超筋	混凝土压碎	59.09	58.98	1.00
PB8	0.44	0.38	超筋	混凝土压碎	57.11	60.45	0.94
PB9	0.59	0.40	超筋	混凝土压碎	58.41	63.42	0.92
PB10	0.59	0.21	超筋	混凝土压碎	54.23	50.95	1.06
PB11	0.74	0.44	超筋	混凝土压碎	56.61	63.87	0.89
PB12	0.89	0.49	超筋	混凝土压碎	62.87	65.08	0.97
均值							0.98
方差							0.06

从表 7-10 可以看出，根据平衡配筋率判断出的破坏状态与试验实际的破坏形态完全一致，而且根据本书推导的承载力计算公式计算出的结果与试验结果也非常接近，承载力试验值与计算值比值的均值达到了 0.98，方差为 0.06，说

明本书提出的判断准则和承载力计算公式是正确的，可以用于有粘结和无粘结相结合的预应力 FRP 筋混凝土梁的承载力计算。

7.6 预应力 FRP 筋混凝土梁抗弯性能有限元非线性分析

ANSYS 是随着计算机技术的发展而被广泛应用的大型通用有限元软件，在钢筋混凝土结构和预应力混凝土结构非线性分析中已得到了较多的应用。由于试验条件的影响，不可能对所有试验参数进行分析，借助有限元软件 ANSYS 对各种参数进行非线性分析是一种合理的分析方法。本节主要介绍 ANSYS 对预应力 FRP 筋混凝土梁抗弯性能进行有限元非线性分析的全部过程，并且和试验结果进行了比较。另外，还利用 ANSYS 对各种主要参数进行了分析，例如混凝土强度、非预应力筋的配筋率、FRP 筋的初始张拉应力以及预应力筋的合理配置，并且得出了一些有用的结论。

7.6.1 有限元建模过程与求解

1. 单元类型的选取

混凝土采用 Solid65 单元，非预应力钢筋采用 Link8 单元，预应力 FRP 筋用 Link10 单元来进行模拟；非预应力筋分别采用分离式和整体式模型来进行分析；在混凝土梁支座、加载处以及无粘结预应力筋锚固端添加弹性垫块来减少应力集中，采用 Solid45 单元模拟。

2. 材料的本构模型和破坏准则

混凝土采用多线性随动强化模型（MKIN），不考虑下降段，应力-应变关系按混凝土结构设计规范（GB 50010—2010）选取，其关系如式（7-72）和式（7-73）所示。混凝土开裂后裂缝张开和闭合的剪力传递系数分别取 0.5 和 1.0，关闭混凝土的压碎功能，破坏准则采用拉应力准则。

上升段： $\varepsilon_c \leqslant \varepsilon_0$, $\sigma_c = f_c \left[1 - (1 - \frac{\varepsilon_c}{\varepsilon_0})^2 \right]$ （7-72）

水平段： $\varepsilon_0 \leqslant \varepsilon_c \leqslant \varepsilon_{cu}$, $\sigma_c = f_c$ （7-73）

非预应力钢筋采用理想弹塑性的应力-应变关系，使用经典的双线性随动强化模型（BKIN），其应力-应变关系为

当 $\varepsilon_s \leqslant \varepsilon_y$ 时 $\sigma_s = E_s \varepsilon_s$ $(E_s = \frac{f_y}{\varepsilon_y})$ （7-74）

当 $\varepsilon_y \leqslant \varepsilon_s \leqslant \varepsilon_u$ 时 $\sigma_s = f_y$ （7-75）

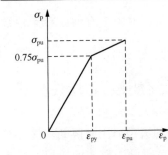

图 7 - 34　钢绞线的应力-应变关系

预应力 FRP 筋是线弹性材料，可以按理想弹性材料的本构关系进行描述，其应力-应变关系为

$$\sigma_f = E_f \varepsilon_f \quad (0 \leqslant \sigma_f \leqslant \sigma_{fu}) \quad (7-76)$$

预应力钢绞线在单调荷载下采用图 7 - 34 所示的应力-应变曲线，不考虑屈服段的作用，但需考虑强化段的影响，强化段的起点应力为 $0.75\sigma_{pu}$，终点的应变为 0.05。

按照试验实测的各种材料性能，在 ANSYS 中输入各种本构关系后输出的应力-应变关系如图 7 - 35所示。

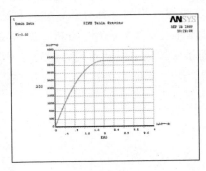

(a) 混凝土

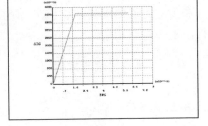

(b) 钢筋

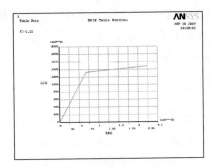

(c) 钢绞线

图 7 - 35　ANSYS 输出的材料的本构关系

3. 有限元建模方法

在 ANSYS 中，预应力混凝土结构的建模方法可以分为等效荷载法和实体力筋法，其中实体力筋法又分为实体分割法、节点耦合法以及约束方程法。

本节分别采用各种方法建立了预应力 FRP 筋混凝土梁的有限元计算模型。

在分析体内无粘结预应力 FRP 筋混凝土梁时，不考虑预应力 FRP 筋和混凝土单元间的粘结单元，而是采用节点耦合法和约束方程法来模拟 FRP 筋和混凝土单元间的相互关系，即将 FRP 筋节点和离它最近的混凝土节点在垂直于预应力筋的两个方向上进行位移耦合，而在平行于预应力筋的方向上两者可以相对滑动，预应力 FRP 筋只在混凝土梁端部与锚固钢板进行全部位移耦合。对于体外预应力 FRP 筋混凝土梁，由于试验构件没有设置转向块，所以 FRP 筋只在混凝土梁的两端与构件粘结，在有限元建模中采用加大混凝土梁的端部来进行模拟。

　　实体分割法和节点耦合法建立的有限元模型分别如图 7 - 36 和图 7 - 37 所示。

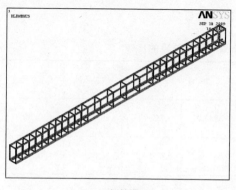
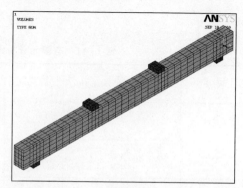

(a) 钢筋模型　　　　　　　　　　　　　　(b) 混凝土模型

图 7 - 36　实体分割法模型

　　采用降温法施加预应力，即给预应力 FRP 筋施加等效温度荷载 Δt，$\Delta t = F/(A_p \alpha E_p)$。其中，$F$ 表示扣除预应力损失后的有效应力，A_p 和 E_p 分别为 FRP 筋的面积和弹性模量，α 为 FRP 筋的线膨胀系数。

　　4. 有限元求解

　　有限元分析结果和计算结果的比较见表 7 - 11。表 7 - 11 中，$\Delta \varepsilon_{cal}$ 和 $\Delta \varepsilon_{exp}$ 分别表示预应力 FRP 筋微应变增量的计算值和试验值，μ_{cal} 和 μ_{exp} 分别表示跨中挠度的计算值和试验值，P_{cal} 和 P_{exp} 分别表示极限荷载的计算值和试验值；表中"/"表示试验中未能测量到的数值；表中所有的计算值均是按节点耦合法计算得到的。

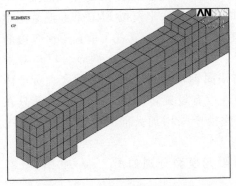
(a) 体内无粘结预应力

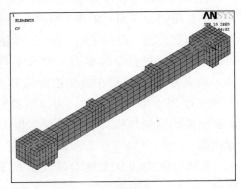
(b) 体外预应力

图 7 - 37　节点耦合法模型

表 7 - 11　有限元分析结果和计算结果的比较

梁编号	$\Delta\varepsilon_{cal}/\mu\varepsilon$	$\Delta\varepsilon_{exp}/\mu\varepsilon$	μ_{cal}/mm	μ_{exp}/mm	P_{cal}/kN	P_{exp}/kN	P_{cal}/P_{exp}
B0	/	/	57.74	59.74	70.99	84.00	0.85
PB1	5893.40	/	36.36	36.94	121.42	123.1	0.99
PB2	2467.57	/	37.41	33.85	102.39	101.90	1.00
PB3	6250.09	/	42.70	42.09	108.63	119.60	0.91
PB4	6569.70	6315.75	43.29	46.43	133.28	145.80	0.91
PB5	2932.01	3161.17	50.47	43.10	113.42	120.10	0.94
PB6	2474.66	2579.26	44.21	45.80	99.95	104.60	0.96
PB7	6704.00	6540.50	43.10	43.32	125.73	131.30	0.96
PB8	6388.79	5815.00	43.43	37.65	123.89	126.90	0.98
PB9	4771.21	5589.00	43.19	41.53	135.27	129.80	1.04

续表

梁编号	$\Delta\varepsilon_{cal}/\mu\varepsilon$	$\Delta\varepsilon_{exp}/\mu\varepsilon$	μ_{cal}/mm	μ_{exp}/mm	P_{cal}/kN	P_{exp}/kN	P_{cal}/P_{exp}
PB10	2511.88	2173.39	40.13	41.13	117.31	120.50	0.97
PB11	4149.24	4603.01	38.22	37.00	129.14	131.00	0.99
PB12	5903.03	3935.98	38.28	37.64	130.54	139.70	0.93
平均值							0.96
均方差							0.05

为了加速有限元模型的收敛过程,在模型划分过程中选择适当的网格密度,使单元尺寸为 50~100mm,能够满足精度要求且计算费用也不是太高;模型加载采用位移加载的方式,并用 CNVTOL 命令来调整收敛精度,加速收敛,减少计算时间,收敛精度默认值是 0.1%,根据计算精度需要一般可以放宽到 5%~10%。

在混凝土计算中,一般选择位移收敛而不同时使用力的收敛准则,否则会给收敛带来困难。

7.6.2 有限元结果分析

采用非线性有限元软件对预应力 FRP 筋混凝土梁进行全过程分析,可以得到许多模型试验难以得到的数据,相关的主要计算结果和试验结果的比较如表 7-11 所示。

由表 7-11 可见,除了少数预应力 FRP 筋微应变增量的计算值与试验结果有一定的误差外,其他数据的计算值和试验值都比较吻合,并且计算承载力与试验承载力比值的平均值是 0.96,均方差是 0.05,可见吻合程度较好。预应力 FRP 筋微应变的数量级本来就较小,而且试验中可能也存在一些误差,这也许是少数预应力 FRP 筋微应变增量的计算值与试验结果有一定误差的原因。

1. 荷载-位移曲线

根据计算得到荷载-挠度曲线,并且与试验曲线进行比较,如图 7-38 所示。由图 7-38 可以看出,计算值与试验值比较吻合,在加载过程中荷载-挠度曲线的发展趋势也一致。

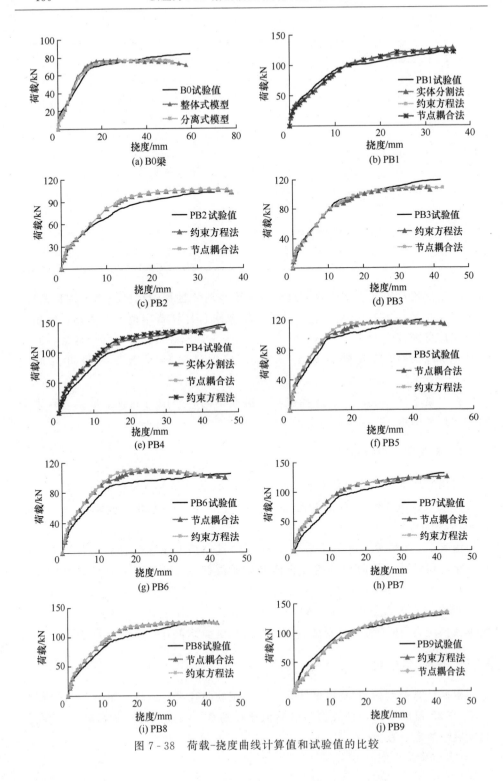

图 7-38　荷载-挠度曲线计算值和试验值的比较

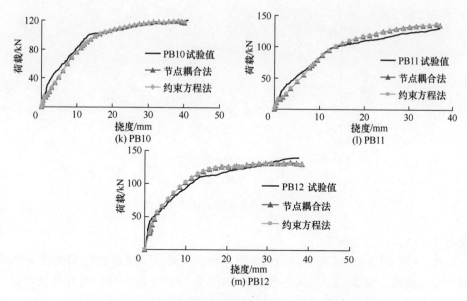

(k) PB10

(l) PB11

(m) PB12

图 7-38　荷载-挠度曲线计算值和试验值的比较（续）

2. 钢筋和 FRP 筋受力分析

钢筋和 FRP 筋的受力对预应力 FRP 筋混凝土梁的抗弯承载力起着至关重要的作用。图 7-39 所示的是标准梁 B0 的受压钢筋和受拉钢筋在最后荷载步的应力图，图 7-40 所示的是受拉钢筋的应变随荷载的变化图。

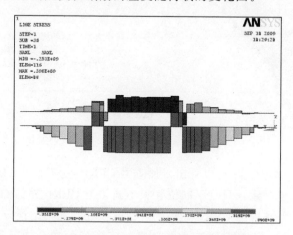

图 7-39　受压钢筋和受拉钢筋的应力图

由图 7-39 和图 7-40 可以看出，纯弯区的受拉钢筋已经屈服，并且钢筋的应变随荷载变化曲线的计算值和试验值基本吻合，只是在加载后期实测钢筋应

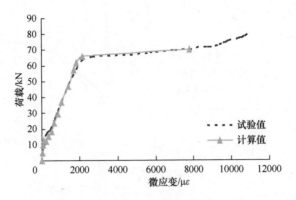

图 7-40　　钢筋应变随荷载的变化值

变出现了略微的强化现象。

　　图 7-41 和图 7-42 分别显示的是有粘结和无粘结预应力 FRP 筋的应变随荷载的变化曲线，图 7-43 是体外预应力 FRP 筋的应变随荷载的变化曲线，这 6 条曲线分别来自预应力梁 PB4、PB5 和 PB6。图 7-41～图 7-43 中，CFRP1 和 CFRP2 分别表示底排和第 2 排的预应力 CFRP 筋。

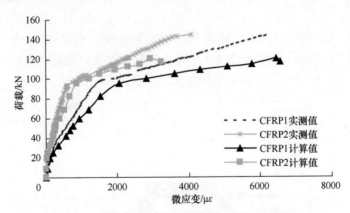

图 7-41　　有粘结 FRP 筋应变增量随荷载的变化

　　由图 7-41～图 7-43 可以看出，预应力 CFRP 筋应变增量随荷载的变化值与试验值基本趋势一致，只是不同位置和不同类型 CFRP 筋的吻合情况不相同。其中有粘结和体外预应力 CFRP 筋的吻合情况较好，无粘结预应力底排的 CFRP 筋吻合情况也较好，无粘结预应力第 2 排的应变增量吻合情况稍差，这可能是因为没有考虑 CFRP 筋和混凝土间的摩擦所导致。

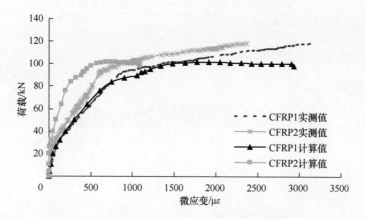

图 7 - 42　无粘结 FRP 筋应变增量随荷载的变化

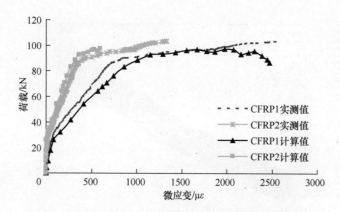

图 7 - 43　体外预应力 FRP 筋应变增量随荷载的变化

3. 裂缝及破坏形态

裂缝的分布和发展是预应力 FRP 筋混凝土梁受力过程中的重要方面，通过对裂缝出现和发展的了解，可以确定构件的破坏形态，更好地分析结构受力。有限元中对裂缝的处理采用弥散裂缝模型，从理论上讲裂缝的发展与梁主应变是相对应的。图 7 - 44 显示的是标准梁 B0 在最后破坏阶段的裂缝分布，图 7 - 45 是混凝土梁在最后阶段沿 z 方向的应变，图 7 - 46 是梁 B0 在试验过程中绘制的裂缝分布图。

由图 7 - 45 混凝土的应变分布图可以看出，在混凝土梁的纯弯区混凝土达到了最大压应变，混凝土梁产生破坏，这也与图 7 - 46 实测的破坏形态相吻合。计算过程中虽然关闭了混凝土的压碎选项，但是通过应变分析一样可以得出混凝土梁的破坏形态。对比图 7 - 44 和图 7 - 46，可以看出计算得出的裂缝分布与实

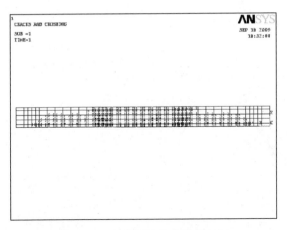

图 7 - 44　计算得出的裂缝分布图

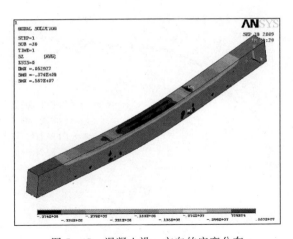

图 7 - 45　混凝土沿 z 方向的应变分布

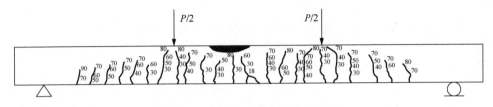

图 7 - 46　试验实测裂缝分布及破坏图

测裂缝分布基本吻合。

　　总的来说，采用非线性有限元方法对预应力 CFRP 筋混凝土梁的抗弯性能进行模拟分析，能够有效反映构件受力的变形、承载力、钢筋的受力、预应力筋的受力以及裂缝的分布和发展，用 ANSYS 进行预应力 CFRP 筋混凝土梁的抗弯性能分析是可行的。

7.6.3　参数分析

　　影响预应力 FRP 筋混凝土梁抗弯性能的因素众多，考虑到经济条件，无法对各种因素进行大量的试验。上文的验证表明采用非线性有限元分析预应力 FRP 筋混凝土梁的抗弯性能是可行的，故下面采用非线性有限元对预应力 FRP 筋混凝土梁抗弯性能的各种参数进行数值分析，以全面反映预应力 FRP 筋混凝土梁的抗弯性能。

　　下面分别以预应力 FRP 筋混凝土梁 PB4、PB5 和 PB6 为原型，来研究混凝土强度、配筋率和预应力筋的张拉应力对体内有粘结、无粘结和体外预应力 FRP 筋混凝土梁抗弯承载力的影响，最后再对预应力 FRP 筋的合理位置进行讨论，以得到最优的结构形式。

　　1. 混凝土强度

　　考虑到工程实际的应用情况，混凝土强度选取了几种常用的等级，分别为 C30、C40、C50 和 C60，其他条件均按预应力 FRP 筋混凝土梁 PB4、PB5 和 PB6 进行取值，得到的预应力梁的承载力和混凝土强度的关系如图 7-47 所示。

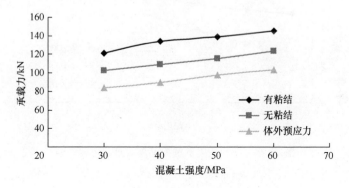

图 7-47　混凝土强度和承载力的关系

　　由图 7-47 可见，随着混凝土强度的提高，预应力 FRP 筋混凝土梁的抗弯承载力也逐渐增大，但是增大趋势逐渐减小；另外，在配筋率和预应力张拉力完全相同的条件下，体内有粘结预应力 FRP 筋混凝土梁的抗弯承载力最大，体外预应力 FRP 筋混凝土梁的抗弯承载力最小，这与试验观察到的结果也相吻合。这主要是因为体外预应力 FRP 筋的偏心距随着混凝土梁挠度的逐渐增加而逐渐减小，即"二次效应"，所以其承载力最小。体内有粘结预应力 FRP 筋混凝土梁抗弯承载力由混凝土梁弯矩最大处截面的性质决定，破坏形态或者是 FRP 筋被拉断，或者是混凝土被压碎。而体内无粘结预应力 FRP 筋混凝土梁中的预应力筋可以发生相对滑动，预应力筋的应力比较平均，比有粘结预应力混凝土梁最大弯矩处预应力筋的应力要小，所以其破坏形态一般是混凝土被压碎，其承载力相对有粘结预应力梁要小。

2. 配筋率

非预应力钢筋的配筋率对预应力构件的延性有很重要的影响，下面非预应力钢筋分别取直径为 12mm、14mm、16mm 和 20mm 的 II 级钢筋，研究非预应力筋的配筋率对预应力 FRP 筋混凝土梁的承载力和延性的影响。

图 7-48 是非预应力筋的配筋率对预应力 FRP 筋混凝土梁抗弯承载力的影响。由图可见，非预应力筋的配筋率对预应力梁承载力的影响较大，随着配筋率的增加，预应力混凝土梁的承载力逐渐增加，而且预应力筋的形式和位置不一样，其影响程度也不一样：对体内有粘结预应力 FRP 筋承载力影响最小，对体外预应力混凝土梁的影响最大。

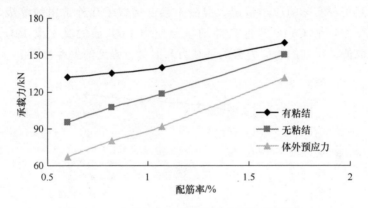

图 7-48　非预应力筋的配筋率对承载力的影响

3. 张拉力

预应力筋的初始张拉力不同，预应力混凝土梁的受力性能也有很大的不同。预应力筋的张拉比例是指预应力筋的张拉应力与极限强度的比值，考虑到 CFRP 筋初始张拉力的限值，初始张拉力分别取极限强度的 40%、50%、60% 和 70%，来研究张拉力对预应力 FRP 筋抗弯性能的影响。

图 7-49 是预应力 FRP 筋不同的初始张拉对预应力混凝土梁抗弯承载力的影响。由图可见，预应力筋不同的初始张拉比例对预应力混凝土梁的承载力基本没什么影响。这与预应力理论完全吻合，即施加预应力只能改善混凝土结构的受力性能，例如减小裂缝宽度、减少变形等，但是对提高混凝土结构的抗

弯承载力影响较小。

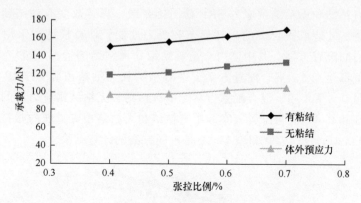

图 7 - 49　预应力筋的张拉比例对承载力的影响

7.6.4　预应力 FRP 筋的合理配置

由上面的分析可以知道，在相同条件下，体内有粘结预应力 FRP 筋混凝土梁的承载力最大，体内无粘结预应力梁次之，体外预应力最小。但是在极限状态下，有粘结预应力梁的挠度最小，体外预应力梁的最大。本书的研究目的之一就是研究不同类型和不同位置的预应力 FRP 筋的组合情况，既能有较大的承载力，又能有很好的变形性能，满足预应力梁的延性要求。

为了避免预应力 FRP 筋混凝土梁截面太小，不能同排布置不同类型的预应力筋的情况，将预应力梁分析模型的截面加大，取为 200mm×300mm，混凝土强度取为 C60，受拉钢筋配 2 根Ⅱ级直径 16 的钢筋，受压钢筋取 2 根Ⅱ级直径 12 的钢筋，所有预应力梁都配置 4 根预应力 FRP 筋，其他材料的性能和加载布置图与试验完全一致。下面借助有限元非线性分析，分别讨论体内有粘结预应力和体内无粘结预应力、体内预应力和体外预应力筋混合配置的情况。

1. 体内有粘结预应力和体内无粘结预应力混合配置

根据有限元分析结果可知，由于模型中提高了混凝土的强度等级，对于有粘结预应力 FRP 筋混凝土的破坏形态是 FRP 筋被拉断，而体内无粘结和体外预应力 FRP 筋混凝土梁的破坏形态都是混凝土被压碎。

FRP 筋是线弹性材料，其断裂具有突然性，虽然混凝土的压碎破坏也是脆性破坏，但是其具有可观察性，而且破坏后果也没有预应力筋断裂的后果严重，所以预应力 FRP 筋断裂这种破坏形态在设计中应该尽量避免。考虑到体内有粘结和无粘结预应力混凝土梁各自的破坏形态和对承载力的贡献，要将这两种预应力混合配制以达到较好的受力性能，可以分两种情况进行考虑。

（1）有粘结和无粘结预应力筋同排布置

如果有粘结和无粘结预应力 FRP 筋同排布置，只有改变有粘结和无粘结筋的张拉比例，才能取得合理的破坏形态和受力性能。计算模型中采用了 5 种不同的预应力筋配置方案，其中体内全是有粘结和无粘结的情况，预应力 FRP 筋的张拉比例都是 0.5，混合配置方案 1 中有粘结和无粘结预应力 FRP 筋的张拉比例分别是 0.3 和 0.5，混合配置方案 2 中有粘结和无粘结预应力筋的张拉比例分别是 0.3 和 0.6，混合配置方案 3 中有粘结和无粘结预应力筋的张拉比例分别是 0.25 和 0.65。图 7-50 和表 7-12 是不同方案的计算结果。

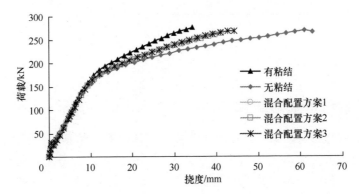

图 7-50　有粘结和无粘结预应力筋同排布置梁的荷载-挠度曲线

表 7-12　有粘结和无粘结预应力筋同排布置梁的计算结果

预应力配置方案	屈服挠度/mm	屈服强度/kN	极限挠度/mm	极限强度/kN	延性	破坏形态
体内有粘结	12.17	185.19	34.24	276.12	4.19	FRP 筋拉断
体内无粘结	12.21	173.04	62.82	267.42	7.95	混凝土压碎
混合配置 1	10.60	165.42	38.64	257.35	5.67	FRP 筋拉断
混合配置 2	10.92	167.38	41.18	263.35	5.93	FRP 筋拉断
混合配置 3	10.49	165.46	44.30	268.82	6.86	混凝土压碎

注：表中的延性是采用公式 $\lambda = \dfrac{\Delta_u}{\Delta_y} \cdot \dfrac{M_u}{M_y}$ 来计算的，Δ_u 和 M_u 分别表示构件破坏时的挠度和强度，Δ_y 和 M_y 分别表示构件屈服时的挠度和强度。

由图 7-50 和表 7-12 的计算结果可以看出，对于有粘结和无粘结预应力 FRP 筋同排配置的情况，采用不同的张拉比例可以增加预应力梁的延性，改善其破坏形态。对于混合配置方案 3，其抗弯承载力相对于有粘结预应力梁来说只降低了 2.6%，但是延性却增加了 63.7%，而且破坏形态还由 FRP 筋的断裂变成了混凝土的压碎。

（2）有粘结和无粘结预应力不同排布置

对于体内有粘结和无粘结预应力筋不同排布置的情况，计算模型中考虑了 4 种不同的配置方案，其中体内全是有粘结和无粘结的情况，预应力 FRP 筋的张拉比例都是 0.5，混合配置方案 1 中有粘结和无粘结预应力 FRP 筋的张拉比例分别也是 0.5 和 0.5，混合配置方案 2 中有粘结和无粘结预应力筋的张拉比例分别是 0.5 和 0.6。在混合配制方案中，考虑到有粘结和无粘结预应力筋的受力特点，应将无粘结预应力筋放在底排，有粘结筋放在上排，这样既可以发挥有粘结筋对预应力梁强度的贡献，又可以充分增加无粘结预应力筋的变形。有粘结和无粘结预应力不同排布置的计算结果如图 7 - 51 和表 7 - 13 所示。

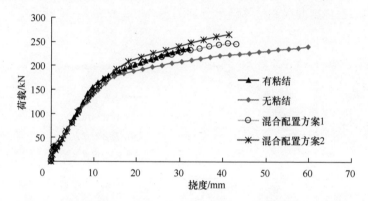

图 7 - 51　有粘结和无粘结预应力筋不同排布置梁的荷载-挠度曲线

表 7 - 13　有粘结和无粘结预应力筋不同排布置梁的计算结果

预应力配置方案	屈服挠度 /mm	屈服强度 /kN	极限挠度 /mm	极限强度 /kN	延性	破坏形态
体内有粘结	10.99	164.34	31.97	235.91	4.17	FRP 筋拉断
体内无粘结	14.82	176.22	59.69	239.99	5.49	混凝土压碎
混合配置 1	15.04	185.59	43.10	243.97	3.77	混凝土压碎
混合配置 2	15.29	193.05	41.26	264.69	3.70	混凝土压碎

注：延性的计算同表 7 - 12。

由图 7 - 51 和表 7 - 13 可以看出，采用混合配置的方案，其承载力和变形比有粘结预应力的情况都有提高，而且破坏形态发生了变化，只是综合延性指标略有降低。

2. 体内预应力和体外预应力混合配置

由于体外预应力在本试验方案和计算模型中都没有添加转向块，所以预应力筋的有效应力在加载过程中损失较大，导致其承载力较小。考虑到预应力的不同形式，体内有粘结预应力结构的承载力最大，所以只能将体外预应力和体内有粘结预应力相混合来提高其承载力，改善其受力性能。下面也分体外预应力和体内有粘结预应力筋同排和不同排布置的情况来讨论其受力性能。

（1）有粘结和体外预应力筋同排布置

对于有粘结和体外预应力筋同排布置的情况，在计算模型中共考虑了 4 种配置方案，其中全是体内有粘结和体外预应力的情况，FRP 筋的张拉比例都是 0.5，混合配置方案 1 中有粘结和体外预应力 FRP 筋的张拉比例分别也是 0.5 和 0.5，混合配置方案 2 中有粘结和体外预应力筋的张拉比例分别是 0.3 和 0.65。各方案的荷载−挠度曲线和计算结果分别如图 7-52 和表 7-14 所示。

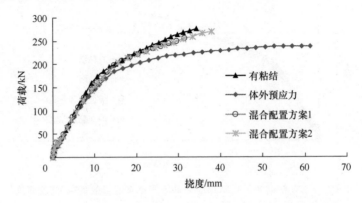

图 7-52　有粘结和体外预应力筋同排布置梁的荷载−挠度曲线

表 7-14　有粘结和体外预应力筋同排布置梁的计算结果

预应力配置方案	屈服挠度 /mm	屈服强度 /kN	极限挠度 /mm	极限强度 /kN	延性	破坏形态
体内有粘结	12.17	185.19	34.24	276.12	4.19	FRP 筋拉断
体外预应力	14.77	184.07	61.30	238.16	5.37	混凝土压碎
混合配置 1	14.83	197.58	31.51	255.11	2.74	FRP 筋拉断
混合配置 2	15.83	203.44	37.85	269.76	3.17	FRP 筋拉断

从图 7-52 和表 7-14 可以看出，对于有粘结和体外预应力筋同排混合配置的方案，虽然采用了不同的张拉比例，但是其受力性能改善并不明显，尤其是对破坏形态和延性都没有什么改善，所以这种混合配置的方案还应该从其他方面进行考虑，或者应该考虑添加转向块来改善其受力性能。

（2）有粘结和体外预应力筋不同排布置

　　对于有粘结和体外预应力筋不同排布置的情况，在计算模型中也考虑了 4 种配置方案，其中全是体内有粘结和体外预应力的情况，FRP 筋的张拉比例都是 0.5，混合配置方案 1 中有粘结和体外预应力 FRP 筋的张拉比例分别是 0.5 和 0.5，混合配置方案 2 中有粘结和体外预应力筋的张拉比例分别是 0.5 和 0.65。在混合配置方案中，应将体外预应力筋放置在底排，有粘结预应力筋放置在上排。各方案的荷载–挠度曲线和计算结果分别如图 7-53 和表 7-15 所示。

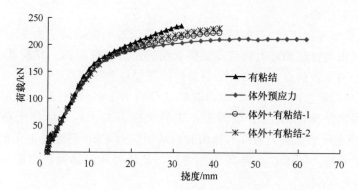

图 7-53　有粘结和体外预应力筋不同排布置梁的荷载–挠度曲线

表 7-15　有粘结和体外预应力筋不同排布置梁的计算结果

预应力配置方案	屈服挠度 /mm	屈服强度 /kN	极限挠度 /mm	极限强度 /kN	延性	破坏形态
体内有粘结	10.99	164.34	31.97	235.91	4.17	FRP 筋拉断
体外预应力	14.13	174.12	61.81	211.89	5.32	混凝土压碎
混合配置 1	12.12	165.96	41.13	222.88	4.56	FRP 筋拉断
混合配置 2	12.17	163.54	41.11	232.19	4.80	混凝土压碎

　　由计算结果可以看出，采用有粘结和体外预应力不同排布置的效果比同排布置的效果要好很多，尤其是不同排混合配置的方案 2，其承载力基本上与体内有粘结预应力相接近，延性指标也提高了 15%，对体外预应力 FRP 筋混凝土梁的受力性能有很好的改善。

　　综合上面的分析结果，可以看出采用不同预应力筋的组合情况，或者不同的张拉比例，或者不同的预应力筋放置位置，都可以对预应力 FRP 筋混凝土梁的受力性能和破坏形态进行改善。在实际工程应用中，应该根据结构使用性能的要求，灵活地选择各种配置方案，来充分发挥 FRP 筋高强的性能和改善结构的受力性能。

7.7　小结

本章通过对 13 根混凝土梁的试验，研究了预应力 FRP 筋混凝土梁的抗弯性能，并分别对体内有粘结、体内无粘结、体外无粘结、有粘结和无粘结相结合的预应力 FRP 筋混凝土梁的抗弯曲承载力进行了理论推导，而且和试验结果进行了对比，最后采用有限元非线性技术对预应力 FRP 筋的抗弯性能进行了分析，可以得出以下结论：

1）不管预应力 FRP 筋的粘结情况和布置位置如何，预应力 FRP 筋混凝土梁的受力过程与普通预应力钢绞线混凝土梁的受力过程相似，其荷载-挠度曲线呈三折线，两个转折点分别对应的是构件的开裂点和屈服点。

2）在相同配筋的条件下，体内有粘结预应力 FRP 筋混凝土梁的承载力最高，体内无粘结预应力 FRP 筋混凝土梁的承载力其次，而体外无粘结预应力 FRP 筋混凝土梁的承载力最低。体内有粘结预应力 FRP 筋混凝土梁的承载力比体内无粘结预应力的承载力要高 20% 左右，比体外无粘结预应力混凝土梁的承载力要高 40% 左右。

3）采用体内有粘结和无粘结预应力相结合，或者是体内有粘结预应力和体外无粘结预应力相结合，可以使构件获得较合理的承载力和延性。

4）类似钢筋混凝土梁，预应力有粘结 FRP 筋混凝土梁的破坏形态可以分为超筋破坏 I、适筋破坏 II 和少筋破坏 III 三种形态，并且可以利用受压区高度对破坏形态进行判断。

5）本书推导的有粘结预应力 FRP 筋混凝土梁的承载力计算结果与试验结果较吻合，为了使设计构件有一定的保证率，建议对于 AFRP 筋和 CFRP 筋构件的承载力折减系数分别取 0.75 和 0.80，并且应该设计成适筋破坏。

6）基于预应力 FRP 筋的应力增量与构件跨中挠度之间接近直线关系，推导了体内无粘结预应力 FRP 筋极限应力的简化计算方法。与试验数据相比较，本书推导的简化计算方法是合理的。

7）采用两个折减系数推导了体外预应力 FRP 筋极限应力简化的计算方法，并且用试验结果进行了验证，计算结果表明采用这种方法得到的体外预应力FRP 筋的极限应力和应力增量与试验结果比较接近。

8）对有粘结和无粘结相结合的预应力 FRP 筋混凝土梁的承载力计算进行了研究，提出了根据平衡配筋率来判断预应力梁的破坏形态，并推导出了各种破坏形态的承载力计算公式，而且将预应力筋单排布置的情况推广到了多排布置的情况。通过与试验结果进行比较，验证了其准确性，可以用于计算有粘结和无粘结相结合的预应力 FRP 筋混凝土梁的承载力。

9) 采用非线性有限元分析对预应力 FRP 筋混凝土梁的抗弯性能进行模拟分析, 能够有效反映构件的变形、承载力、钢筋的应力、预应力筋的应力增量以及裂缝的分布和发展, 用 ANSYS 进行预应力 FRP 筋混凝土梁的抗弯性能分析是可行的。

10) 随着混凝土强度的提高, 预应力 FRP 筋混凝土梁的抗弯承载力也逐渐增大, 但是增大趋势逐渐减小; 另外, 在配筋率和预应力张拉力完全相同的条件下, 体内有粘结预应力 FRP 筋混凝土梁的抗弯承载力最大, 体外预应力 FRP 筋混凝土梁的抗弯承载力最小。

11) 非预应力筋的配筋率对预应力梁承载力的影响较大, 随着配筋率的增加, 预应力混凝土梁的承载力逐渐增加, 而且预应力筋的形式和位置不一样, 其影响程度也不一样: 对体内有粘结预应力 FRP 筋承载力影响最小, 对体外预应力混凝土梁的影响最大。

12) 预应力筋不同的初始张拉比例对预应力混凝土梁承载力的影响较小。

13) 采用不同的预应力筋的组合情况, 或者不同的张拉比例, 或者不同的预应力筋放置位置, 可以使预应力 FRP 筋混凝土梁获得良好的综合性能。

第 8 章 预应力 FRP 筋混凝土梁
抗剪性能的研究

与钢筋相比，FRP 筋具有轻质高强、疲劳性能好、应力松弛小、耐腐蚀性能好、非磁性等特点，成为腐蚀环境下替代钢筋，解决钢筋锈蚀问题的最佳选择。但是 FRP 筋也有一些缺点，例如弹性模量和横向剪切强度很低，这使得 FRP 筋混凝土结构的抗剪强度降低很多。目前国内外关于 FRP 筋混凝土梁的抗弯性能已经进行了大量的试验研究和理论分析，但是关于 FRP 筋混凝土梁抗剪性能的研究还非常有限[119]，尤其是国内开展得更少[120]。本章在对非预应力和预应力 FRP 筋混凝土梁的抗剪性能进行仔细的分析和总结后，对预应力 FRP 筋无腹筋和有腹筋混凝土梁的抗剪性能进行了试验研究，采用桁架＋拱模型对其抗剪承载力进行了分析，还提出了简化的计算方法，最后采用有限元软件对预应力 FRP 筋的抗剪性能进行了非线性分析。

8.1 FRP 筋混凝土梁抗剪性能的研究进展

如图 8-1 所示，钢筋混凝土梁的抗剪能力是由混凝土和钢筋共同承担的，图中 V_{cz}、V_a、V_s、V_d 分别表示受压区未开裂混凝的抗剪贡献、骨料咬合作用、腹筋抗剪作用和纵筋的销栓作用，V_c 表示这些项抗剪作用之和。

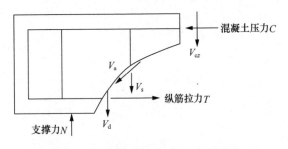

图 8-1 钢筋混凝土抗剪内力示意图

有理由认为以上抗剪机理同样存在于 FRP 筋混凝土结构中，但是它们抗剪作用的相对大小可能与钢筋混凝土结构中抗剪作用的相对大小不同。在 FRP 筋混凝土结构中，因为 FRP 筋的弹性模量较低，其轴向刚度明显低于钢筋的轴向刚度，和钢筋混凝土结构相比，当混凝土开裂时，受压区混凝土高度要减小，而且裂缝宽度也要更宽，因此未开裂混凝土的贡献、骨料咬合作用和裂缝间残余拉应力作用在 FRP 筋混凝土结构抗剪中的贡献将减小。另外，因为 FRP 筋的剪切模量很低，纵筋的销栓作用也是很小的。下面分别对非预应力和预应力 FRP 筋混凝土梁的抗剪性能做简要的介绍。

8.1.1   非预应力 FRP 筋混凝土梁的抗剪性能

对于剪跨比 a/d 大于 2.5 的混凝土梁，即所谓的浅梁，V_c 是剪跨比 a/d、纵筋配筋率 ρ_f 和混凝土抗压强度 f'_c 的函数。在包括 CEB-FIP 模式规范（1993）、日本规范（JSCE1986）和英国标准规范 BS 8110—85（1985）的很多规范所推荐的钢筋混凝土结构的 V_c 表达中，V_c 都是以上 3 个变量的函数。因为钢筋的弹性模量大致相同，所以钢筋混凝土结构 V_c 表达式中的配筋率实际上体现了纵筋的纵向刚度。因为 FRP 筋的种类不同，需要考虑 FRP 筋的轴向刚度，即 $\rho_f E_f$，其中 E_f 为 FRP 筋的弹性模量，ρ_f 为 FRP 纵筋的配筋率。ACI 为 FRP 筋混凝土结构设计推荐的公式忽略了剪跨比 a/d；JSCE（1997）推荐的公式考虑了纵筋刚度和构件截面高度，但是没有考虑剪跨；加拿大标准 S806-02（CSA2002）包括了 a/d 和 $\rho_f E_f$。所有的推荐表达式中都包括混凝土抗压强度 f'_c。但是这些表达式中 V_c 和各变量的关系却不一样，这些不同是由于试验方法的不一致以及试验结果的离散性造成的。

ACI 为 FRP 筋混凝土构件抗剪承载力中的 V_c 项推荐了如下的表达式[121]：

$$V_c = \frac{E_f \rho_f}{90\beta_1 f'_c}(\frac{\sqrt{f'_c}b_w d}{6}) \leqslant \frac{\sqrt{f'_c}b_w d}{6} \qquad (8-1)$$

其中，β_1 是混凝土强度调整系数。这个表达式表明素混凝土梁没有抗剪承载力，这与试验结果是不相符合的。

加拿大标准的表达式[122]为

$$V_c = 0.0035\lambda\Phi_c(f'_c\rho_f E_f \frac{V_F}{M_F}d)^{1/3}b_w d \qquad (8-2)$$

且

$$0.1\lambda\Phi_c\sqrt{f'_c}b_w d \leqslant V_c \leqslant 0.2\lambda\Phi_c\sqrt{f'_c}b_w d$$

其中，λ 反映了混凝土密度的影响，Φ_c 是混凝土抗力系数，V_F 和 M_F 分别是所考虑截面的剪力和弯矩。在该表达式中考虑了 $\rho_f E_f$，a/d 和 f'_c 对抗剪承载力的影响，同时它为抗剪承载力设定了没有考虑纵筋刚度的上下限。

为了计算尺寸效应的影响，对于有效高度大于 300mm 同时没有横向抗剪配筋或者横向配筋小于 CSA 标准规定值的 FRP 筋混凝土梁，V_c 的值由下式确定：

$$V_c = (\frac{130}{1000+d})\lambda\Phi_c\sqrt{f'_c}b_w d \geqslant 0.08\lambda\Phi_c\sqrt{f'_c}b_w d \qquad (8-3)$$

日本土木工程师协会为 FRP 筋混凝土梁抗剪承载力 V_c 推荐的表达式[123]为

$$V_c = \beta_p \cdot \beta_d \cdot \beta_n \cdot f_{vud} \cdot b_w \cdot d / \gamma_b \qquad (8-4)$$

式中，$\beta_p = \sqrt[3]{100\rho_f E_f / E_s} \leqslant 1.5$；

$\qquad \beta_d = (1000/d)^{1/4} \leqslant 1.5$；

$\qquad f_{vud} = 0.2 f_{mcd}^{1/3} \leqslant 0.72$（MPa）；

$\qquad f_{mcd} = f'_c (\dfrac{h}{300})^{-1/10}$。

其中，γ_b 混凝土强度折减系数，一般取为 1.3；E_s 为钢筋的弹性模量，取 200×10^3 MPa；对于没有受轴向力的截面 β_n 取 1.0。这个表达式与加拿大的推荐式相似，不同的是在该表达式中没有考虑剪跨比的影响。但是这个表达式也表明素混凝土梁没有抗剪承载力。

Razaqpur 等详细介绍了上面三种规范关于 FRP 筋混凝土梁抗剪承载力的计算公式[124]，并对文献中的 63 根试验梁的试验结果与以上 3 种公式的计算结果进行了比较，结果发现 JSCE 和 ACI 公式较为保守，CSA 公式与试验结果吻合较好。

对 FRP 筋无腹筋混凝土构件的研究表明，计算构件的抗剪承载力时，应该考虑混凝土构件的轴向刚度。Yost 等（2001）通过两点单调加载 GFRP 筋普通混凝土和高强混凝土梁测试了其抗剪承载力 V_{cf}[125,126]。试验的变化参数主要是混凝土强度和配筋率，共对 21 根普通混凝土和 12 根高强混凝土无腹筋梁进行了试验。试验表明，纵筋率对 GFRP 筋混凝土梁的抗剪承载力没有显著影响，GFRP 筋高强混凝土梁的抗剪承载力比普通混凝土梁的要稍低。试验还表明，Deitz（1999）提出的公式 $V_c = 3 \dfrac{E_f}{E_s} (\dfrac{1}{6} \sqrt{f'_c} bd)$ 与试验结果吻合较好，可以作为计算无腹筋 GFRP 筋混凝土梁的抗剪承载力的下限。

Tureyen 和 Frosch（2002）试验了 9 根大尺度没有横向配筋的混凝土浅梁（$a/d > 2.5$）[127]，试验目的是测验不同 FRP 筋和钢筋弹性模量对梁的抗剪承载力中混凝土贡献的影响，试验中采用了 3 种 FRP 筋（两种 GFRP 筋，一种 CFRP 筋）和两种不同屈服强度的钢筋。试验表明，配有和钢筋面积相同的 FRP 筋混凝土梁的抗剪承载力明显低于相应的钢筋混凝土梁的抗剪承载力，用 ACI440 方法计算出的数值和试验值相比过于保守。为了能够同时计算钢筋和 FRP 筋混凝土梁的抗剪承载力，Tureyen 和 Frosch（2003）还提出了一个模型[128]，用这个模型计算出的结果和 370 个试验结果相比，证实了该模型是可以接受的。该模型演化出的承载力计算公式如下：

$$V_c = 5 \sqrt{f'_c} b_w c (\text{in.-Ib}) \qquad (8-5)$$

其中，$c = kd$，是裂缝形成处中和轴的高度，$k = \sqrt{2\rho n + (\rho n)^2} - \rho n$，$\rho$ 为配筋率，n 为弹性模量比。

　　Razaqour 等通过改变剪跨比 a/d 和配筋率 ρ_f 对 7 根矩形截面的 FRP 筋无腹筋混凝土梁进行了试验和理论分析[129,130]。混凝土梁中最初产生的裂缝均为受弯裂缝，随着力的增加受弯裂缝发展为弯剪斜裂缝。斜裂缝的倾角为 35°~64°，大多数梁的倾角都大于 45°。随着配筋率 ρ_f 的增加，裂缝的数量明显增加，宽度变小；然而裂缝的宽度与配筋率不成比例。另一方面，裂缝的数量随着剪跨比 a/d 的减小而增加。试验还表明，$V_c/b_w d$ 与 ρ_f 和 a/d 的立方根大致成线性关系。通过试验研究得出如下结论：① V_c 是 $\rho_f E_f$，f'_c 和 a/d 的函数；②对于剪跨比大于 2.5 的梁 V_c 近似与这三个变量的立方根成比例；③加拿大标准 S806-2 采用了这样的表达式，对于剪跨比大于 2.5 的梁其预测值与本试验和其他试验结果符合得很好；④ACI 推荐的方法过于保守，而且其预测结果与试验值明显不符；⑤JSCE 推荐的方法和加拿大的类似，对于剪跨比大于 2.5 的梁其预测值也和试验结果符合得很好；⑥ACI 和 JSCE 的表达式都表明素混凝土梁没有抗剪强度，这与事实明显不符；⑦对于剪跨比小于 2.5 的梁，这三个推荐式的预测值都相对保守，作者新提出的公式与试验结果和文献收集到的试验结果都吻合较好。

　　Ahmed El-Sayed 等试验了 8 块足尺寸混凝土桥面板[131]，试验结果表明随着 FRP 筋配筋率的增加，混凝土板的抗剪承载力增加，FRP 筋混凝土板的抗剪承载力应该是纵筋轴向刚度的函数；FRP 筋弹性模量也是影响混凝土板抗剪承载力的一个因素，$\rho_f = 0.39\%$ 的 CFRP 混凝土板的抗剪承载力比 $\rho_f = 0.86\%$ 的 GFRP 混凝土板的抗剪承载力高 24%；JSCE 和 CSA-S806-02 公式对 FRP 筋混凝土单向板的抗剪承载力的预测值与试验值吻合得很好，Tureyen 和 Froseh（2003）提出的公式得出了合理但较保守的结果（理论值为试验值的 1.85 倍），而 ACI440 的公式的预测值则过于保守（理论值为试验值的 3.56 倍）。Ahmed 还对 FRP 筋普通混凝土和高强混凝土无腹筋梁的抗剪性能进行了试验研究[132,133]，根据试验结果发现 FRP 筋混凝土梁的抗剪承载力与 $(\rho_f E_f)^{1/3}$ 成比例，并且建议对 ACI 公式进行如下修改：

$$V_c = (\frac{E_f \rho_f}{90 \beta_1 f'_c})^{1/3} (\frac{\sqrt{f'_c} b_w d}{6}) \leqslant \frac{\sqrt{f'_c} b_w d}{6} \tag{8-6}$$

　　调整后的计算结果与试验结果和从文献收集到的试验结果都十分吻合。

　　Nehdi 等采用遗传算法考虑了影响 FRP 筋混凝土梁的各种参数，对其抗剪性能进行了分析[134]，并根据从文献中收集到的 168 根试验梁的试验结果得到了最优的计算公式：

当 $a/d > 2.5$ 时　　　　　$V_c = 2.1 (\frac{f'_c \rho_f d E_f}{a E_s})^{0.3}$ 　　　　　　$(8-7)$

当 $a/d < 2.5$ 时　　　　　$V_c = 2.1 (\frac{f'_c \rho_f d E_f}{a E_s})^{0.3} \times 2.5 d/a$ 　　　　$(8-8)$

FRP 箍筋承受的剪力为

$$V_{fv} = 0.5(\rho_{fv} f_{fv})^{0.5} \qquad (8-9)$$

该公式和各规范的比较结果如表 8-1 所示。

表 8-1　各种计算公式与试验结果的比较

计算方法	无腹筋梁（50 根）				有腹筋梁（100 根）			
	标准误差	$V_{实测}/V_{计算}$			标准误差	$V_{实测}/V_{计算}$		
		平均值	标准差	协方差		平均值	标准差	协方差
ACI440.1R-03	68.35	4.02	2.11	52	45.57	1.90	0.91	47
CSA-S806-02	33.13	1.68	0.66	39	17.49	1.13	0.27	24
JSCE-97	33.16	1.69	0.71	41	50.05	2.22	0.73	32
建议公式	22.42	1.35	0.45	33	19.10	1.23	0.33	26

由上面的分析可知，国外关于 FRP 筋混凝土梁抗剪性能的分析主要集中在无腹筋梁的研究上，关于混凝土对抗剪承载力的贡献也形成了一些共同的认识，但是对于有腹筋梁的抗剪性能研究还很不够，在今后的工作中应该加强这方面的研究。

8.1.2　预应力 FRP 筋混凝土梁的抗剪性能

相对于非预应力 FRP 筋混凝土梁的抗剪性能，预应力 FRP 筋混凝土梁的抗剪性能研究还处于起步阶段。试验表明预应力能够限制裂缝的开展，对提高构件抗剪能力有很大帮助，然而预应力对预应力 FRP 筋构件抗剪承载力的具体贡献研究者仍没有达成共识。规范对 FRP 筋预应力混凝土结构设计偏于保守，有些规范不考虑预应力的作用（如日本规范），有些规范在原基础上引入了修正系数，但是对于具体的计算公式还没有规定。

Fam 等采用 FRP 筋作为混凝土梁的预应力筋和箍筋对其抗弯性能和抗剪性能进行了研究[135]，试验中发现了预应力 FRP 筋被剪断的现象。通过试验发现箍筋的应力和斜裂缝的宽度与预应力筋的配筋率有明显的关系，但是箍筋的弹性模量与箍筋的应变和斜裂缝宽度并无明显的关系。

Park 等试验了 16 根混凝土梁，对预应力 FRP 筋混凝土梁和预应力钢绞线混凝土梁的抗剪性能进行了对比试验研究[136]。试验变化参数包括初始预应力、剪跨比、配箍率、是否掺加钢纤维、混凝土强度和预应力筋的种类。试验结果显示：如果不经过适当设计，预应力 FRP 筋混凝土梁将出现 FRP 筋受剪断裂的破坏形式；在配筋指数相等的情况下，预应力 FRP 筋混凝土梁的荷载 - 变形曲线与钢筋预应力混凝土梁基本相似，但不管哪种剪切破坏形式，前者的抗剪极限承载力比后者要低 15％左右，而剪切位移则只有后者的 1/3 左右，裂缝宽度是后者的 1/2 左右。另外，剪跨比、混凝土强度、纵筋配筋率对预应力 FRP 筋混凝土梁的抗剪承载力有较大影响。当使用钢纤维混凝土时，能有效提高梁的抗剪承载力，并避免或延迟力筋的受剪断裂破坏。另外，Park 还对 FRP 筋的销栓作用进行了试验研究[136]，研究表明非预应力 FRP 筋的销栓作用表现出一定的延性，但是随着张拉力的增加，FRP 筋的销栓作用明显降低。

Grace 等通过改变箍筋的间距和种类试验研究了 6 根预应力 CFRP 筋箱形梁的抗剪性能[77]，试验中也发现了销拴作用导致预应力 FRP 筋断裂的现象，而且在相同间距条件下，用 FRP 筋作箍筋的箱形梁的剪切开裂荷载比用钢筋作箍筋的剪切开裂荷载要低。

Whitehead 等采用连续螺旋 FRP 筋来承受剪切力，通过改变螺旋 FRP 筋的粘结方式、形状和布置方式，研究了 FRP 筋混凝土梁和预应力梁的抗剪性能[76]，研究表明预应力对增加 FRP 筋混凝土梁的剪切力有明显帮助。另外，Whitehead 等还通过受力平衡和变形协调关系提出了预应力 FRP 筋混凝土梁剪切反应的一个分析模型[137]，该模型忽略了骨料的咬合作用和纵筋的销栓作用，对剪压区混凝土的应力采用修正的摩尔圆进行分析，然后得出预应力 FRP 筋混凝土梁的承载力和破坏形态，并将计算结果和文献中的 40 根 FRP 筋混凝土梁的试验结果进行了对比，结果吻合良好，但是整个分析过程十分复杂。

从上面的研究成果可以看出，对于预应力能够提高 FRP 筋混凝土梁的抗剪能力是已经达成共识的，但是对于贡献的大小和如何取值还没有确定。另外，FRP 筋混凝土梁的破坏性态和箍筋的应力取值也还需要进一步深入的分析。

8.2　预应力 FRP 筋无腹筋混凝土梁的抗剪试验研究

8.2.1　试验梁的设计

试验共设计了 7 个试件，预应力混凝土梁跨度为 1.20m，截面尺寸为 120mm×200mm，混凝土强度等级设计为 C30。试验变化参数主要有预应力筋的种类、粘结方式和数量、剪跨比。试验的目的主要是研究预应力 FRP 筋混凝土梁的剪切破坏的形态，以及各种变化参数对试件剪切强度的影响，并且与钢绞线预应力混凝土梁的抗剪性能进行比较。

所有试验梁预应力 FRP 筋均采用直线束型，预应力筋重心至梁底距离为 60mm。对于试件中有粘结预应力混凝土梁，采用预埋内径为 60mm 的镀锌波纹管，无粘结预应力混凝土梁预埋直径为 32mm 的 PVC 管。

试验梁的各参数如表 8-2 所示。

表 8-2　无腹筋梁试件明细

试件编号	PSⅠ-1	PSⅠ-2	PCⅠ-1	PCⅠ-2	PCⅠ-3	PCⅠ-4	PCⅠ-5
预应力筋	2B φˢ9.5	2U φˢ9.5	2B φᶜ8	2B φᶜ8	2B φᶜ8	2U φᶜ8	2B φᶜ8
预应力筋种类	钢绞线	钢绞线	CFRP	CFRP	CFRP	CFRP	CFRP
预应力筋粘结方式	有	无	有	有	有	无	有
剪跨比	2.14	2.14	1.43	2.14	2.86	2.14	0.71
剪跨 a	300	300	200	300	400	300	100
张拉应力	$0.52f_{pu}$	$0.52f_{pu}$	$0.69f_{pu}$	$0.69f_{pu}$	$0.69f_{pu}$	$0.69f_{pu}$	$0.69f_{pu}$
张拉力/kN	50	50	60	60	60	60	60

试验采用的各种材料的实测力学性能如表 8-3 所示。

表 8-3　混凝土的力学性能

混凝土等级	抗压强度 /MPa	弹性模量 /GPa
C30	27.02	28.8

试验梁均采用分配梁进行加载，加载点距支座距离为 300mm，试验加载方案和测点布置如图 8-2 所示。

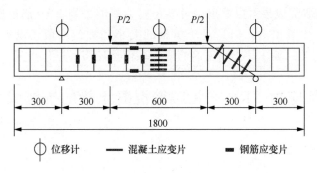

图 8-2　测点布置图

试验的测量内容如下：

1）在加载千斤顶上安装压力传感器，测量加载数值。

2）在试验梁支座和跨中安装电子位移计测量位移。

3）在梁顶混凝土表面两加载点之间满布 1×100mm 标距的电阻应变片，测量梁顶部混凝土的应变。

4）用应变片测量梁跨中侧面混凝土表面的应变，以验证平截面假定。

5）在加载点和支座的连线上均匀布满 1×100mm 标距的电阻应变片，测量混凝土梁的斜向应变和开裂情况。

　　6）在预应力 FRP 筋及非预应力钢筋的跨中位置粘贴电阻应变片，测量它们的应变变化。

　　7）在每级加载完成后，采用裂缝仪测量各级荷载下的最大裂缝宽度，并按裂缝出现的顺序和位置进行编号。

　　试验梁加载前，首先做好以下准备工作：

　　1）清理试验梁，使之露出坚硬的混凝土面。

　　2）在试验梁表面涂刷一层白浆，厚度适中并均匀覆盖混凝土表面。

　　3）白浆面充分干燥后，在梁侧面绘制 100mm×50mm 方格网并进行编号。

　　4）在梁侧的受拉纵筋合力点处用红线划一条直线。

　　试验过程中使用 YE2539 高速应变仪实时采集数据，采集频率为 0.5Hz，按以下的加载程序进行：

　　1）分级单调加载，加载为 5kN 一级，至非预应力钢筋屈服。

　　2）在非预应力钢筋屈服后，继续以每 10kN 一级进行加载，但当加载不足 10kN 而跨中位移已超过 5mm 时，则以每 5mm 位移一级加载至试验梁破坏，破坏的标志是混凝土压碎或纤维塑料筋拉断。

　　3）试验梁破坏后缓慢卸载至 0kN。

　　试验构件加载示意图如图 8-3 所示。

图 8-3　加载示意图

8.2.2　试验结果

　　在所设计的所有预应力混凝土梁中，无腹筋混凝土梁 PCⅠ-4 和有腹筋梁 PCⅡ-7、PCⅡ-8、PCⅡ-9 是无粘结预应力 FRP 筋混凝土梁，预应力筋张拉完毕后无需灌浆，可直接进行试验，在试验过程中先对这 4 根混凝土梁进行了试验。

　　按照试验原设计方案，预应力混凝土梁的支座距离梁端 100mm，在加载过程中发现虽然剪跨比已经很小,但是这 4 根预应力梁都发生了弯曲破坏,混凝土梁的破坏都是由纯弯区的混凝土压碎导致,尤其是无腹筋混凝土梁 PCⅠ-4 也是如此。其典型的破坏形态如图 8-4 所示。

图 8-4　预应力梁 PCII-9 的破坏形态

仔细分析试验失败的结果,发现研发的预应力 CFRP 筋夹片-粘结型锚具由于粘结的钢管长度为 450mm,在预应力筋张拉完毕后梁的端部有部分钢管已经埋入了混凝土梁内,如图 8-5 所示。

图 8-5　预应力梁的端部锚具照片

在加载过程中,由于预应力混凝土梁两端的支座距离梁端部较近,这些钢管在弯剪区起了钢筋的作用,而且预应力混凝土梁的端部本来就是受力非常复杂的区域,所以导致没能产生预想的破坏形态。总结了试验失败的教训后,在后面的试验中充分考虑到这一点,改变试验方案,把支座移到距梁端 300mm 处,彻底消除了钢管的影响。

无腹筋预应力 FRP 筋混凝土梁的破坏过程与混凝土梁的破坏过程基本相同,当加载到一定荷载时,首先在预应力梁的纯弯区产生竖直裂缝,随着荷载的加大,才在弯剪区产生斜裂缝,然后斜裂缝逐渐向加载点发展,最后在临界斜裂缝处预应力梁被剪成两段。在整个加载过程中,从预应力混凝土梁开裂到破坏,时间非常短,而且裂缝条数较少。预应力混凝土梁的裂缝分布如图 8-6 所示。

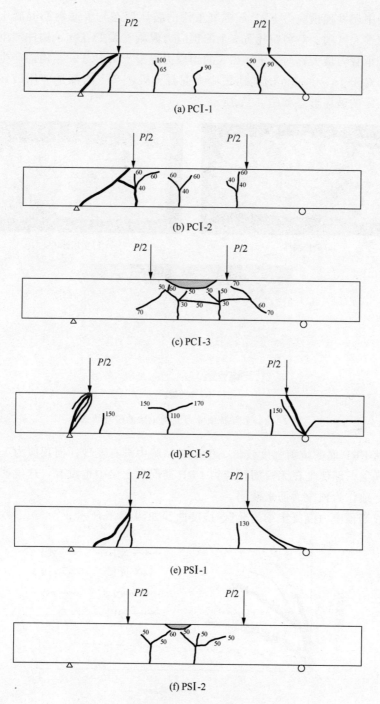

图 8 - 6　无腹筋预应力混凝土梁的裂缝分布

　　试验中还发现预应力 FRP 筋混凝土梁的破坏形态与普通钢筋混凝土梁的破坏形态有很大区别：对剪跨比 $m \leqslant 1$ 的预应力混凝土梁 PCI-5，构件产生的是斜压破坏，承载力最大；对于 $m \geqslant 2.5$ 的预应力混凝土梁 PCI-3，构件产生的是弯曲破坏；对于 $1 < m < 2.5$ 的其他预应力混凝土梁，产生的都是剪压破坏。预应力混凝土梁的破坏形态如图 8-7 所示。

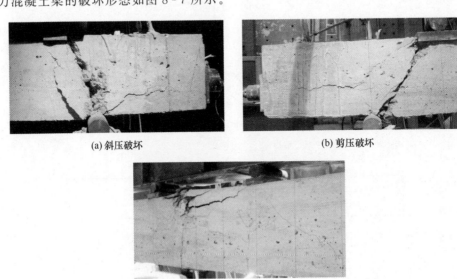

(a) 斜压破坏　　　　　　　　　　　　　　(b) 剪压破坏

(c) 弯曲破坏

图 8-7　无腹筋预应力混凝土梁的破坏形态

　　虽然 FRP 筋的抗剪强度较低，但是在试验中没有发现任何预应力 FRP 筋被剪断的现象，即使是在无腹筋预应力 FRP 筋混凝土梁中也没有，这说明 FRP 筋可以放心地作为预应力筋来使用。

　　无腹筋预应力混凝土梁的荷载-挠度曲线如图 8-8 所示。

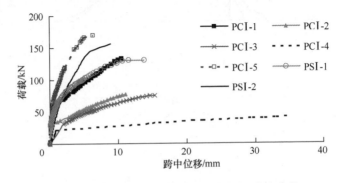

图 8-8　无腹筋预应力混凝土梁的荷载-挠度曲线

无腹筋预应力混凝土梁的试验结果和破坏形态见表 8-4。

表 8-4　无腹筋预应力混凝土梁的试验结果

试件编号	PCI -1	PCI -2	PCI -3	PCI -4	PCI -5	PSI -1	PSI -2
开裂荷载/kN	58.4	32.7	32.5	22.0	99.6	29.1	39.3
极限荷载/kN	133.4	77.2	75.5	41.0	169.7	130.7	70.9
挠度/mm	10.50	11.11	15.42	34.61	6.51	13.92	13.5
破坏形态	剪压	剪压	弯曲	弯曲	斜压	剪压	弯曲

8.2.3　试验结果分析和比较

图 8-9 是不同剪跨比条件下无腹筋预应力 FRP 筋混凝土梁荷载-挠度曲线的比较。由图可以看出，随着 m 值的增大，无腹筋预应力 FRP 筋混凝土梁的破坏形态从斜压破坏过渡到剪压破坏，再变化到弯曲破坏，而且在剪压破坏中，例如混凝土梁 PCI-1 和 PCI-2，随着 m 的增大，抗剪承载力逐渐降低。由此可见，剪跨比是影响无腹筋预应力 FRP 筋混凝土梁抗剪性能最为重要的因素，它不仅影响着无腹筋预应力 FRP 筋混凝土梁的破坏形态，而且在同一破坏形态下还影响着预应力混凝土梁的承载力。

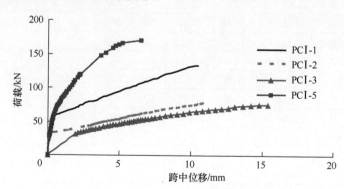

图 8-9　无腹筋预应力 CFRP 筋混凝土梁试验结果的比较

图 8-10 所示的是相同剪跨比条件下无腹筋预应力 FRP 筋和钢绞线混凝土梁试验结果的比较。由图可见，无腹筋预应力钢绞线混凝土梁的抗剪承载力比预应力 FRP 筋混凝土梁的要大，而且表现出更好的延性。

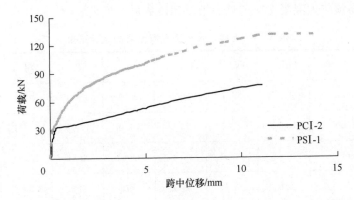

图 8-10　无腹筋预应力 CFRP 筋和钢绞线混凝土梁试验结果的比较

8.3　有粘结预应力 FRP 筋有腹筋混凝土梁的抗剪试验研究

8.3.1　试验梁的设计

表 8-5　有腹筋梁的试件明细

编号	预应力 筋种类	预应力 筋数量	粘结 方式	配箍率	s /mm	剪跨	剪跨比	张拉应力	张拉力 /kN
PSⅡ-1	钢绞线	2B φˢ9.5	有	0.24%	200	300	1.94	$0.52 f_{pu}$	50
PSⅡ-2	钢绞线	2U φˢ9.5	无	0.24%	200	300	1.94	$0.52 f_{pu}$	50
PCⅡ-1	CFRP	2B φᶜ8	有	0.24%	200	300	1.94	0	0
PCⅡ-2	CFRP	2B φᶜ8	有	0.24%	200	200	1.29	$0.58 f_{pu}$	50
PCⅡ-3	CFRP	2B φᶜ8	有	0.24%	200	300	1.94	$0.58 f_{pu}$	50
PCⅡ-4	CFRP	2B φᶜ8	有	0.24%	200	400	2.58	$0.58 f_{pu}$	50
PCⅡ-5	CFRP	3B φᶠ8	有	0.48%	100	300	1.94	$0.58 f_{pu}$	50
PCⅡ-6	CFRP	3B φᶜ8	有	0.24%	200	300	1.94	$0.58 f_{pu}$	50
PCⅡ-7	CFRP	2U φᶜ8	无	0.24%	200	350	2.26	$0.58 f_{pu}$	50
PCⅡ-8	CFRP	2U φᶜ8	无	0.48%	100	300	1.94	$0.58 f_{pu}$	50
PCⅡ-9	CFRP	2U φᶜ8	无	0.24%	200	400	2.58	$0.69 f_{pu}$	50

注：符号 B 表示有粘结，U 表示无粘结，φˢ 表示钢绞线，φᶜ 表示 CFRP 筋，f_{pu} 表示 CFRP 筋的极限应力，s 表示箍筋间距。

　　试验共设计了 11 个有粘结预应力 FRP 筋有腹筋混凝土梁，预应力混凝土梁跨度、截面尺寸和混凝土强度等级与无腹筋预应力梁完全一样。试验变化参数主要有预应力筋的种类、粘结方式和数量、剪跨比、配箍率。有腹筋梁的箍筋按直径为 6mm 的 Ⅰ 级钢配置，配箍率分别为 0.24% 和 0.48%，箍筋间距分别为 200mm 和 100mm。

试验梁的各参数见表 8-5。

试验梁混凝土强度见表 8-3，各种筋材的实测力学性能如表 8-6 所示。

有粘结预应力 FRP 筋有腹筋混凝土梁的制备和试验准备与前节无腹筋梁的完全一样，测点布置见图 8-2。

表 8-6　各种筋材的力学性能

筋材	直径/mm	面积/mm²	极限强度/MPa	屈服强度/MPa
钢绞线	9.5	54.8	1766	—
CFRP 筋	8	50	1730	—
普通钢筋	14	154	374	268
	8	50	472	331
	6	28	447	309

8.3.2　试验结果

1. 裂缝分布和破坏形态

相比无腹筋预应力混凝土梁一开裂就破坏的试验现象，有腹筋梁的裂缝发展更加充分，裂缝发展条数也更多。有腹筋预应力 FRP 筋混凝土梁也是先在纯弯区产生竖直的裂缝，弯曲裂缝发展到一定程度后，才在弯剪区域产生斜向裂缝。随着荷载的增加，弯曲裂缝和剪切裂缝共同发展，直至产生临界斜裂缝，混凝土梁才被剪坏。有腹筋预应力混凝土梁的裂缝分布如图 8-11 所示。

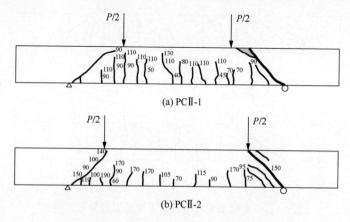

图 8-11　有腹筋预应力混凝土梁的裂缝分布

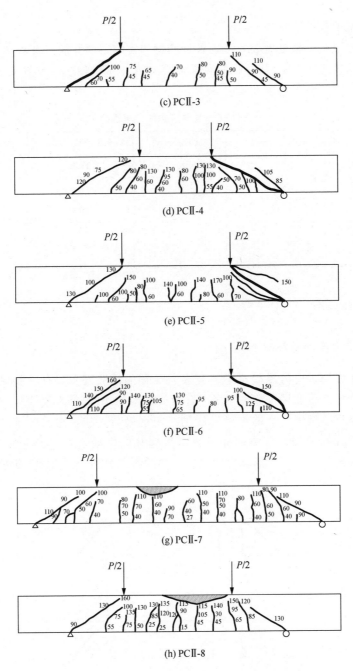

图 8 - 11　有腹筋预应力混凝土梁的裂缝分布（续）

有腹筋预应力混凝土梁的试验结果如表 8 - 7 所示。

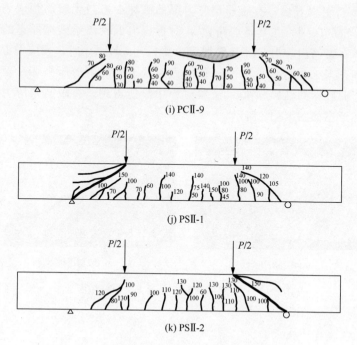

(i) PCⅡ-9

(j) PSⅡ-1

(k) PSⅡ-2

图 8-11　有腹筋预应力混凝土梁的裂缝分布（续）

表 8-7　有腹筋预应力混凝土梁的试验结果

梁编号	开裂荷载 /kN	极限荷载 /kN	挠度 /mm	破坏形态
PCⅡ-1	40.0	148.4	9.48	剪压
PCⅡ-2	51.9	190.3	4.98	斜压
PCⅡ-3	42.0	135.0	6.38	剪压
PCⅡ-4	40.0	133.8	13.22	剪压
PCⅡ-5	46.3	177.0	8.11	剪压
PCⅡ-6	53.9	164.0	6.44	剪压
PCⅡ-7	23.1	124.0	23.92	弯曲
PCⅡ-8	29.4	159.9	19.09	弯曲
PCⅡ-9	25.2	111.5	25.76	弯曲
PSⅡ-1	45.8	161.3	6.00	剪压
PSⅡ-2	51.7	157.0	9.06	剪压

由表 8-7 可以看出，有腹筋预应力梁的破坏形态与无腹筋预应力梁的破坏形态也有一定的区别，尤其是剪跨比 m 对预应力混凝土梁破坏形态的影响有所不同。对于有腹筋预应力 CFRP 筋混凝土梁，当 $m \leqslant 1.3$ 时，预应力混凝土梁发生斜压破坏；当 $1.3 < m < 2.6$ 时，预应力混凝土梁发生剪压破坏。至于发生剪压破坏和弯曲破坏的临界 m 值，试验过程中没能得到。有腹筋预应力混凝土梁典型的破坏形态如图 8-12 所示。

(a) 斜压破坏　　　　　　　　　　　　　(b) 剪压破坏

图 8-12　有腹筋预应力混凝土梁的破坏形态

2. 荷载-挠度曲线

有腹筋预应力混凝土梁的荷载-挠度曲线如图 8-13 所示。

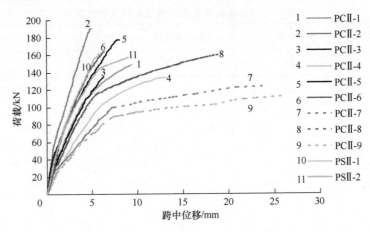

图 8-13　有腹筋预应力混凝土梁的荷载-挠度曲线

由图 8-13 可见，产生斜压破坏的有腹筋预应力混凝土梁的承载力最大，跨中挠度最小。相对于产生剪切破坏的预应力 FRP 筋混凝土梁，发生弯曲破坏的预应力混凝土梁的延性要好得多。

3. 预应力筋的应变增量和钢筋应变

在试验过程中，在预应力 FRP 筋、非预应力钢筋和加载点附近的箍筋上都粘贴了应变片，来测量加载过程中的应变变化。

图 8-14 显示的是预应力 FRP 筋混凝土梁的受拉钢筋应变和 FRP 筋的应变增量，由于预应力混凝土梁 PCⅡ-7、PCⅡ-8 和 PCⅡ-9 发生的是弯曲破坏，所以图中没有表示出来。

图 8-14 中，CFRP1 和 CFRP2 分别表示底排和第二排预应力 CFRP 筋的应变，箍筋 1 和箍筋 2 分别表示剪跨区内距离加载点最近的第 1 个和第 2 个箍筋的应变。由图 8-14（e）、（f）可以看出，底排的预应力 CFRP 筋要比第二排的 CFRP 筋的应力增量要大。另外从图 8-14（d）还可以看出，剪跨区内的箍筋在斜裂缝出现以前受力较小，斜裂缝出现后应力迅速增大，并且距离加载点越近所受的力也越大。

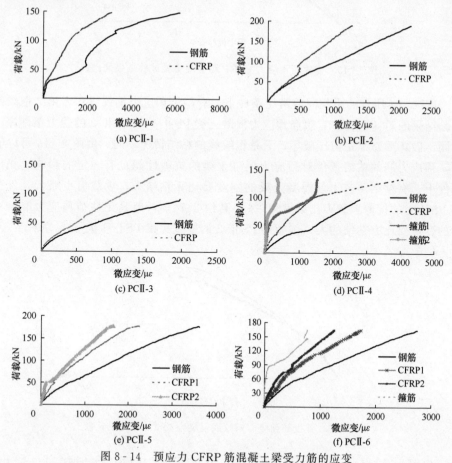

图 8-14　预应力 CFRP 筋混凝土梁受力筋的应变

8.3.3　试验结果比较和分析

1. 试验结果的比较

图 8-15 所示的是不同剪跨比条件下有腹筋预应力 FRP 筋混凝土梁试验结果的比较。与无腹筋预应力 FRP 筋混凝土梁规律相似，剪跨比是影响其抗剪性能的重要因素，它同样影响着有腹筋预应力混凝土梁的破坏形态和抗剪承载力。

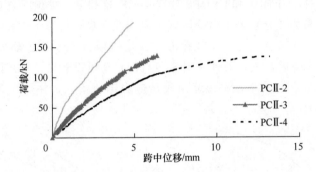

图 8-15　有腹筋预应力 CFRP 筋混凝土梁试验结果的比较

图 8-16 所示的是相同剪跨比条件下，有粘结预应力钢绞线和无粘结钢绞线试验结果的对比情况。有腹筋预应力混凝土梁 PSⅡ-1 和 PSⅡ-2 的受力条件完全相同，破坏形态都是剪压破坏，只是钢绞线的粘结情况不同。由图 8-16 可以看出，预应力筋的粘结条件对预应力混凝土梁的抗剪性能也有一定的影响，相同条件下，有粘结预应力筋混凝土梁的刚度要比无粘结大，承载力也略大，例如梁 PSⅡ-1 的抗剪承载力比梁 PSⅡ-2 提高约 2.74%，但是无粘结预应力混凝土梁的变形要比有粘结的大，例如梁 PSⅡ-2 的挠度比梁 PSⅡ-1 大 51% 左右。

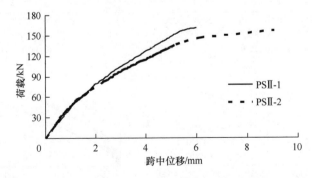

图 8-16　有腹筋预应力钢绞线混凝土梁试验结果的比较

由图 8-17 可见，在相同加载条件下，有腹筋预应力 FRP 筋和钢绞线混凝土梁的抗剪受力过程相似，破坏形态也相同。与无腹筋预应力 FRP 筋和钢绞线混凝土梁试验结果的区别一样，在相同条件下，钢绞线预应力混凝土梁的抗剪承载力比 CFRP 筋混凝土梁的要高，例如梁 PSⅡ-1 的抗剪承载力比梁 PCⅡ-3 的要高 20％左右。

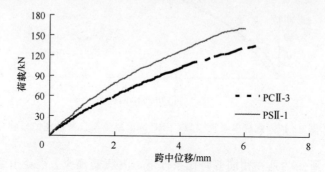

图 8-17　有腹筋预应力 CFRP 筋和钢绞线混凝土梁试验结果的比较

　　图 8-18 所示的是不同预应力筋根数和初始张拉力对有腹筋预应力 FRP 筋混凝土梁抗剪性能的影响。预应力梁 PCⅡ-1 和 PCⅡ-3 的预应力筋根数相同，但是 PCⅡ-3 的预应力筋进行了张拉，而 PCⅡ-1 的 CFRP 筋没有进行张拉。由图 8-18可以看出，张拉预应力筋后对混凝土梁的抗剪承载力略有提高。预应力梁 PCⅡ-3 和 PCⅡ-6 预应力筋的张拉力相同，但根数不同。由图 8-18 可见，预应力筋数量较多的梁 PCⅡ-6，其刚度和抗剪承载力都相对较大，梁 PCⅡ-6 的抗剪承载力比梁 PCⅡ-3 要高 21％左右。

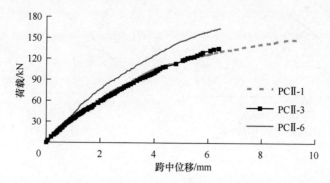

图 8-18　预应力筋根数和初始张拉力对预应力混凝土梁抗剪性能的影响

　　图 8-19 所示的是不同配箍率对预应力 FRP 筋混凝土梁抗剪性能的影响。由图 8-19 可以看出，配箍率是影响预应力 FRP 筋混凝土梁抗剪性能的一个重要因素，提高配箍率，预应力 FRP 筋混凝土梁的抗剪承载力和跨中挠度都分别有不同程度的提高，如配箍率高的预应力梁 PCⅡ-5 相对配箍率低的梁 PCⅡ-6，承载力提高 8％，挠度增加 26％。

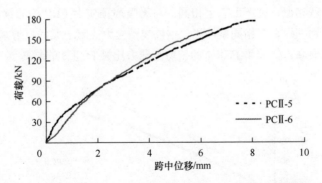

图 8 - 19　配箍率对预应力 CFRP 筋混凝土梁抗剪性能的影响

　　图 8 - 20 所示的是在相同剪跨比条件下，有腹筋预应力混凝土梁和无腹筋预应力混凝土梁试验结果的比较。由图 8 - 20 可以看出，无论是预应力 FRP 筋还是预应力钢绞线混凝土梁，有腹筋预应力梁的抗剪承载力比无腹筋预应力梁的承载力都有很大幅度的提高。对于预应力 FRP 筋混凝土梁，梁 PCⅡ-3 的抗剪承载力比梁 PCⅠ-2 提高约 75%；对于预应力钢绞线混凝土梁，梁 PSⅡ-1 的抗剪承载力比梁 PSⅠ-1 提高约 23%。从图 8 - 20（c）还可以看出，箍筋除了提高预应力 FRP 筋的抗剪承载力外，还改变了预应力混凝土梁剪切破坏的形态。在相同剪跨比的条件下，图 8 - 20（c）中有腹筋梁 PCⅡ-2 产生的是斜压破坏，而无腹筋梁 PCⅠ-1 发生的却是剪压破坏。

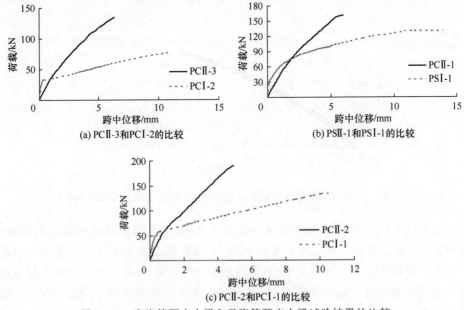

图 8 - 20　有腹筋预应力梁和无腹筋预应力梁试验结果的比较

2. 试验结果分析

根据上面试验结果的对比,可以知道影响预应力 FRP 筋混凝土梁斜截面抗剪承载力的主要因素是剪跨比和配箍率,下面重点分析一下这两个因素对抗剪性能的影响。

剪跨比 m 对预应力 FRP 筋混凝土梁斜截面抗剪承载力的影响如图 8 - 21 所示。由图 8 - 21 可以看出,预应力 FRP 筋混凝土梁斜截面抗剪承载力随着剪跨比 m 的增大而逐渐减小,且随着 m 的增大,抗剪承载力减小的趋势减缓。

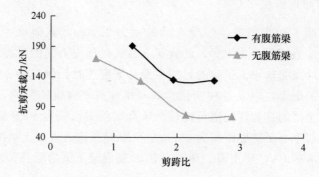

图 8 - 21　剪跨比对预应力 CFRP 筋混凝土梁抗剪承载力的影响

配箍率对预应力 FRP 筋混凝土梁斜截面抗剪承载力的影响如图 8 - 22 所示。由图 8 - 22 可以看出,预应力 FRP 筋混凝土梁斜截面抗剪承载力随着配箍率的增大而提高。配箍率对斜裂缝开裂荷载没有影响,混凝土梁斜裂缝出现前,剪力主要由混凝土来承担,箍筋受力很小,斜裂缝出现后,和斜裂缝相交的箍筋应力迅速增加,这部分箍筋将直接承担一部分剪力,配箍率越高,箍筋撑的抗剪承载力也越高,所以抗剪承载力随着配箍率的增加而提高。

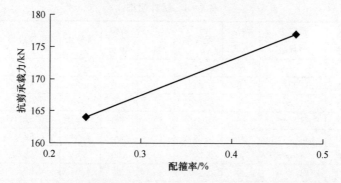

图 8 - 22　配箍率对预应力 CFRP 筋混凝土梁抗剪承载力的影响

8.4　无粘结预应力 FRP 筋有腹筋混凝土梁的抗剪试验研究

前两节的试验研究中没有考虑 FRP 筋锚具钢管的影响，导致无粘结预应力 FRP 筋有腹筋混凝土梁都发生了弯曲破坏，没能取得抗剪研究结果，所以又进行了一批无粘结预应力 FRP 筋有腹筋混凝土梁的试验。

8.4.1　试验梁的设计

1. 试验梁的规格尺寸

试验共设计了 9 个试件，混凝土梁跨度为 1.20m，截面尺寸为 120mm×200mm，混凝土强度设计为 C30，试验变化参数有预应力筋的种类和粘结方式、构件的剪跨比以及配箍率。试验的目的主要是研究无粘结预应力 FRP 筋混凝土梁的剪切破坏的形态，以及各种变化参数对试件剪切强度的影响，并且与钢绞线预应力混凝土梁的抗剪性能进行比较。所有试验梁预应力 FRP 筋均采用直线束型，预应力筋重心至梁底距离为 60mm。无粘结预应力混凝土梁的孔道采用预埋直径为 25mm 的 PVC 管预留。预应力 FRP 筋混凝土梁的配筋和设计参数详见图 8-23 和表 8-8。

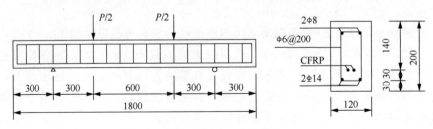

图 8-23　截面配筋图

表 8-8　试件明细

编号	预应力筋种类	预应力筋数量	粘结方式	配箍率	s /mm	剪跨 /mm	剪跨比	张拉应力	张拉力/kN
B0	—	—	—	0.24%	150	300	1.76	—	—
PB-1	钢绞线	2U ϕ^s9.5	无	0.24%	150	300	1.94	0.62f_{pu}	53.8
PB-2	CFRP	2U ϕ^c8	无	0.24%	200	200	1.29	0.62f_{pu}	53.8
PB-3	CFRP	2U ϕ^c8	无	0.24%	150	300	1.94	0.62f_{pu}	53.8
PB-4	CFRP	2B ϕ^c8	有	0.24%	150	300	1.94	0.62f_{pu}	53.8
PB-5	CFRP	2U ϕ^c8	无	0.24%	200	400	2.58	0.62f_{pu}	53.8
PB-6	CFRP	2U ϕ^c8	无	0.48%	100	300	1.94	0.62f_{pu}	53.8
PB-7	CFRP	2U ϕ^c8	无	0.95%	50	300	1.94	0.62f_{pu}	53.8
PB-8	CFRP	2U ϕ^c8	无	0.24%	150	300	1.94	0.73f_{pu}	62.8

2. 材料性能

试验采用的各种材料的实测力学性能如表 8 - 9 和表 8 - 10 所示。

表 8 - 9　混凝土的力学性能

混凝土等级	抗压强度 /MPa
C30	36.8

表 8 - 10　各种筋材的力学性能

筋材	直径/mm	面积/mm²	极限强度/MPa	屈服强度/MPa
钢绞线	9.5	54.8	1766	—
CFRP 筋	8	50	1730	—
普通钢筋	14	154	557	471
	8	50	549	382
	6.5	28	637	488

试验构件加载示意图如图 8 - 24 所示。

图 8 - 24　加载示意图

8.4.2　试验研究结果

1. 试验现象及结果

　　无粘结预应力 FRP 筋有腹筋混凝土梁的破坏过程与混凝土梁破坏过程的前阶段基本相同，只是最后的破坏形态有所不同。从开始加到一定荷载时，首先在混凝土梁的纯弯区产生竖直裂缝，随着荷载的加大，纯弯区弯曲裂缝逐渐增多，随后才在弯剪区的梁底部产生斜裂缝，斜裂缝发展速度很快，很快就延伸至加载点附近。梁 PB1 和 PB5 在支座和加载点之间的斜裂缝没能形成临界斜裂缝，而是在纯弯区的几条弯曲裂缝逐渐变宽，最后混凝土在受压区被压碎，发生弯曲破坏。其他的预应力 FRP 筋混凝土梁，在弯剪区产生斜裂缝后，这些斜裂缝慢慢形成一条临界斜裂缝，最后在临界斜裂缝处预应力梁被剪成两段，混凝土梁发生剪压破坏，除梁 PB1 和 PB5 以外的其他预应力混凝土梁都发生了剪压破坏。在两类破坏中都没有发现 FRP 筋被剪断的现象，这说明 FRP 筋可以承受预应力梁的剪切荷载。预应力混凝土梁的裂缝分布如图 8 - 25 所示。

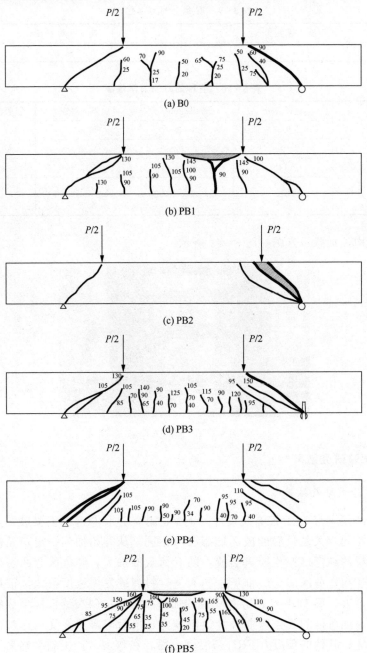

图 8 - 25　无粘结预应力混凝土梁的裂缝分布

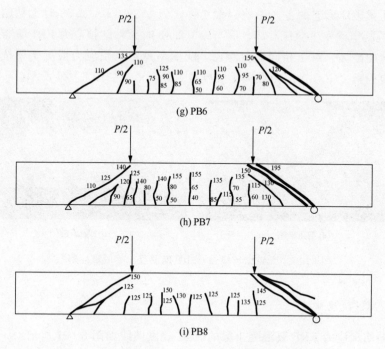

图 8-25　无粘结预应力混凝土梁的裂缝分布（续）

无粘结预应力 FRP 筋混凝土梁的抗剪试验结果如表 8-11 所示。

表 8-11　无粘结预应力 CFRP 筋混凝土梁的试验结果

梁编号	开裂荷载/kN	极限荷载/kN	挠度 /mm	破坏形态
B0	17	141.08	5.37	剪压
PB1	/	151.24	8.42	弯曲
PB2	/	/	/	剪压
PB3	40	176.27	4.98	剪压
PB4	34	201.89	5.80	剪压
PB5	20	166.80	7.47	弯曲
PB6	50	185.45	4.92	剪压
PB7	40	198.38	5.27	剪压
PB8	/	176.50	4.30	剪压

注：表中"/"表示试验过程中未能准确测量得到的数据，其中预应力混凝土梁 PB2 由于试验过程中
　　数据采集系统发生意外情况，没能测得全过程的试验数据，只得到了破坏形态。

由表 8-11 可以看出，施加预应力后，除了能增加混凝土梁的开裂荷载以
外，抗剪承载力也有所提高。另外，还可以看出剪跨比 m 是无粘结预应力 FRP

筋混凝土梁破坏形态的主要影响因素之一，当 $1.29 \leqslant m < 2.58$ 时无粘结预应力 FRP 筋混凝土梁发生剪压破坏，而当 $m \geqslant 2.58$ 时无粘结预应力 FRP 筋混凝土梁则产生弯曲破坏。对于相同的剪跨比，配箍率是影响预应力混凝土梁抗剪承载力的主要因素之一。预应力混凝土梁典型的破坏形态如图 8-26 所示。

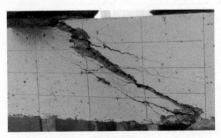

(a) 剪压破坏　　　　　　　　　　(b) 弯曲破坏

图 8-26　无粘结预应力 CFRP 筋混凝土梁的破坏形态

2. 荷载–挠度曲线

无粘结预应力 FRP 筋混凝土梁的荷载–挠度曲线如图 8-27 所示。

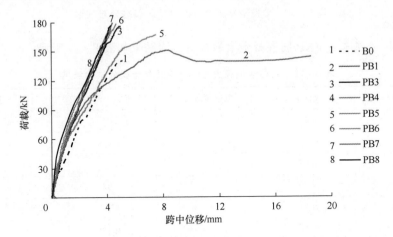

图 8-27　无粘结预应力 CFRP 筋混凝土梁的荷载–挠度曲线

3. 预应力筋的应变增量和钢筋应变

在试验过程中，在预应力 CFRP 筋、非预应力钢筋和加载点附近的箍筋上都粘贴了应变片，来测量加载过程中的应变变化。图 8-28 显示的是预应力 FRP 筋混凝土梁的受拉钢筋应变和 CFRP 筋的应变增量，图 8-29 是预应力混凝土梁 PB7 和 PB8 不同位置箍筋的应变。

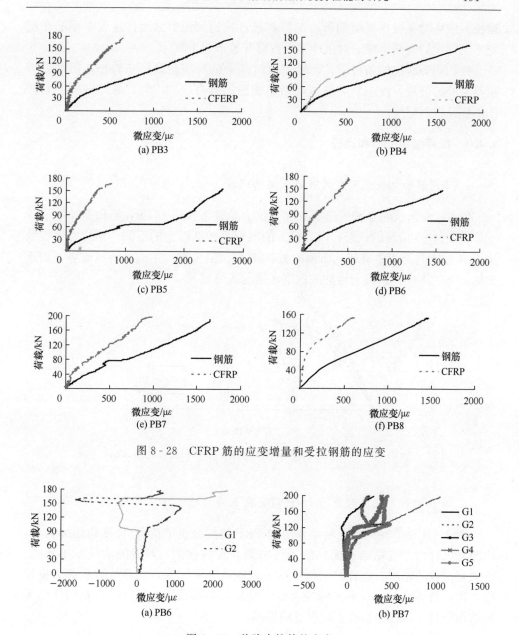

图 8-28　CFRP 筋的应变增量和受拉钢筋的应变

图 8-29　剪跨内箍筋的应变

　　图 8-29 中 G1~G5 分别指的是剪跨内距离支座的第 1~5 根箍筋中间部位的应变。由图 8-29 的荷载-箍筋应变图可见，在初期荷载作用时，箍筋应变很小，不同位置箍筋增长较为接近，斜裂缝出现以后与斜裂缝相交的箍筋应变骤增，不同位置箍筋应变增长也不一致，箍筋位置处裂缝宽度越宽，其应变增长

越快。破坏时穿过斜裂缝的所有箍筋都接近或达到屈服强度,这说明箍筋在混凝土试件梁斜裂缝出现后对试件梁的抗剪开始产生贡献。

在相同剪跨比的条件下,配箍率对试件梁的开裂荷载影响较小,但可以抑制斜裂缝的开展,使主斜裂缝宽度沿斜截面的分布比较均匀,并与混凝土共同作用提高抗剪强度。

8.4.3　试验结果分析和比较

1. FRP 筋和钢绞线预应力混凝土梁的比较

图 8 - 30 所示的是相同配箍率和张拉力条件下预应力 FRP 筋和钢绞线混凝土梁荷载-挠度曲线的比较,两者最大的区别是破坏形态的不同,预应力钢绞线梁 PB1 发生的是弯曲破坏,而预应力 FRP 筋混凝土梁发生的是剪压破坏。由于破坏形态的不同,其抗剪性能的区别还需深入研究。

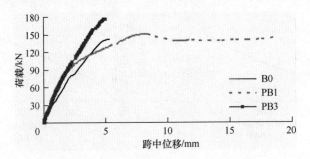

图 8 - 30　CFRP 筋和钢绞线预应力梁荷载-挠度曲线的比较

2. 有粘结和无粘结预应力 FRP 筋混凝土梁的对比

图 8 - 31 是有粘结和无粘结预应力 FRP 筋混凝土梁荷载-挠度曲线的比较,由图可以看出,有粘结和无粘结预应力梁在加载前期,两者的曲线基本相同,但随着荷载的增加,前者的刚度比后者的刚度逐渐增大,并且抗剪承载力也比后者大,约提高 15%。相对标准混凝土梁的抗剪承载力,不管是有粘结还是无粘结预应力,承载力都有不同程度的提高。

3. 不同剪跨比预应力梁的对比

图 8 - 32 是不同剪跨比预应力梁荷载-挠度曲线的比较,由图 8 - 32 可见,随着剪跨比的增加,不仅预应力梁的抗剪承载降低了,而且破坏形态也发生了变化。预应力梁 PB3 的剪跨比为 1.94,梁 PB5 的剪跨比为 2.58,梁 PB3 发生的是剪压破坏,而梁 PB5 发生的是弯曲破坏,可见剪跨比是决定无粘结预应力

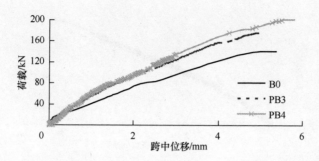

图 8-31　有粘结和无粘结预应力 CFRP 筋混凝土梁荷载-挠度曲线的比较

FRP 筋混凝土梁破坏形态的主要因素。

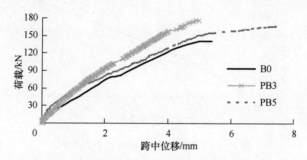

图 8-32　不同剪跨比预应力梁荷载-挠度曲线的比较

4. 不同配箍率预应力梁的对比

图 8-33 是不同配箍率预应力梁荷载-挠度曲线的比较，图 8-34 是配箍率对抗剪承载力的影响。由图 8-33、图 8-34 可见，配箍率是影响预应力混凝土梁抗剪承载力的另一个主要因素，随着配箍率的增加，预应力梁的抗剪承载力也逐渐提高。但是这种提高程度不是无限的，当配箍率增加到一定范围后，抗剪承载力将不再增加。

5. 不同张拉力预应力梁的对比

图 8-35 是不同张拉力预应力混凝土梁荷载-挠度曲线的比较。由图 8-35 可以看出，初始张拉力越大，预应力梁的刚度越大，预应力梁破坏时变形越小；施加预应力对混凝土梁的抗剪承载力有一定提高，但是提高到一定程度后不再增加。初始张拉力大的梁 PB8，其抗剪承载力相对于标准混凝土梁 B0 提高了25%，但是相对预应力梁 PB3 抗剪承载力基本没有提高。

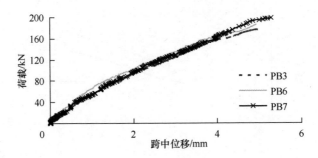

图 8-33　不同配箍率预应力梁荷载-挠度曲线的比较

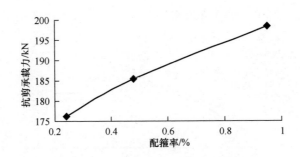

图 8-34　配箍率对抗剪承载力的影响

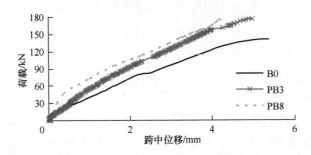

图 8-35　不同张拉力预应力梁荷载-挠度曲线的比较

8.5　预应力 FRP 筋混凝土梁抗剪承载力的计算

　　影响钢筋混凝土结构抗剪性能的因素较多，而且计算方法比较复杂，关于预应力 FRP 筋混凝土结构抗剪性能的研究成果目前在国内外都比较有限。本节在回顾了钢筋混凝土结构抗剪分析的方法后，介绍了预应力钢绞线混凝土梁抗剪承载力的研究现状，然后采用桁架＋拱模型分析了预应力 FRP 筋混凝土梁的抗剪承载力，还采用各种规范的公式对预应力 FRP 筋混凝土梁的抗剪承载力进行了计算，并和试验结果进行了比较，最后对预应力 FRP 筋混凝土梁提出了简化的抗剪承载力公式。

8.5.1　钢筋混凝土结构抗剪承载力分析方法的发展

近百年来，各国研究者提出了很多钢筋混凝土结构剪切破坏的分析方法，总的来说主要有四种，即统计分析法、极限平衡分析法、桁架理论和非线性有限元分析法。

统计分析法建立在大量试验数据的基础上，通过研究影响结构抗剪承载力的主要因素，建立具有一定可靠度保证的结构名义抗剪承载力的经验计算公式。而极限平衡分析法和桁架理论主要侧重于结构剪切破坏机理的研究，前者通过对剪切机理的研究，建立结构剪切破坏极限状态时的平衡，求解极限抗剪承载力，而后者可以求解结构受剪力作用的全过程结构性能。特别地，如果和非线性有限元分析方法结合，能够很好地进行钢筋混凝土结构抗剪全过程分析。

每一种理论都不可能孤立存在发展，上述抗剪分析方法的发展也是相互关联相互影响的。特别是桁架理论的发展，压力场理论、软化理论以及转角和定角的概念在相互影响相互渗透中不断演变。

1. 统计分析法

由于抗剪机理的复杂性，要准确地预测构件的抗剪承载力十分困难，目前尚难以获得公认的理论计算公式，故许多研究者借助于大量试验结果的数理统计分析，研究影响构件抗剪强度的各个主要因素，结合理论模型建立具有一定可靠度保证率的经验公式。建立抗剪承载力计算公式并不是要准确预报构件的抗剪承载力，而是防止构件的脆性剪切破坏。统计公式形式简单、有效、实用，因而应用广泛，但也存在试验工作量大、公式使用范围窄等缺点。

2. 极限平衡分析法

极限平衡理论在其斜截面的计算图中考虑了斜裂缝顶端混凝土中的纵向力和剪力、与斜裂缝相交纵筋的轴力和剪力、箍筋的轴力及作用在斜裂缝上的混凝土骨料咬合的纵向和横向分力。通过对隔离体的受力分析，建立内力平衡方程式和变形方程式，求解未知量。

该方法可以获得较高的计算精度，但计算复杂，应用起来不太方便。

3. 桁架理论

桁架理论的基本思路是认为带有斜裂缝的钢筋混凝土梁可以用铰接桁架代替，桁架的受压上弦杆为受压混凝土，受拉的下弦杆为钢筋，腹杆则由受拉的箍筋和裂缝间受压混凝土斜杆构成。用桁架模拟法设计混凝土梁腹部的抗剪钢筋，方法简单，概念明确，一直沿用至今。

根据桁架理论的发展，桁架理论包含古典桁架理论、修正桁架理论、压力场理论、软化理论、桁架＋拱等理论。

4. 非线性有限元分析法

鉴于机理分析的复杂性和统计分析方法的局限性，以及对构件全过程分析的需要，随着计算机在土木工程中的广泛应用，非线性有限元分析已经成为结构行为分析的一种重要方法。采用非线性有限元分析钢筋混凝土结构可以获得详尽的分析结果，进行大量的参数分析，并可以对大型复杂结构的受力行为进行详尽分析，但存在计算量大、计算耗时长、收敛性差等问题。随着计算机技术、有限元理论以及基本材料性能研究的快速发展，非线性有限元将具有广阔的应用前景。

8.5.2　预应力钢绞线混凝土结构抗剪性能的研究进展

实践表明，预应力混凝土构件与普通钢筋混凝土构件相比，不仅具有抗裂度高、刚度大、耐久性好等一系列优点，而且预应力还有提高抗剪强度的作用。

从 20 世纪八九十年代起，国内外对预应力混凝土结构的抗剪强度做了大量的试验研究和理论分析[138-155]，但是预应力对混凝土梁抗剪强度的提高作用及其计算方法，各国的看法仍不一致。多数认为，预应力能提高抗剪强度，主要表现在混凝土所承担的那部分剪力有所提高，应在规范中加以规定；有的却认为虽然无腹筋预应力混凝土梁的抗剪强度比普通混凝土梁要高，但是对于有腹筋梁，其提高的效果可以忽略。

国内的研究者主要采用试验研究的方法，找出影响预应力混凝土梁抗剪强度的主要因素，然后采用统计分析的方法回归出一些经验公式，这些试验的变化参数主要有预应力度、纵向配筋率、横向配箍率、混凝土强度、预应力筋的位置、截面形式以及预应力筋的弯曲角度等。由于数据的来源不同，这些半经验公式往往在形式上有很大的区别。

除了试验研究以外，国内学者对预应力混凝土梁的抗剪机理和理论方法也进行了一些研究[156-159]。肖光宏等对有粘结和无粘结部分预应力混凝土梁斜截面的抗剪强度以及抗剪机理进行了比较[156]；周志祥等采用极限平衡法和统计分析相结合的办法[157]，建立了抗剪强度的理论计算公式；许克宾等在钢筋混凝土剪扭构件软化桁架理论的基础上[158]，合理地考虑了剪跨比、预应力等因素，建立了斜截面开裂后梁剪跨区加载变形的全过程分析法，以求解构件抗剪强度；周履根据斜压场理论对预应力梁的抗剪强度进行了研究[159]。

目前对于预应力混凝土梁抗剪强度的计算，虽然各国规范的计算公式都不一样，但是对抗剪机理的认识基本一致，认为混凝土梁发生剪压破坏时，斜截面总的抗剪能力 Q 由斜裂缝末端剪压区混凝土的抗剪能力 Q_h、与斜裂缝相交的箍筋的抗剪能力 Q_k 以及与斜裂缝相交的弯起钢筋的抗剪能力 Q_w 这三个主要部分组成，即

$$Q = Q_h + Q_k + Q_w \qquad (8-10)$$

对于预应力混凝土梁可以采用下面两种形式来表达预应力混凝土梁产生剪压破坏时的斜截面抗剪能力：

形式 1　　　　$Q = Q_{kh} + Q_p + 0.8A_s f_y \sin\alpha + 0.8\sum A_p f_p \sin\beta \qquad (8-11)$

形式 2　　　　$Q = K_p Q_h + Q_k + 0.8A_s f_y \sin\alpha + 0.8\sum A_p f_p \sin\beta \qquad (8-12)$

式中，Q_{kh} 为非预应力梁斜截面上受压混凝土和箍筋的抗剪强度；Q_p 为施加预应力所提高的抗剪强度；A_s、A_p 分别为非预应力钢筋和预应力筋的面积；f_y、f_p 分别为非预应力钢筋和预应力筋的设计强度；K_p 为预应力混凝土梁与相应非预应力混凝土梁的受压区混凝土抗剪强度的比值，即提高系数。

形式 1 采用了在普通钢筋混凝土梁抗剪承载力的基础上添加施加预应力所提高的抗剪强度，《混凝土结构设计规范》（GB 50010—2010）采用了这种形式；形式 2 给出了一个更为直观的概念，即预应力的施加提高了受压区混凝土的抗剪强度，并不提高箍筋、弯起钢筋所承担的抗剪强度，《公路钢筋混凝土及预应力混凝土桥涵设计规范》（JTG D62—2004）采用了这种形式。

8.5.3　桁架＋拱模型分析法

桁架＋拱模型分析法相对其他抗剪分析方法具有概念明确、计算简单、无需反复迭代的优点，下面采用这种方法对预应力 FRP 筋混凝土梁的抗剪承载力进行分析。

桁架＋拱模型的传力机构为桁架模型和拱模型的综合，将预应力看成是在锚固区的集中力，基本假定如下：

1）不考虑混凝土的拉应力。

2）桁架模型由上下弦杆、混凝土斜压杆和腹板拉杆四部分组成，且只在上下弦杆上存在桁架模型节点。

3）预应力作用简化成作用在锚固区的集中力，其轴向分量由拱模型承担。

4）对正常设计的适筋梁，认为构件破坏时箍筋能达到其屈服强度，同时混凝土也达到极限应力。

5）在发生较大塑性位移和内力重分布后，不考虑纵筋的销栓作用和斜裂缝上的骨料咬合作用。

6）构件具有良好的锚固条件，不发生局部破坏。

预应力混凝土梁的极限抗剪承载力 V_u 可表示成

$$V_u = V_a + V_t + V_p \tag{8-13}$$

其中，V_a 为拱模型的抗剪承载力；V_t 为桁架模型的抗剪承载力；V_p 为预应力的竖向分量承担的剪力。

取预应力梁隔离体，见图 8-36，则混凝土截面上的内力为

$$V = V_u - N = V_u - N_{ep}\sin\beta_{ep} = V_a + V_t \tag{8-14}$$

其中，N_{ep} 为预应力筋的极限压力；β_{ep} 为预应力筋的弯起角度。

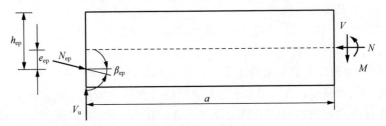

图 8-36　预应力混凝土梁受力示意图

1. 拱作用

拱模型的示意图如图 8-37 所示，由拱模型的几何及受力条件可得拱模型的抗剪贡献为

$$V_a = 2(h_{ep} - a\tan\theta)b\,\sigma_{c,a}\cos\theta\sin\theta \tag{8-15}$$

式中，h_{ep} 为预应力合力到截面上缘的距离；a 为剪跨长；θ 为拱模型中混凝土压杆的倾角；$\sigma_{c,a}$ 为拱模型中混凝土压杆的压应力。

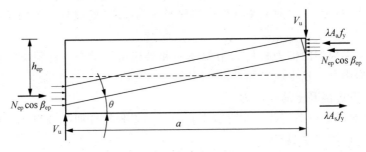

图 8-37　拱模型的示意图

为充分考虑拱模型的抗剪贡献，对公式（8-15）取极值，并令 $\gamma = a/h_{ep}$，则可解得

$$\tan\theta = \sqrt{\gamma^2 + 1} - \gamma \tag{8-16}$$

由拱模型的几何条件可知，拱模型角度必须满足以下条件：

$$h_{ep} - a\tan\theta \leqslant h_0 - h_{ep} \tag{8-17}$$

当上述条件不满足时，由边界条件可直接求得

$$\tan\theta = \frac{2h_{ep} - h_0}{a} \tag{8-18}$$

则拱模型中混凝土压杆角度可表示为

$$\tan\theta = \begin{cases} \sqrt{\gamma^2 + 1} - \gamma, & \text当 h_{ep} - a\tan\theta \leqslant h_0 - h_{ep} \\ \dfrac{2h_{ep} - h_0}{a}, & \text当 h_{ep} - a\tan\theta > h_0 - h_{ep} \end{cases} \tag{8-19}$$

求得 $\tan\theta$ 后，则可得 V_a，即

$$V_a = 2bh_{ep}\sigma_{c,a}\frac{(1 - \gamma\tan\theta)\tan\theta}{1 + \tan^2\theta} \tag{8-20}$$

由截面内力对截面重心取矩，有

$$M_a = \lambda A_s f_y Z + N_{ep}\cos\beta_{ep}(a\tan\theta - e_{ep}) \tag{8-21}$$

其中，λ 为拱模型中受拉纵筋的内力系数；Z 是钢筋的内力臂；一般取 $Z = 0.9h_0$；e_{ep} 是预应力筋重心的偏心距。

2. 桁架作用

桁架模型的示意图如图 8-38 所示。不考虑混凝土的拉应力，由桁架模型的平衡有

$$V_t = \rho_{sv}f_{sv}bZ\cot\varphi + V_c \tag{8-22}$$

其中，ρ_{sv} 为配箍率；f_{sv} 为箍筋强度；Z 是钢筋的内力臂，一般取 $Z = 0.9h_0$；φ 为桁架模型中混凝土斜压杆的倾角；V_c 为桁架模型中混凝土承担的剪力。

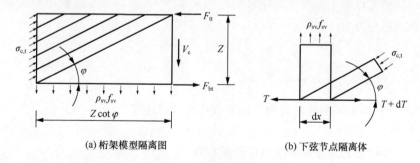

(a) 桁架模型隔离图　　　　　　(b) 下弦节点隔离体

图 8-38　桁架模型示意图

大量试验证明：腹板主压应力倾角小于斜裂缝角度，斜裂缝面上传递力的竖向分量即为桁架模型中混凝土承担的剪力，Ramirez 等[160] 建议 V_c 按下式计算：

$$V_c = (\frac{\sqrt{f'_c}}{6})b h_0 \qquad\qquad (8-23)$$

式中，f'_c 为混凝土圆柱体抗压强度。

对截面重心取矩，可得桁架模型截面的弯矩为

$$M_t = (1-\lambda)A_s f_y Z - \frac{1}{2}\sigma_{c,t}bZ^2\cos^2\varphi \qquad\qquad (8-24)$$

由图 8-38，根据下弦杆节点隔离体的受力平衡有

$$\rho_{sv} f_{sv}bdx = \sigma_{c,t}bdx\sin\varphi\sin\varphi \qquad\qquad (8-25)$$

整理后有

$$\sigma_{c,t} = (1+\cot^2\varphi)\rho_{sv} f_{sv} \qquad\qquad (8-26)$$

3. 桁架作用和拱作用的叠加

将拱模型和桁架模型的抗剪承载力进行叠加，可以得到预应力梁极限抗剪承载力为

$$V_u = V_a + V_t + V_p = 2b h_{ep}\sigma_{c,a}\frac{(1-\gamma\tan\theta)\tan\theta}{1+\tan^2\theta} + (\frac{\sqrt{f'_c}}{6})b h_0 + \rho_{sv} f_{sv}bZ\cot\varphi + N_{ep}\sin\beta_{ep}$$
$$(8-27)$$

叠加桁架模型和拱模型中混凝土斜压杆的压应力，可得总的混凝土压杆的应力：

$$\sigma_c = \sqrt{\sigma_{c,t}^2 + \sigma_{c,a}^2 + 2\sigma_{c,a}\sigma_{c,t}\cos(\theta-\varphi)} \qquad\qquad (8-28)$$

为方便计算，偏安全地忽略桁架模型和拱模型中混凝土斜压杆倾角的差异，适当折减桁架模型中混凝土斜压杆的应力水平[161]，则桁架＋拱模型中混凝土斜压杆总的压应力为

$$\sigma_c = \sigma_{c,a} + 0.8(1+\cot^2\varphi)\rho_{sv} f_{sv} \qquad\qquad (8-29)$$

4. 压杆混凝土抗压强度

Nielsen 提出斜裂缝区混凝土的有效抗压强度定义为[162]

$$\sigma_c = \upsilon f'_c \qquad\qquad (8-30)$$

式中，υ 为混凝土的有效抗压强度折减系数。

Chen Ganwei 在传统塑性理论的基础上，对库伦破坏准则进行修正，求得无腹筋梁承载力的精确解[161]。他采用的混凝土有效抗压强度折减系数公式为

$$\upsilon = \frac{3.8(1+2\dfrac{N}{A_c f'_c})}{\sqrt{f'_c}} \leqslant 1 \qquad\qquad (8-31)$$

其中，N 为截面轴力；A_c 为截面混凝土面积。当 $\upsilon>1$ 时，取 $\upsilon=1$。

5. 桁架模型中混凝土斜压杆的倾角

由截面弯矩平衡方程有

$$M = M_a + M_t \qquad (8-32)$$

将 M_a、M_t 的计算式代入可得

$$A\cot^2\varphi + B\cot\varphi + C = 0 \qquad (8-33)$$

其中，$A = \dfrac{1}{2}\rho_{sv}f_{sv}bZ^2 - \dfrac{1.6bh_{ep}a\rho_{sv}f_{sv}\,(1-\gamma\tan\theta)\,\tan\theta}{1+\tan^2\theta}$；

$B = bZa\rho_{sv}f_{sv}$；

$C = V_c a + \dfrac{abh_{ep}\,(2vf_c'-1.6\rho_{sv}f_{sv})\,(1-\gamma\tan\theta)\,\tan\theta}{1+\tan^2\theta} - N_{ep}\cos\beta_{ep}a\tan\theta - A_s f_y Z$。

求解方程即可求得桁架模型中混凝土斜压杆的角度，同时必须满足几何边界条件：

$$Z\cot\varphi \leqslant a \qquad (8-34)$$

当上述条件不满足时，取 $\cot\varphi = a/Z$。

自此，预应力混凝土梁抗剪承载力 V_u 中所有未知参数均可求出，代入各种材料参数和截面尺寸即可求得 V_u。

运用桁架＋拱模型对试验中 13 根发生剪压破坏的预应力混凝土的抗剪承载力进行计算，计算结果与试验结果的比较见表 8-12。

表 8-12　计算结果与试验结果的比较

梁编号	V_{exp}/kN	桁架＋拱模型法		规范 1		规范 2	
		V_{com1}/kN	V_{exp}/V_{com1}	V_{com1}/kN	V_{exp}/V_{com2}	V_{com1}/kN	V_{exp}/V_{com3}
PC I -1	66.70	80.55	0.83	43.21	1.54	/	/
PC I -2	38.60	65.34	0.59	35.05	1.10	/	/
PS I -1	65.35	65.34	1.00	34.21	1.91	/	/
PC II -1	74.20	/	/	45.08	1.65	38.06	1.95
PC II -3	67.50	71.00	0.95	49.17	1.37	38.06	1.77
PC II -5	88.50	82.54	1.07	66.08	1.34	53.83	1.64
PC II -6	82.00	80.20	1.02	51.21	1.60	38.06	2.15
PS II -1	80.65	70.51	1.14	49.08	1.64	38.06	2.12
PS II -2	78.50	70.51	1.11	49.08	1.60	38.06	2.06
PB-3	88.14	99.54	0.89	70.34	1.25	57.19	1.54
PB-4	100.95	99.54	1.01	70.34	1.44	57.19	1.77
PB-6	92.73	101.08	0.92	84.71	1.09	70.05	1.32
PB-7	99.19	102.82	0.96	127.83	0.78	99.06	1.00
PB-8	88.25	104.14	0.85	71.19	1.24	57.19	1.54
均值			0.95		1.40		1.73
方差			0.14		0.28		0.34

注：表中规范 1 指的是《混凝土结构设计规范》，规范 2 指的是《公路钢筋混凝土及预应力混凝土桥涵设计规范》；表中 "/" 表示计算方法不适用的情况。

由表 8-12 可以看出，桁架＋拱模型分析法和其他两种规范计算方法都有不能区分有粘结和无粘结预应力的缺点，而且都不能体现预应力钢绞线和 FRP 筋的区别，但是相比之下，桁架＋拱模型分析法计算的结果要比规范的计算方法更接近试验结果，两种规范的抗剪承载力计算方法都过于保守了。

8.5.4　各种规范公式计算结果与试验结果的比较

《混凝土结构设计规范》（GB 50010—2010）和《公路钢筋混凝土及预应力混凝土桥涵设计规范》（JTG D62—2004）分别采用不同的形式对预应力混凝土梁的抗剪承载力进行了规定，下面分别介绍这两种公式，并采用规范的计算公式对预应力 FRP 筋混凝土梁的抗剪承载力进行计算。

《混凝土结构设计规范》（GB 50010—2010）中关于抗剪承载力计算的规定为：

对集中荷载作用下（包括多种荷载，其中集中荷载产生的剪力值占总剪力值的 75％以上的情况）的独立梁，其斜截面的剪切承载力应符合以下规定：

$$V_u \leqslant V = V_{cs} + V_p \tag{8-35}$$

$$V_{cs} = \frac{1.75}{1+\lambda} f_t b h_0 + f_{yv} \frac{A_{sv}}{s} h_0 \tag{8-36}$$

$$V_p = 0.05 N_{p0} \tag{8-37}$$

式中，V_{cs} 为斜截面混凝土和箍筋受剪承载力的设计值；V_p 为施加预应力所提高的构件承载力设计值；A_{sv} 为同一截面内箍筋各肢的全部截面面积；f_t 为混凝土轴心抗拉强度设计值；N_{p0} 为计算截面上混凝土法向预应力等于零时的纵向预应力钢筋和非预应力钢筋的合力，且其值不大于 $0.3 f_c A_0$，A_0 为换算截面面积。

《公路钢筋混凝土及预应力混凝土桥涵设计规范》（JTG D62—2004）中关于斜截面的抗剪承载力规定如下：

$$\gamma_0 V_d \leqslant V_{cs} + V_{sb} + V_{pb} \tag{8-38}$$

$$V_{cs} = \alpha_1 \alpha_2 \alpha_3 0.45 \times 10^{-3} b h_0 \sqrt{(2+0.6P) \sqrt{f_{cu,k}} \rho_{sv} f_{sv}} \tag{8-39}$$

$$V_{sb} = 0.75 \times 10^{-3} f_{sd} \sum A_{sb} \sin\theta_s \tag{8-40}$$

$$V_{pb} = 0.75 \times 10^{-3} f_{pd} \sum A_{pb} \sin\theta_p \tag{8-41}$$

式中，V_{sb} 为与斜截面相交的普通弯起钢筋抗剪承载力设计值；V_{pb} 为与斜截面相交的预应力弯起钢筋抗剪承载力设计值；α_1 为异号弯矩影响系数；α_2 为预应力提高系数；α_3 为受压翼缘的影响系数；P 为斜截面内纵向受拉钢筋的配筋百分率，$P=100\rho$，$\rho = (A_p + A_{pb} + A_s)/bh_0$，当 $P>2.5$ 时，取 $P=2.5$。

采用规范公式计算的结果和试验结果的比较见表 8-12。

由表 8-12 可知，规范的计算方法都过于保守，而且按照《公路钢筋混凝土及预应力混凝土桥涵设计规范》的计算公式，无腹筋预应力混凝土构件抗剪承载力为 0，这明显与试验结果不符，可见两种规范的抗剪承载力计算公式都不适用于预应力 FRP 筋混凝土梁。

8.5.5 简化公式的提出

根据预应力混凝土梁的抗剪机理可以知道，在混凝土梁施加预应力后，其内部的应力状态将发生改变，使斜裂缝与混凝土梁轴线的夹角减小，剪压区高度增大，并能阻止斜裂缝的开展，增强了斜裂缝面上的骨料咬合力，从而使混凝土的抗剪力增大。但是预应力提高的抗剪力并不是恒定的，而是许多函数的变量。

根据前面的试验结果可以发现，当剪跨比发生变化时，预应力度对抗剪强度的影响程度将发生变化，而且当预应力筋的种类和粘结条件不同时，预应力对抗剪强度的影响也不相同。由于 FRP 筋的弹性模量比钢绞线要小，在相同受力的条件下，预应力 FRP 筋混凝土梁的变形会更大，裂缝发展宽度会更宽，这样骨料的咬合作用将会减小；另外裂缝延伸也会更深，这样受压区未开裂混凝土的高度将减小，由混凝土提供的抗剪能力也会减小；再就是 FRP 筋的横向抗剪强度较低，则预应力筋的销栓作用也会降低，所以一般预应力 FRP 筋混凝土梁的抗剪承载力比相同条件下钢绞线预应力梁的抗剪承载力低。《混凝土结构设计规范》和《公路钢筋混凝土及预应力混凝土桥涵设计规范》都没有考虑这些因素，所以规范计算公式与试验结果差别很大。

下面引入两个参数，对规范计算公式进行修改，使其能够适用于预应力 FRP 筋混凝土梁抗剪承载力的计算。

第 1 个参数是 β_1，它表示预应力筋种类不同而引起的抗剪强度的变化，它是弹性模量比的函数，可以按 $\beta_1 = k \dfrac{E_{\mathrm{FRP}}}{E_{\mathrm{ps}}}$ 进行计算，其中 k 是常数，在缺少研究的情况下取 $k=1$。

第 2 个参数是 β_2，它表示预应力筋粘结条件的不同而引起的抗剪强度的不同。根据前面的试验数据统计可知，在相同条件下，无粘结预应力混凝土梁的抗剪承载力一般比有粘结预应力梁的抗剪承载力低 92% 左右，即 $\beta_2 = 0.92$。

考虑这两个参数和剪跨比的影响，对规范的 2 个公式进行修改，即

$$V = V_{cs} + V_p = \frac{1.75}{1+\lambda} f_t b h_0 + f_{yv} \frac{A_{sv}}{s} h_0 + \xi_1 \frac{\beta_1 \beta_2}{\lambda} N_{p0} \qquad (8-42)$$

式中，ξ_1 为强度折减系数，根据试验数据统计分析可知 $\xi_1 = 0.8$；N_{p0} 为计算截面上混凝土法向预应力等于零时的纵向预应力钢筋和非预应力钢筋的合力，且其值不大于 $0.3 f_c A_0$。

$$V = V_{cs} + V_{sb} + V_{pb} = V_{sb} + V_{pb} + \xi_2 \beta_1 \beta_2 \alpha_1 \alpha_2 \alpha_3 \times 10^{-3} bh_0 \sqrt{(2+0.6P)} \sqrt{f_{cu,k}} \rho_{sv} f_{sv}$$

$$(8-43)$$

其中，V_{sb}，V_{pb} 分别按公式（8-40）和公式（8-41）计算；ξ_2 为强度折减系数，根据试验数据统计分析可知 $\xi_2 = 1.0$。

当预应力梁不配置箍筋时，抗剪承载力分别按下式计算：

$$V = V_c + V_p = \frac{1.75}{1+\lambda} f_t bh_0 + \xi_1 \frac{\beta_1 \beta_2}{\lambda} N_{p0} \qquad (8-44)$$

$$V = V_{cs} + V_{sb} + V_{pb} = V_{sb} + V_{pb} + \xi_2 \beta_1 \beta_2 \alpha_1 \alpha_2 \alpha_3 \times 10^{-3} bh_0 \sqrt{(2+0.6P)} \sqrt{f_{cu,k}}$$

$$(8-45)$$

按照修改后的公式重新计算，其计算结果见表 8-13。

表 8-13　修改公式的计算结果

梁编号	V_{exp}/kN	公式（8-42）		公式（8-43）	
		V_{com1}/kN	V_{exp}/V_{com1}	V_{com2}/kN	V_{exp}/V_{com2}
PC I -1	66.70	74.72	0.89	59.02	1.13
PC I -2	38.60	53.13	0.73	59.02	0.65
PS I -1	65.35	66.47	0.98	82.20	0.79
PC II -1	74.20	36.56	2.03	60.73	1.22
PC II -3	67.50	63.15	1.07	60.73	1.11
PC II -5	88.50	91.31	0.97	85.88	1.03
PC II -6	82.00	76.45	1.07	60.73	1.35
PS II -1	80.65	81.33	0.99	84.59	0.95
PS II -2	78.50	78.43	1.00	77.82	1.01
PB-3	88.14	82.06	1.07	83.95	1.05
PB-4	100.95	84.38	1.20	91.25	1.11
PB-6	92.73	96.44	0.96	102.81	0.90
PB-7	99.19	139.56	0.71	145.40	0.68
PB-8	88.25	87.15	1.01	83.95	1.05
均值			1.05		1.00
方差			0.30		0.19

从表 8-13 可以看出，按照修改后的公式进行计算，计算结果与试验结果比较接近，而且试验结果比计算值略高，有一定的安全系数。修改后的抗剪承载力计算公式意义更为明确，当然有关参数的确定还需更多的试验数据进行校核。

8.6　预应力 FRP 筋混凝土梁抗剪性能的有限元模拟

ANSYS 是一种广泛应用的大型通用有限元软件，本节主要利用 ANSYS 对预应力 FRP 筋混凝土梁的抗剪性能进行有限元非线性分析，并和试验结果进行比较。另外，还利用 ANSYS 对各种影响预应力 FRP 筋混凝土梁抗剪强度的主要因素，例如混凝土强度、FRP 筋的初始张拉应力、剪跨比、配箍率等进行了分析，得出了一些相关的结论。

8.6.1　有限元建模过程与求解

混凝土采用 Solid65 单元，非预应力钢筋采用 Link8 单元，预应力 FRP 筋用 Link10 单元来进行模拟；非预应力筋分别采用分离式和整体式模型来进行分析；在混凝土梁支座、加载处，以及无粘结预应力筋锚固端添加弹性垫块，来减少应力集中，采用 Solid45 单元模拟。

各种材料的本构关系和破坏准则与 7.6.1 节中完全相同。

由于不仅要对结构的整体受力性能进行分析，还需要对箍筋、预应力筋等的受力性能进行精细的有限元分析，故本节中的有限元模型采用分离式模型，对箍筋、预应力筋位置进行精确定位，保持与试验梁一致。

在分析预应力 FRP 筋混凝土梁时，对于体内无粘结预应力筋，不考虑预应力 FRP 筋和混凝土单元间的粘结单元，而是采用节点耦合法来模拟 FRP 筋和混凝土单元间的相互关系；对于体内有粘结预应力筋，则采用共用节点的方法考虑 FRP 筋和混凝土之间的关系。

预应力的施加采用降温法来模拟。

钢筋模型和有限元模型分别见图 8-39 和图 8-40。与预应力 FRP 筋混凝土抗弯构件相比，抗剪构件混凝土单元划分得更小，为的是更精确地得到剪跨区内混凝土的结果。

模型加载采用位移加载的方式，并用 CNVTOL 命令来调整收敛精度，加速收敛，减少计算时间。收敛精度默认值是 0.1%，根据计算精度需要一般可以放宽到 5%～10%。在混凝土计算中，一般选择位移收敛而不同时使用力的收敛准则，否则会给收敛带来困难。为了保证混凝土结构在计算过程中的连续性和收敛性，关闭了混凝土的压碎检查，利用最大压应变准则来判断混凝土是否破坏。

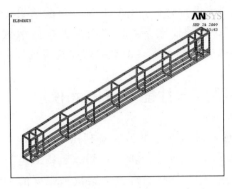

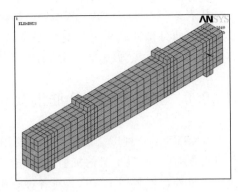

图 8 - 39　钢筋模型　　　　　　　　　　图 8 - 40　有限元模型

8.6.2　有限元结果分析

　　采用非线性有限元软件对预应力 FRP 筋混凝土梁抗剪构件进行了全过程分析，得出的无腹筋梁和有腹筋梁的主要计算结果如表 8 - 14～表 8 - 16 所示。在表 8 - 14～表 8 - 16 中，没有对发生弯曲破坏的无粘结预应力梁进行分析。

表 8 - 14　无腹筋梁有限元分析结果和计算结果的比较

梁编号	μ_{cal}/mm	μ_{exp}/mm	P_{cal}/kN	P_{exp}/kN	P_{cal}/P_{exp}
PS I -1	14.14	13.92	119.56	130.70	0.91
PC I -1	10.81	10.50	139.39	133.40	1.04
PC I -2	11.33	11.11	96.46	77.20	1.25
PC I -3	14.31	15.42	86.29	75.50	1.14
PC I -5	6.13	6.51	192.80	172.10	1.12
平均值					1.094
均方差					0.111

表 8 - 15　有腹筋有粘结预应力梁有限元分析结果和计算结果的比较

梁编号	μ_{cal}/mm	μ_{exp}/mm	P_{cal}/kN	P_{exp}/kN	P_{cal}/P_{exp}
PS II -1	6.69	6.00	143.70	161.30	0.89
PS II -2	10.19	9.06	153.03	157.00	0.97
PC II -1	13.35	9.48	132.43	128.40	1.03
PC II -2	4.93	4.98	184.47	190.30	0.97
PC II -3	6.42	6.38	141.12	135.00	1.05
PC II -4	13.20	13.22	120.15	133.80	0.90
PC II -5	8.29	8.11	167.74	177.00	0.95
PC II -6	6.61	6.44	154.85	164.00	0.94
平均值					0.963
均方差					0.052

表 8 - 16　有腹筋无粘结预应力梁有限元分析结果和计算结果的比较

梁编号	μ_{cal}/mm	μ_{exp}/mm	P_{cal}/kN	P_{exp}/kN	P_{cal}/P_{exp}
B0	5.368	5.368	148.082	141.082	1.050
PB1	6.405	18.545	180.167	143.780	1.253
PB3	5.384	4.975	189.790	176.267	1.077
PB4	6.052	5.795	197.523	201.889	0.978
PB5	7.003	7.470	156.367	166.803	0.937
PB6	5.394	4.920	191.316	185.450	1.032
PB7	6.534	5.270	210.133	198.380	1.059
PB8	4.865	4.300	184.467	176.500	1.045
平均值					1.054
均方差					0.087

由表 8 - 14～表 8 - 16 可以看出,有限元可以对预应力 FRP 筋有腹筋混凝土梁的抗剪承载力和变形进行准确的分析,但是无腹筋梁非线性分析的结果较差,误差较大。

分析其原因,主要是在 ANSYS 分析中,为了保证混凝土结构在计算过程中的连续性和计算的收敛性问题,关闭了混凝土的压碎检查,利用最大压应变准则来判断混凝土是否破坏,但是实际的无腹筋混凝土梁在受力过程中由主拉应力控制,当剪跨区的主拉应力超过混凝土的抗拉强度后,混凝土开裂并立即破坏,而有腹筋梁开裂后由于钢筋的作用还可以继续受力,所以破坏准则的不同导致了有无腹筋预应力混凝土梁计算结果的不同。应用有限元对素混凝土梁的抗剪性能进行准确的非线性分析,还需要进行更深入的研究。

1. 荷载-位移曲线

根据计算得到荷载 - 挠度曲线,并且与试验曲线进行比较,如图 8 - 41～图 8 - 43 所示。由图 8 - 41～图 8 - 43 可以看出,无腹筋梁的计算值与试验值误差较大,有腹筋梁的计算值与试验值比较吻合,在加载过程中荷载-挠度曲线的发展趋势也一致。

2. 箍筋受力分析

对于有腹筋构件来说,箍筋是构件极限抗剪承载力的重要组成部分,它可以有效地阻止斜裂缝的开展,提高斜裂缝面骨料的咬合力,保证结构具有一定的延性。采用非线性有限元分析可以比较真实地模拟箍筋的变形和受力情况。

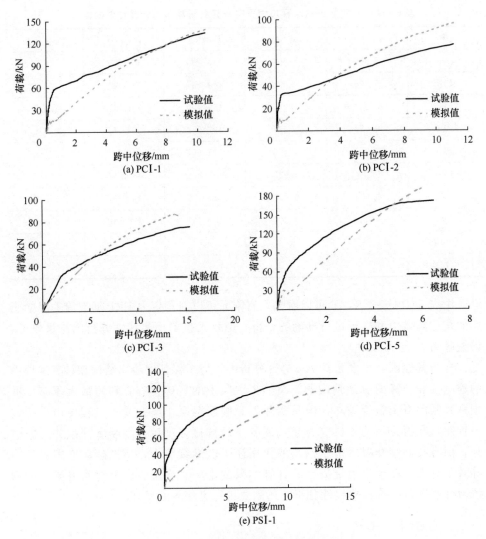

图 8-41　无腹筋梁的荷载-挠度曲线比较

以预应力梁 PCⅡ-5 为例，剪跨内共有 2 道间距为 100mm 的箍筋，从支座到加载点分别记为 N1 和 N2。图 8-44 是极限荷载作用下钢筋的应力云图。从图 8-44 可以看出，剪跨内的两道箍筋都已达到屈服强度，而且每道箍筋最大应力值的高度随着到加载点距离的增加而降低，反映了临界斜裂缝与各箍筋相交的位置变化。

　　图 8-45 是剪跨区内的两道箍筋在极限荷载作用下不同位置的应力变化图，图 8-46是箍筋 N1 和 N2 的中间节点在加载过程中的应力变化图。由此可以看出，有限元非线性分析可以对剪跨区内的箍筋进行准确分析，获得许多试验难

以获得的数据，弥补了试验的不足。

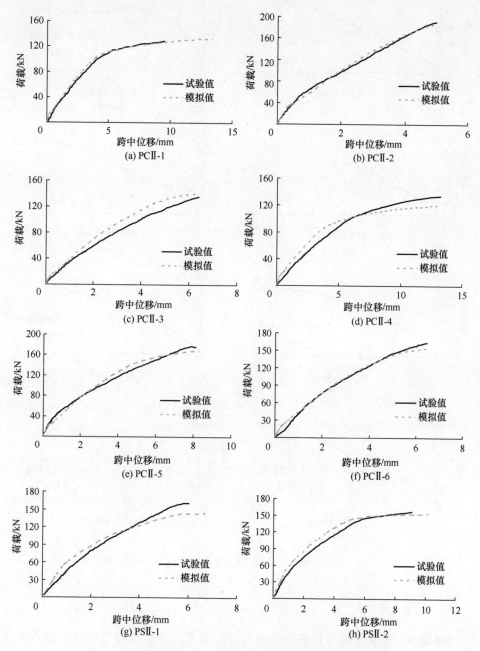

图 8-42　有粘结预应力 FRP 筋有腹筋梁的荷载-挠度曲线比较

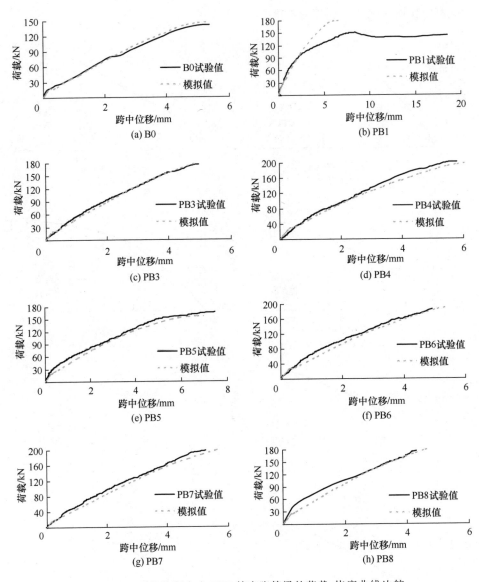

图 8 - 43　无粘结预应力 FRP 筋有腹筋梁的荷载-挠度曲线比较

3. 裂缝及破坏形态

裂缝的分布和发展是抗剪试验研究中的重要方面，通过对裂缝的出现和发展的了解，可以确定构件的破坏形态，更好地分析构件受力。有限元中对裂缝的处理采用弥散裂缝模型，主拉应变采用平均值，无法对单条裂缝的出现和发展进行模拟。但从理论上讲，斜裂缝的发展与梁中主应变是相对应的。从有限

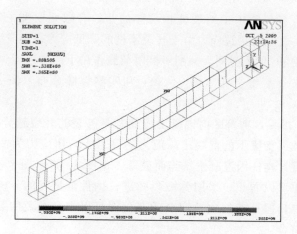

图 8-44　钢筋应力云图

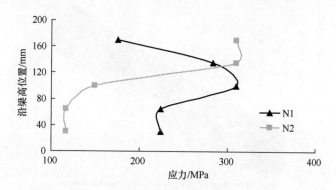

图 8-45　剪跨区箍筋不同位置的应力

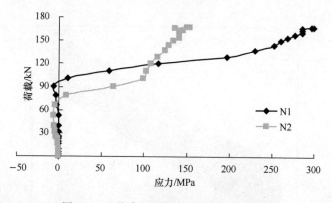

图 8-46　剪跨区箍筋应力随荷载的变化

元后处理混凝土裂缝分布图可以看出，预应力 FRP 筋混凝土梁破坏时裂缝几乎分散在整个梁，与试验中主斜裂缝相对应的是，有限元模型中裂缝分布更密，主拉应变更大，而此时主拉应力由于开裂刚度的降低应力很小或无主应力分布。

以预应力梁 PCⅡ-1 为例，分别对极限荷载作用下的主应变（图 8-47）、主应力（图 8-48）、裂缝分布（图 8-50）和实测裂缝分布（图 8-49）进行了比较。

由图 8-47 可见，剪跨区内混凝土应变基本与裂缝开裂趋势一致。图 8-48所示在极限荷载下支座下的混凝土压应力达到最大，压应力为 21MPa，接近混凝土的抗压强度，构件因混凝土压碎而破坏。由图 8-47～图 8-50 的计算结果和相关试验结果可以看出，采用弥散裂缝进行构件全过程的分析虽然无法得到单条裂缝的发展，但是通过主拉应变的变化图可以得到大致的裂缝分布图，与试验结果基本符合。

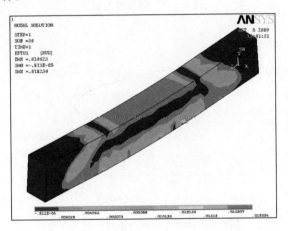

图 8-47　极限荷载下的主拉应变云图

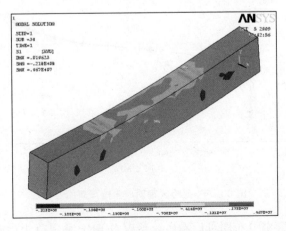

图 8-48　主应力沿 z 轴的分布

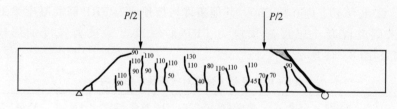

图 8 - 49　实测裂缝分布

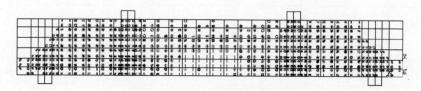

图 8 - 50　有限元模拟裂缝分布

　　总的说来，采用非线性有限元分析对有腹筋预应力 FRP 筋混凝土梁的抗剪承载力进行模拟分析，能够有效反映构件受力的变形性能、箍筋的受力以及裂缝的分布和发展，用其进行预应力 FRP 筋有腹筋混凝土梁抗剪承载力分析是可行的。

8.7　预应力 FRP 筋混凝土梁抗剪性能的有限元参数分析

　　影响预应力混凝土构件抗剪承载力的因素众多，目前很多研究是基于大量的试验分析，得到不同参数对抗剪承载力的影响，进而进行回归分析，得到相应计算公式。而 FRP 作为一种新型材料，目前国内还处于初步研究阶段，考虑到其经济性无法进行大量试验。上节的研究表明采用非线性有限元分析预应力 FRP 筋混凝土梁的抗剪承载力是可行的，故采用非线性有限元对预应力 FRP 筋混凝土梁的抗剪承载力进行参数分析，以全面反映预应力 FRP 筋混凝土梁的抗剪性能。

　　下面以体内有粘结预应力 FRP 筋混凝土梁 PCⅡ-3 为原型，来分别研究混凝土强度、剪跨比、配筋率、预应力筋的张拉应力和粘结情况对预应力 FRP 筋混凝土梁抗剪承载力的影响。

8.7.1　混凝土强度

　　许多研究表明混凝土梁的抗剪承载力随着混凝土强度的提高而提高，但是混凝土梁的抗剪承载力与混凝土抗压强度并不呈线性关系，而是与 f_t 大致有线性关系。考虑到工程实际应用情况，混凝土强度选取了几种常用的等级，分别

为 C20、C30、C40、C50 和 C60，其他条件均按预应力 FRP 筋混凝土梁 PCⅡ-3
取值，来研究混凝土强度对预应力 FRP 筋混凝土梁抗剪强度的影响，如
表 8-17 和图 8-51 所示。

表 8-17　混凝土强度对抗剪强度的影响

编号	抗压强度 f_c/MPa	抗拉强度 f_t/MPa	抗剪承载力 V/kN	V/bh_0/MPa
1	20	1.92	157.92	0.0077
2	30	2.51	195.39	0.0096
3	40	3.04	209.39	0.0103
4	50	3.53	216.14	0.0106
5	60	3.98	235.17	0.0115

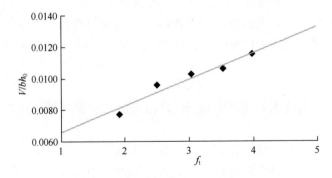

图 8-51　混凝土强度对抗剪强度的影响

由表 8-17 和图 8-51 可以看出，随着混凝土抗拉强度 f_t 的提高，预应力梁
的抗剪强度逐渐提高，两者基本呈线性关系。混凝土强度对于预应力梁抗剪强
度的提高作用在于：随着混凝土强度提高，其抗拉强度也提高，可以推迟主裂
缝的出现，延缓箍筋达到极限强度。

8.7.2　剪跨比

剪跨比 m 反映了在外荷载下正应力 σ 与剪应力 τ 的比值关系，是抗剪承载
力影响因素中的最重要因素，决定着构件斜截面的破坏形式。构件的抗剪强度
随着剪跨比的增大而减小，普通混凝土梁的研究表明，剪跨比小于 2 时，抗剪
承载力下降幅度最大，而剪跨比大于 4 以后其抗剪承载力变化不大。

对于该参数的分析，以梁 PCⅡ-3 为参考，考虑剪跨分别为 100mm、
200mm、300mm 和 400mm，剪跨比分别为 0.65、1.29、1.94 和 2.58，以及 4

种配箍率（箍筋间距分别为 50mm、100mm、150mm 和 200mm），共 16 种情况，来分析剪跨比对抗剪强度的影响。各种计算结果如表 8-18 和图 8-52 所示。

表 8-18　剪跨比和配箍率对抗剪承载力的影响

编号	剪跨 a/mm	剪跨比 m	箍筋间距/mm	配箍率 ρ_{sv}/%	抗剪承载力 V/kN
1	100	0.65	200	0.24	386.09
2	100	0.65	150	0.32	388.88
3	100	0.65	100	0.475	398.53
4	100	0.65	50	0.95	400.00
5	200	1.29	200	0.24	185.85
6	200	1.29	150	0.32	197.54
7	200	1.29	100	0.475	209.60
8	200	1.29	50	0.95	238.19
9	300	1.94	200	0.24	144.94
10	300	1.94	150	0.32	150.34
11	300	1.94	100	0.475	153.63
12	300	1.94	50	0.95	169.87
13	400	2.58	200	0.24	120.15
14	400	2.58	150	0.32	120.94
15	400	2.58	100	0.475	121.38
16	400	2.58	50	0.95	123.10

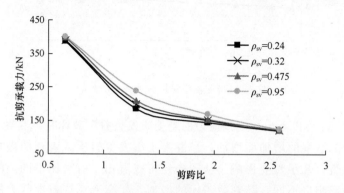

图 8-52　剪跨比对抗剪承载力的影响

由图 8-52 可以看出，当剪跨比 m 较小（$m<1$）时，预应力混凝土梁发生斜压破坏；当剪跨比较大（$m>2.5$）时，预应力混凝土梁发生弯曲破坏。这两种情况下剪跨比对抗剪承载力几乎没有影响。当 $1<m<2.5$ 时，预应力 FRP 筋混凝土梁发生剪压破坏，此时剪跨比对混凝土梁的抗剪承载力影响较大，抗剪承载力随着剪跨比的增大而不断减小。

8.7.3　配箍率

对于有腹筋的钢筋混凝土结构，箍筋是抗剪的重要组成部分，将斜裂缝分割的梁牢固地连在一起，并与纵向受力钢筋共同组成桁架，将剪力传递到支座上。在斜裂缝出现以前，箍筋应变与周围混凝土应变相等，应力很小；当开裂以后发生内力重分布，与斜裂缝相交的箍筋应力突然增大，在荷载增加不大的情况下达到屈服。箍筋的抗剪作用主要表现为：承担了斜截面上的部分剪力；限制了斜裂缝的开展，提高骨料咬合力，约束变形；约束了斜裂缝底部纵筋，防止其撕裂混凝土保护层，加强纵筋销栓作用。当配箍率适当时，限制斜裂缝开展，荷载可有较大增长。

为了研究配箍率的影响，本书以梁 PCⅡ-3 为参考，箍筋间距分别取 50mm、100mm、150mm 和 200mm，配箍率分别为 0.95%、0.475%、0.32% 和 0.24%，来研究配箍率对抗剪承载力的影响，如图 8-53 所示。

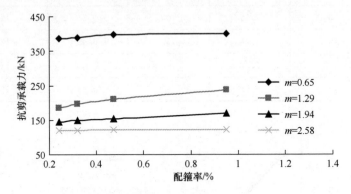

图 8-53　配箍率对抗剪承载力的影响

由图 8-53 可以看出，当预应力混凝土梁发生剪压破坏时，混凝土梁的抗剪承载力随着配箍率的增加而增加；当混凝土梁发生斜压或者弯曲破坏时，配箍率对抗剪承载力几乎没有影响。从图中还可以看出，剪跨比不同，配箍率对抗剪承载力的影响也不同。随着剪跨比的增加，配箍率对抗剪承载力的影响逐渐降低。当 m 等于 1.94 时，配箍率为 0.95% 相对于配箍率为 0.24% 的混凝土梁抗剪承载力提高 17%；当 m 等于 1.29 时，抗剪承载力提高 28%。

8.7.4　预应力

预应力的存在对预应力混凝土简支梁的抗剪强度有提高作用，预压应力使梁斜裂缝倾角减小，减小纵向受拉钢筋处斜裂缝宽度而增强销栓作用，约束斜裂缝的开展，提高梁的抗剪强度。

考虑到 FRP 筋初始张拉力的限值，初始张拉力分别取极限强度的 40%、50%、60% 和 70%，以梁 PCⅡ-3 为参考来研究张拉力对预应力 FRP 筋抗剪强度的影响，其结果如图 8-54 所示。

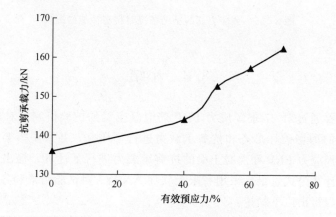

图 8-54　预应力对抗剪承载力的影响

由图 8-54 可以看出，随着预应力水平的提高，预应力混凝土梁的抗剪承载力逐渐提高；而且在不同的预应力水平阶段，提高程度也不一样，预应力水平越高，提高程度越明显。

8.7.5　预应力筋的粘结情况

下面以预应力梁 PB3 和 PB4 为例，分析预应力筋不同粘结情况对抗剪承载力的影响。

图 8-55 是预应力筋的不同粘结条件对预应力梁抗剪性能的影响。由图 8-55可以看出，有粘结预应力梁的抗剪强度要大于无粘结预应力梁，而且有粘结预应力梁的初期刚度略大于无粘结预应力梁。但是由于预应力 FRP 筋混凝土梁在剪切荷载下的变形太小，而有粘结和无粘结的区别只有在预应力梁的变形大到一定程度后才会体现出来，例如在发生弯曲破坏时，所以在剪切破坏中预应力筋不同粘结情况的区别体现得不是很明显。

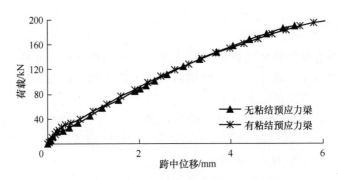

图 8-55　预应力筋的粘结情况对抗剪性能的影响

8.8　小结

本章主要通过对 27 根预应力 FRP 筋混凝土梁的试验研究，对预应力 FRP 筋混凝土梁的剪切破坏形态和抗剪承载力进行了研究，并采用桁架＋拱模型的分析方法对预应力 FRP 筋混凝土梁的抗剪承载力进行了计算，提出了 2 种简化抗剪承载力计算公式，最后采用有限元软件 ANSYS 对试验结果和各种参数进行了分析，可以得出以下结论：

1）无腹筋和有腹筋预应力 FRP 筋混凝土梁的剪切破坏形态有两种，即斜压破坏和剪压破坏，试验中没有发现斜拉破坏，这与钢筋混凝土梁的斜截面破坏有很大的区别；另外在试验中也没有发现预应力 FRP 筋被剪断的现象。

2）剪跨比是影响预应力 FRP 筋混凝土梁抗剪性能最为重要的因素，剪跨比不仅影响着预应力 FRP 筋混凝土梁的破坏形态，还影响着斜截面的抗剪承载力。

3）对于无腹筋预应力 FRP 筋混凝土梁，当剪跨比 $m \leqslant 1$ 时，预应力混凝土梁产生斜压破坏；当 $m \geqslant 2.5$ 时，预应力混凝土梁产生弯曲破坏；对于 $1 < m < 2.5$ 的预应力混凝土梁，产生剪压破坏。

4）对于有腹筋预应力 FRP 筋混凝土梁，当 $m \leqslant 1.3$ 时，预应力混凝土梁发生斜压破坏；当 $1.3 < m < 2.6$ 时，预应力混凝土梁发生剪压破坏。至于发生剪压破坏和弯曲破坏的临界 m 值，试验过程中没能得到。

5）预应力 FRP 筋混凝土梁斜截面的抗剪承载力随着剪跨比 m 的增大而逐渐减小，且随着 m 的增大，抗剪承载力减小的趋势减缓。

6）随着配箍率的增加，预应力梁的抗剪承载力也逐渐提高，但是提高程度也不是无限的，当配箍率增加到一定范围后，抗剪承载力将不再增加。

7）无粘结预应力 FRP 筋混凝土梁的抗剪承载力要比有粘结预应力梁的抗剪承载力小，约小 15％。

8）施加预应力对混凝土梁的抗剪承载力有一定提高，但是提高到一定程度后不再增加。

9）桁架＋拱模型分析法和其他两种规范计算方法都有不能区分有粘结和无粘结预应力的缺点，而且都不能体现预应力钢绞线和 FRP 筋的区别，但是相比之下，桁架＋拱模型分析法的计算结果要比规范的计算方法更接近试验结果，两种规范的抗剪承载力计算方法都过于保守。

10）在分析了预应力对抗剪强度贡献的机理后，通过引入反映预应力筋种类的参数 β_1 和预应力筋不同粘结条件的参数 β_2，对《混凝土结构设计规范》和《公路钢筋混凝土及预应力混凝土桥涵设计规范》中抗剪承载力计算公式进行了修改，通过与试验结果进行比较，发现修改后的公式不仅意义明确，而且计算结果与试验数据比较吻合。

11）采用非线性有限元软件对有腹筋预应力 FRP 筋混凝土梁的抗剪承载力进行模拟分析，能够有效反映构件的受力和变形性能、箍筋的受力以及裂缝的分布和发展，用其进行有腹筋预应力 FRP 筋混凝土梁抗剪承载力分析是可行的，但是无腹筋预应力 FRP 筋梁的分析结果还有一定误差。

12）随着混凝土抗拉强度 f_t 的提高，预应力 FRP 筋梁的抗剪强度逐渐提高，两者基本呈线性关系。

13）当预应力混凝土梁发生剪压破坏时，混凝土梁的抗剪承载力随着配箍率的增加而增加；当混凝土梁发生斜压或者弯曲破坏时，配箍率对抗剪承载力几乎没有影响。

14）随着预应力水平的提高，预应力混凝土梁的抗剪承载力逐渐提高；而且在不同的预应力水平阶段，提高程度也不一样，预应力水平越高，提高程度越明显。

第 9 章 预应力 FRP 筋混凝土梁
抗震性能的研究

FRP 筋由于具有轻质高强、抗腐蚀和疲劳性能好等优点，已经被广泛用于预应力混凝土结构中，随着"5·12"汶川大地震的发生，人们对这类结构的抗震性能越发的关心。近些年来国内外对预应力 FRP 筋混凝土梁的静载特性进行了大量研究，但对其动载特性的研究甚少。本章基于 8 根不同参数的混凝土梁在低周反复荷载下的试验，对预应力 FRP 筋混凝土梁的破坏形态、特征荷载、滞回曲线、骨架曲线、延性、刚度退化和耗能能力等性能进行了研究，并且和预应力钢绞线混凝土梁的抗震性能进行了对比。本章还采用有限元软件 ANSYS 对预应力 FRP 筋混凝土梁的抗震性能进行了模拟，并对各种参数进行了讨论，最后提出了预应力 FRP 筋混凝土梁的滞回模型。

9.1 预应力 FRP 筋混凝土梁抗震性能试验研究

9.1.1 试验梁的设计

1. 试验梁的规格尺寸

试验共设计了 8 个试件，其中 1 个构件是普通混凝土梁，2 个预应力钢绞线混凝土梁，4 个预应力 FRP 筋混凝土梁，还有 1 根预应力梁是钢绞线和 CFRP 筋组合的情况。混凝土梁长 3.2m，跨度为 2.86m，梁宽 200mm，高 300mm，预应力混凝土梁均按"强剪弱弯"的原则进行设计。试验主要的变化参数有预应力筋的种类、预应力筋的粘结情况和预应力度。试件设计参数及配筋详见表 9-1，图 9-1 为试件配筋图，图 9-2 为构件截面。

2. 试验所用材料的性能

试验中所用材料的实测力学性能分别见表 9-2 和表 9-3。

表 9-1　试件明细

梁编号	张拉应力	预应力度	压区钢筋	拉区钢筋	预应力筋	纯弯区箍筋	弯剪区箍筋
SB0	—	—					
PSB1	$0.62 f_{pu}$	0.545			$2B\phi^s 9.5$		
PSB2	$0.62 f_{pu}$	0.545			$2U\phi^s 9.5$		
PSB3	$0.62 f_{pu}$	0.545			$1B\phi^s 9.5 + 1U\phi^c 8$		
PCB1	$0.62 f_{pu}$	0.549	$2\phi16$	$2\phi16$	$2B\phi^c 8$	$\phi8@200$	$\phi8@100$
PCB2	$0.62 f_{pu}$	0.549			$2U\phi^c 8$		
PCB3	$0.62 f_{pu}$	0.549			$1B\phi^c 8 + 1U\phi^c 8$		
PCB4	$0.62 f_{pu}$	0.646			$2B\phi^c 8 + 1U\phi^c 8$		

注： 1. ϕ^s 表示钢绞线，ϕ^c 表示 CFRP 筋。

2. B 表示有粘结预应力，U 表示无粘结预应力。

3. 预应力强度比 $\lambda = \dfrac{A_p f_{py}}{A_p f_{py} + A_s f_y}$，其中 A_p，A_s 分别表示预应力筋和受拉钢筋的面积；f_{py}，f_y 分别表示预应力筋抗拉强度的设计值和受拉钢筋的屈服强度。

4. 根据《混凝土结构设计规范》中规定，在构件承载力设计时，钢绞线取极限抗拉强度 σ_b 的 85% 作为条件屈服点；对预应力 CFRP 筋的设计强度参考上述方法，也按相同的原则确定。

5. 本试验预应力强度比是根据《建筑抗震设计规范》(GB 50011—2001) 中的定义来设计的，规范中预应力强度比的计算式 $\lambda = \dfrac{A_p f_{py}}{A_p f_{py} + A_s f_y}$，对于一级抗震结构其预应力强度比不宜大于 0.55，二、三级结构不宜大于 0.75。

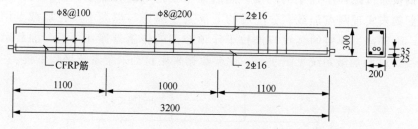

图 9-1　梁试件配筋图

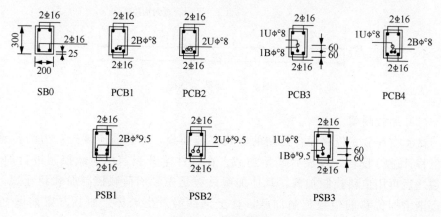

图 9-2　构件截面

表 9 - 2　混凝土的强度

混凝土等级	抗压强度 /MPa	弹性模量 /MPa
C40	46.61	3.40×10^4

表 9 - 3　各种筋材的力学性能

筋材	直径/mm	面积/mm²	屈服强度/MPa	极限强度/MPa
钢绞线	9.5	54.8	—	1766
CFRP 筋	8	50	—	1730
普通钢筋	16	201	433	547
	8	50	382	549

3. 试验梁的加载及测试方案

（1）加载装置

试验加载方式为两点上下反复加载。为实现梁两端铰支，在支座处用两块对称钢板通过螺栓压住梁的两端，然后锚固在地下剪力墙上。加载时，通过一根分配梁来实现两点加载，分配梁的下部通过螺栓与混凝土梁在加载点固定在一起，上部通过焊接的装置与推拉千斤顶端部的传感器连在一起，加载示意见图 9 - 3，试验加载系统见图 9 - 4。试验数据采用自动采集系统进行采集。

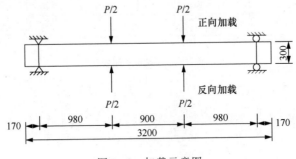

图 9 - 3　加载示意图

（2）加载制度

试验按荷载、位移混合控制的模式实施加载，加载前应该先对力的传感器和位移计进行校核，校核后开始加载。在试件梁开裂前用荷载控制进行加载，开裂之后再用位移控制加载，具体加载过程是先采用荷载控制加载到开裂，然后逐渐增加位移的倍数控制加载，直至试件梁发生破坏。加载方案如图 9 - 5 所示。

图 9-4　试验加载系统

（3）测点布置和测量内容

在试件梁跨中位置的普通钢筋、CFRP 筋和混凝土均布置了应变片，以测量其在试验过程中的应变变化。另外还在试件梁跨中布置了位移计，在加载千斤顶的端部连接了力的传感器，然后所有测点都连接到数据采集系统上进行采集，试验测点布置如图 9-6 所示。

低周反复荷载试验观测的内容主要包括：

1）试验过程中试件梁上裂缝的发展和破坏形态。

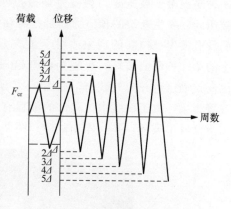

图 9-5　加载方案

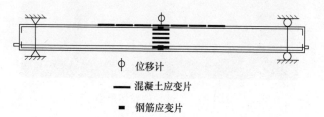

图 9-6　试验测点布置

2）试件梁的荷载值。

3）试件梁的跨中竖向位移。

4）混凝土表面的应变。

5）纵向普通钢筋应变。

6）预应力 CFRP 筋的应变。

9.1.2　试验结果与分析

1. 试验现象及试验结果

试件梁的破坏过程可分为以下几个阶段：

1）试验加载后最早在纯弯区出现弯曲裂缝，弯曲裂缝发展到一定数目后才在弯剪区出现裂缝。

2）裂缝发展到一定程度后，混凝土梁中的普通钢筋发生屈服，新的裂缝不再产生，但原有裂缝的长度和宽度逐渐增加，并且上下的裂缝基本贯通。

3）混凝土梁最终破坏形态表现为两种：一种是预应力 CFRP 筋被拉断，另一种是混凝土被压碎。预应力筋被拉断后，由于能量迅速释放，混凝土也立即被压碎。发生断裂的预应力筋都是有粘结预应力 CFRP 筋，无粘结预应力 CFRP 筋没有发生被拉断的现象。对于预应力 CFRP 筋没被拉断的预应力梁，都是发生的第二种弯曲破坏，表现为纯弯区段局部混凝土被压碎并脱落，对应部位的纵向钢筋压弯并向外鼓出，如图 9-7 所示。对于预应力钢绞线混凝土梁和普通混凝土梁，由于试验中位移计的量程有限，当裂缝宽度超过 5mm 后，也认为混凝土梁发生破坏，并且停止试验。图 9-8 是试验梁的裂缝分布图。

图 9-7　试件的破坏形态

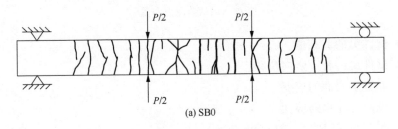

(a) SB0

图 9-8　裂缝分布

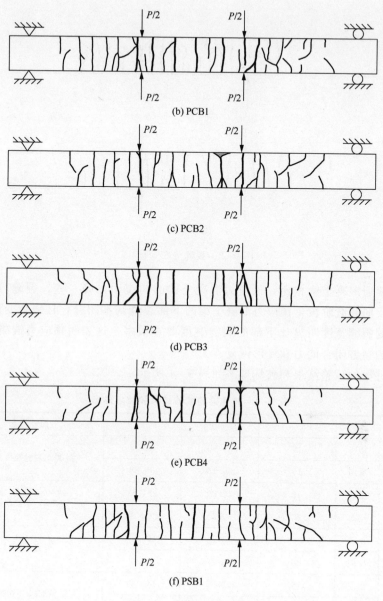

(b) PCB1

(c) PCB2

(d) PCB3

(e) PCB4

(f) PSB1

图 9-8　裂缝分布（续）

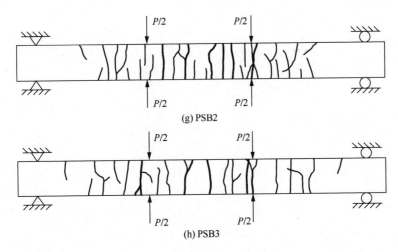

图 9 - 8　裂缝分布（续）

　　与普通混凝土梁相比，预应力混凝土梁的初裂明显晚一些，裂缝较细。另外，在反向卸载阶段，预应力混凝土梁的下部裂缝基本闭合，且残余变形很小，而上部的裂缝宽度明显比下部的裂缝宽度要宽很多，这表明预应力混凝土梁具有较好的裂缝闭合能力和变形恢复能力。

　　试件梁的试验结果和破坏形态如表 9 - 4 所示。

表 9 - 4　试件梁的试验结果和破坏形态

编号	方向	P_{cr}/kN	Δ_u/mm	P_u/kN	破坏形态
SB0	正向	12	50.00	68.29	混凝土裂缝宽度过大
	反向	10	38.13	68.88	
PCB1	正向	18	42.29	184.81	CFRP 筋被拉断
	反向	20	37.33	97.36	
PCB2	正向	30	43.77	167.00	混凝土压碎
	反向	20	39.25	93.63	
PCB3	正向	18	53.57	144.89	有粘结 CFRP 筋被拉断
	反向	17	42.50	107.70	
PCB4	正向	23	43.56	174.04	CFRP 筋拉断，同时混凝土压碎
	反向	25	38.48	104.25	

续表

编号	方向	P_{cr}/kN	Δ_u/mm	P_u/kN	破坏形态
PSB1	正向	16	50.50	192.23	混凝土裂缝宽度过大
	反向	15	46.07	104.83	
PSB2	正向	35	38.75	156.90	混凝土裂缝宽度过大
	反向	20	50.00	81.95	
PSB3	正向	15	45.57	151.78	混凝土压碎
	反向	15	38.13	101.52	

由于试验过程中采用的位移计量程有限，当跨中位移超过 50mm 后，如果试件梁还没有发生破坏，而此时试件梁的裂缝宽度已经很宽，也终止试验，认为是由于裂缝宽度过大而造成了破坏，实际上试件梁还没有破坏。由表 9-4 还可以发现，预应力梁的开裂荷载都比普通混凝土梁的开裂荷载要大，并且正向承载力都有一定的提高；另外预应力 FRP 筋混凝土梁在破坏阶段，发生了 FRP 筋断裂的现象，而钢绞线预应力梁不会发生这种破坏形态。

2. 滞回曲线

滞回曲线是结构抗震的综合体现，梁试件的 P-Δ 滞回曲线见图 9-9，从图中可见：

1）普通混凝土梁的滞回曲线呈梭形，较丰满，表现出良好的延性和耗能能力。

2）预应力混凝土梁的滞回曲线在正向卸载和反向加载阶段表现出明显的捏拢效应，但滞回曲线总体较为丰满，抗震性能较好。

3）无粘结预应力梁的滞回曲线比同等预应力度的有粘结预应力梁的滞回曲线要饱满，另外随着预应力度的增加，预应力梁的滞回曲线的饱满程度逐渐降低，说明抗震性能随着预应力度的增加而降低。

3. 骨架曲线

将滞回曲线各级荷载下循环的顶点连接成为包络线，形成骨架曲线。骨架曲线能够明确地反映结构的强度、变形等性能。各试验梁的骨架曲线如图 9-10 所示。

由图 9-10 可以看出：

1）梁试件在低周反复荷载下都经历了弹性阶段、屈服阶段和破坏阶段。

2）RC 混凝土梁屈服后，承载力基本不变，而 PC 混凝土梁屈服后，承载力还略有增加，并且屈服荷载要比 RC 梁的高。

3）随着预应力度的提高，PC 梁试件的正向加载刚度增大，承载力也逐渐

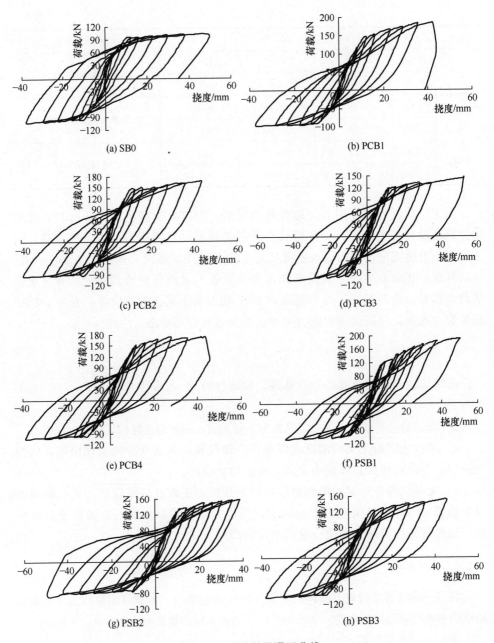

图 9 - 9　试验梁的滞回曲线

加大，但增加到一定程度后，承载力在破坏阶段反而略有下降；PC 梁的反向加载刚度与普通混凝土梁的差别不大。

　　4）有粘结预应力梁的刚度和承载力都比无粘结预应力梁的要高；采用有粘

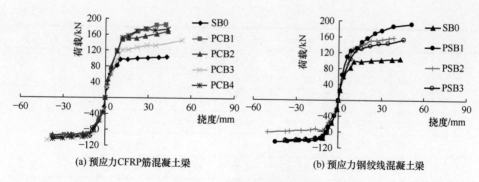

(a) 预应力CFRP筋混凝土梁　　　　　　(b) 预应力钢绞线混凝土梁

图 9-10　试验梁骨架曲线

结和无粘结预应力相结合后，虽然承载力降低，但是滞回曲线变得更丰满，对结构抗震能力有利。

　　5) 预应力 FRP 筋混凝土梁的刚度和承载力都比预应力钢绞线混凝土梁的要低，而且钢绞线预应力梁的极限变形要大，不会发生预应力筋断裂的现象，所以预应力 FRP 筋混凝土梁的抗震能力比钢绞线预应力梁的抗震能力要低。

　　4. 延性指标

　　在结构抗震性能中，延性是一个重要的指标。由于 FRP 是线弹性材料，这将导致传统的延性系数计算方法不再适用于预应力 FRP 筋混凝土结构。国内学者冯鹏等人根据 FRP 材料的特点提出了综合性能指标系数来全面反映各种不同类型构件的受力性能[54]，本书采用其综合性能指标来计算试验梁的延性，其计算公式如下：

$$\lambda = \frac{\Delta_u}{\Delta_y} \times \frac{M_u}{M_y} \qquad (9-1)$$

式中，Δ_u 和 Δ_y 分别表示试验梁的极限挠度和屈服挠度，M_u 和 M_y 分别表示极限弯矩和屈服弯矩。

　　试验梁的延性指标见表 9-5。

表 9-5　试件梁的延性指标

编号	方向	Δ_y/mm	Δ_u/mm	P_y/kN	P_u/kN	λ	延性指标平均值
SB0	正向	10.54	50.00	66.22	68.29	4.89	4.33
	反向	10.54	38.13	66.21	68.88	3.76	
PCB1	正向	11.58	42.29	147.04	184.81	4.59	4.48
	反向	9.27	37.33	89.89	97.36	4.36	
PCB2	正向	11.46	43.77	147.76	167.00	4.32	3.98
	反向	10.90	39.25	92.76	93.63	3.63	

编号	方向	Δ_y/mm	Δ_u/mm	P_y/kN	P_u/kN	λ	延性指标平均值
PCB3	正向	11.99	53.57	118.90	144.89	5.44	5.02
	反向	10.22	42.50	97.65	107.70	4.59	
PCB4	正向	12.23	43.56	150.35	174.04	4.12	4.10
	反向	10.22	38.48	96.21	104.25	4.08	
PSB1	正向	8.77	50.50	123.78	192.23	8.94	6.81
	反向	10.90	46.07	94.92	104.83	4.67	
PSB2	正向	11.37	38.75	133.30	156.90	4.01	4.77
	反向	10.07	50.00	73.65	81.95	5.52	
PSB3	正向	11.75	45.57	124.07	151.78	4.74	4.28
	反向	10.54	38.13	96.21	101.52	3.82	

由表 9-5 可以看出：

1) 由于试验中位移计量程的限制，表 9-5 计算的延性指标都是挠度在 50mm 以内的数值，这导致了 RC 梁和钢绞线预应力梁的延性指标偏低。

2) 当采用有粘结和无粘结预应力 FRP 筋相结合后，试件梁的延性指标有一定提高，相对于有粘结梁提高了 12%，相对于无粘结梁提高了 26%，说明有粘结和无粘结预应力相结合的方式能提高结构的抗震能力。

3) 随着预应力度的增加，试件梁的延性指标有所降低。

4) 钢绞线预应力梁的延性指标比预应力 FRP 筋试件梁的要高，在相同初始张拉力的条件下，钢绞线预应力梁的延性指标提高了 20%～50%。

5. 刚度退化

结构的退化性质反映了结构累积损伤的影响，是结构动力性能的重要特点之一。下面引入环线刚度来评价结构的退化性质。结构的刚度退化可以取同一级变形下的环线刚度来表示，其计算式如下：

$$K_i = \frac{\sum_{i=1}^{n} P_j^i}{\sum_{i=1}^{n} u_j^i} \tag{9-2}$$

式中，K_i 为环线刚度，单位 kN/mm；P_j^i 为位移延性为 j 时，第 i 次循环的峰值荷载值；u_j^i 为位移延性为 j 时，第 i 次循环的峰值位移值；n 为循环总次数。

试验梁的刚度退化如图 9-11 所示，由图 9-11 可见：

1) 试件梁在整个加载过程中刚度退化明显，而且刚度退化主要发生在试件开裂至屈服这一阶段。

2）预应力的施加对梁的正向刚度退化有一定的抑制作用，对反向的刚度退化基本没有影响。

3）试件梁的刚度退化与预应力筋的种类和粘结情况基本没什么关系，但和试件梁的预应力度有一定关系，预应力 FRP 筋和钢绞线梁的刚度退化基本相同，预应力度越大的试件梁，刚度退化越小。

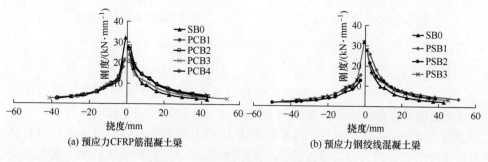

(a) 预应力CFRP筋混凝土梁　　　　　(b) 预应力钢绞线混凝土梁

图 9 - 11　试验梁的刚度退化曲线

6. 耗能能力

滞回曲线是结构抗震性能的综合表现，滞回环包络线面积 E 的大小表明结构耗散地震能力的强弱，累积滞回耗能 Q 等于试件最终破坏前各实测滞回环的面积之和。各构件的耗能能力 E、累积滞回耗能 Q 和耗能能力的提高系数分别见图 9 - 12、图 9 - 13 和表 9 - 6。

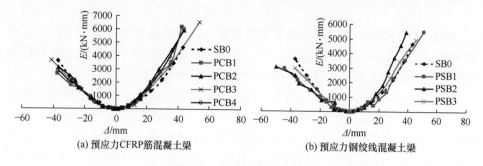

(a) 预应力CFRP筋混凝土梁　　　　　(b) 预应力钢绞线混凝土梁

图 9 - 12　试验梁的耗能曲线

表 9 - 6　试件梁的耗能能力

梁编号	SB0	PCB1	PCB2	PCB3	PCB4	PSB1	PSB2	PSB3
$Q/(\text{kN} \cdot \text{mm})$	13 017.35	16 265.16	17 312.14	15 019.71	16 150.18	14 929.82	20 563.11	13 572.87
提高系数 /%	—	24.95	32.99	15.38	24.07	14.69	57.97	4.27

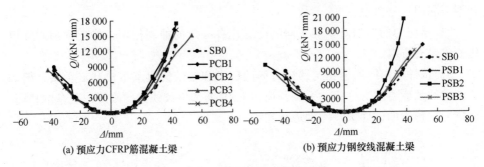

(a) 预应力CFRP筋混凝土梁　　　　　　　(b) 预应力钢绞线混凝土梁

图 9-13　试验梁的累积耗能曲线

表 9-6 中各预应力梁耗能能力的提高系数均是对比普通混凝土梁挠度在 50mm 以前的耗能能力。由表 9-6 可以看出，在同等预应力度的条件下，无粘结预应力梁的耗能能力最好，无粘结预应力 FRP 筋和钢绞线混凝土梁相对普通混凝土梁的耗能能力分别提高了 32.99% 和 57.97%，有粘结预应力梁的耗能能力次之。当采用有粘结和无粘结预应力相组合后，由于预应力筋是不同排布置的，导致预应力梁的承载力下降太多，所以耗能能力提高不多，FRP 筋和钢绞线预应力梁的耗能能力提高系数分别为 15.38% 和 4.27%。除了无粘结预应力 FRP 筋混凝土梁的耗能能力低于同等条件下的无粘结预应力钢绞线混凝土梁以外，其他情况下预应力 FRP 筋混凝土梁的耗能能力与钢绞线预应力梁的耗能能力基本相当，说明预应力 FRP 筋混凝土梁具有良好的耗能能力。

7. 应变分析

试验过程中对预应力 FRP 筋和普通钢筋在跨中部位都布置了应变片，来测量其在受力过程中的应变增量和应变变化。图 9-14、图 9-15 分别是有粘结和无粘结预应力 FRP 筋梁各种受力筋的应变随荷载的变化图。

由图 9-14、图 9-15 可以看出，预应力梁在屈服前预应力 FRP 筋的应变增量变化不大，和普通钢筋应变的变化基本一致；当试件梁屈服后，预应力 FRP 筋的应变增量迅速增加，预应力 FRP 筋主要在大变形阶段发挥作用，这也是其承载力高于普通混凝土梁的主要原因；另外，预应力 FRP 筋在反向加载条件下，应变变化不大，对反向承载力基本没有什么贡献。

图 9-16 是相同条件下有粘结预应力 FRP 筋和无粘结预应力 FRP 筋应变增量的对比，由图可见，在大变形阶段，有粘结预应力 FRP 筋的应变增量要远远大于相同位置的无粘结预应力筋，这也是有粘结预应力 FRP 筋混凝土梁承载力略高的原因，所以在试验中只有有粘结预应力 FRP 筋发生了断裂的现象，而无粘结预应力 FRP 筋一般不会发生断裂。

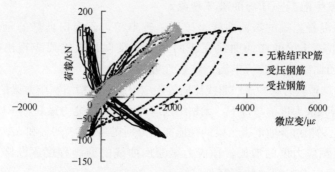

图 9 - 14　PCB2 受力筋的应变随荷载的变化

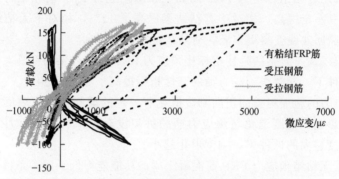

图 9 - 15　PCB4 受力筋的应变随荷载的变化

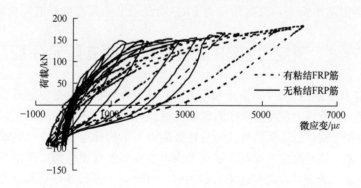

图 9 - 16　PCB1 和 PCB2 预应力 FRP 筋的应变增量随荷载的变化

9.1.3　试验研究结论

通过对 8 根试验梁在低周反复荷载作用下的拟静力试验，对其抗震性能进行了研究，可以得出以下结论：

1) 低周反复荷载下预应力 FRP 筋和钢绞线混凝土梁的破坏形态均为弯曲破坏，但破坏形态有一定的区别，有粘结 FRP 筋易发生断裂，无粘结 FRP 筋和钢绞线一般都发生混凝土压碎的破坏现象。

2）普通混凝土梁的滞回曲线呈梭形，较丰满，表现出良好的延性和耗能能力；预应力混凝土梁的滞回曲线在正向卸载和反向加载阶段表现出明显的捏拢效应，但滞回曲线总体较为丰满，抗震性能较好。

3）无粘结预应力梁的滞回曲线比同等预应力度的有粘结预应力梁的滞回曲线要饱满。在同等预应力度的条件下，无粘结预应力梁的耗能能力最好，FRP 筋和钢绞线预应力混凝土梁相对普通混凝土梁的耗能能力分别提高了 32.99% 和 57.97%。

4）随着预应力度的增加，预应力梁滞回曲线的饱满程度逐渐降低，说明抗震性能随着预应力度的增加而降低。

5）当采用有粘结预应力 FRP 筋和无粘结预应力 FRP 筋相结合后，试件梁的延性指标有一定提高，相对于有粘结梁提高了 12%，相对于无粘结梁提高了 26%，而且滞回曲线变得更丰满，对结构抗震能力有利。

6）钢绞线预应力梁的延性指标比预应力 FRP 筋试件梁的要高，在相同初始张拉力的条件下，钢绞线预应力梁的延性指标提高了 20%～50%。

7）预应力的施加对梁的正向刚度退化有一定的抑制作用，对反向的刚度退化基本没有影响；刚度退化与预应力筋的种类没有关系，与预应力度有一定关系，预应力度越大的试件梁，刚度退化越小。

8）除了无粘结预应力 FRP 筋混凝土梁的耗能能力低于同等条件下的钢绞线混凝土梁以外，其他情况下预应力 FRP 筋混凝土梁的耗能能力与钢绞线预应力梁的耗能能力基本相当，说明预应力 FRP 筋混凝土梁具有良好的耗能能力。

9.2　预应力 FRP 筋抗震性能的有限元分析

在预应力混凝土结构中，由于预应力筋在初始弹性拉伸大变形之后具有较强的变形恢复能力，预应力混凝土构件的能量耗散能力（滞回环所围的面积）比相应的普通钢筋混凝土构件低。而结构的能量耗散能力与结构的地震反应、抗震性能等有着直接的关系，因此预应力混凝土结构是否具有良好的抗震性能以及是否具有足够的能量耗散能力就成了人们普遍关心的内容。FRP 是一种线弹性材料，由于其具有轻质、高强和耐腐蚀的性能，国内外很多学者都用 FRP 筋作为预应力筋，但其抗震性能如何，这是人们非常关心的一个问题，目前关于这方面的研究几乎是空白。

由于受试验条件的限制，国内外不少学者利用 ANSYS 软件对混凝土结构的低周反复荷载试验进行了模拟分析，并取得了不少成果[100,163,164]。从目前的研究情况来看，所进行的模拟分析大部分是按照单调加载的方式进行，将计算得到的结构的开裂荷载、屈服荷载、极限荷载、荷载-位移曲线以及破坏形态等与反复加载的试验结果对比，从而得出一定的结论。由于混凝土的开裂、压碎、受压强化、受拉软化以及钢筋与混凝土之间的滑移等非线性因素的影响，钢筋混凝土结构的有限元模拟分析难以进行。而对于承受反复荷载作用的钢筋混凝土结构，更由于混凝土的刚度退化、钢筋的包辛格效应以及钢筋与混凝土之间的粘结强度的退化等因素，对钢筋混凝土结构滞回过程的模拟分析显得尤为困难。本节主要对 ANSYS 分析预应力 FRP 筋混凝土梁在低周反复荷载下的抗震性能进行模拟，与试验结果进行对比，并且对各种影响抗震性能的主要参数进行讨论。

9.2.1　有限元建模过程与求解

1. 单元类型的选择

混凝土采用 Solid65 单元，非预应力钢筋采用 Link8 单元，预应力 FRP 筋用 Link10 单元来进行模拟；非预应力筋分别采用分离式和整体式模型来进行分析；在混凝土梁支座、加载处以及无粘结预应力筋锚固端，在加载过程中容易产生应力集中，使混凝土局部提前破坏，导致求解失败，因此在这些部位添加弹性垫块，来减少应力集中，采用 Solid45 单元模拟。

2. 材料的本构关系

（1）混凝土的本构关系

在通用有限元软件 ANSYS 中只能定义单向应力-应变曲线，因此不便引入较为复杂的卸载、再加载的变化规律。通过试算发现，Solid65 单元在反复加载过程中，卸载和再加载曲线与之前的加载历史无关，按照初始弹性模量直线卸载与再加载，并且无法考虑裂面效应。因此，采用 ANSYS 提供的多线性随动强化模型，循环本构做相应简化，并作以下假定：

1）反复荷载作用下混凝土应力-应变曲线的骨架曲线与单调加载时的应力-应变全曲线完全吻合。

2）卸载和再加载曲线与之前的加载历史无关，按照直线卸载与再加载，如图 9 - 17（a）所示。

3）混凝土受拉应力-应变关系为线弹性，弹性模量与受压混凝土的弹性模量相同。

（2）钢筋的本构关系

非预应力钢筋的骨架曲线采用与单调荷载下完全相同的理想弹塑性模型，并且受拉和受压下认为是完全相同的。非预应力钢筋的卸载、再加载路径可以视为直线，且平行于应力-应变曲线的初始直线段，如图 9 - 17（b）所示。

（3）预应力 FRP 筋的本构关系

因为 FRP 筋是线弹性材料，认为其在加载和卸载过程中都是线弹性的，并

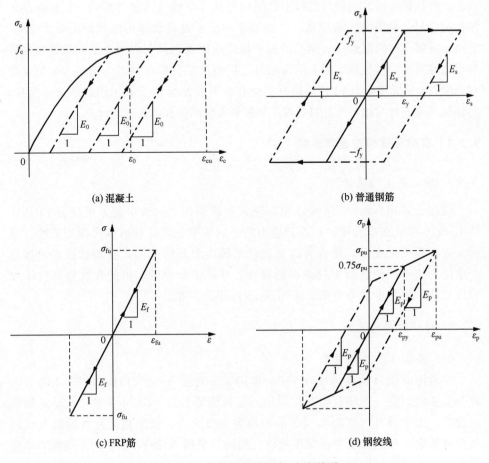

(a) 混凝土　　　　　　　　　　　　　　　　(b) 普通钢筋

(c) FRP筋　　　　　　　　　　　　　　　　(d) 钢绞线

图 9 - 17　各种材料的应力-应变关系

且弹性模量不发生改变，如图 9 - 17（c）所示。

（4）预应力钢绞线的本构关系

预应力钢绞线的骨架曲线采用弹塑性的双斜线模型，与单向荷载下的加载曲线一样，并且受拉和受压下认为是完全相同的。预应力钢绞线的卸载、再加载路径可以视为直线，且平行于应力-应变曲线的初始直线段，如图 9 - 17（d）所示。

3. 模型的建立

反复荷载的加载过程较为复杂，计算时间比较长，而且一般不容易收敛。为了使计算能够顺利进行，模型中的单元尺寸设置都比较大，这也是与单向加载计算有限元模型的最大区别。

对于非预应力钢筋，分别采用分离式和整体式模型来进行分析。在分离式模型中采用实体分割法来建模，在这种方法中为了防止按照钢筋的实际位置将混凝土梁网格切分得过小，采取将 2 根受拉钢筋和 2 根受压钢筋分别合并成 1 根受拉钢筋和 1根受压钢筋，预应力筋也采用同样的办法将同一高度位置的预应力筋进行合并，并且不考虑箍筋的影响，这种处理方法对于混凝土梁的弯曲承载力影响不会太大。

　　对于有粘结预应力筋，采用预应力筋单元和混凝土单元共用节点的办法进行处理，不考虑它们之间的相互滑移。对于无粘结预应力筋，不考虑预应力FRP 筋和混凝土单元间的粘结单元，而是采用节点耦合法来模拟 FRP 筋和混凝土单元间的相互关系，将 FRP 筋节点和离它最近的混凝土节点在垂直于预应力筋的两个方向上进行位移耦合，而在平行于预应力筋的方向上两者可以相对滑动，预应力 FRP 筋只在混凝土梁端部与锚固钢板进行全部位移耦合。预应力的施加采用降温法来模拟，并且在施加预应力的时候先考虑预应力损失。

　　试验梁的有限元模型如图 9 - 18 所示。

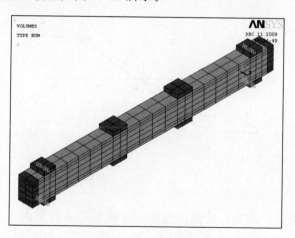

图 9 - 18　有限元模型

4. 有限元求解和收敛的设置

　　按照试验加载方案对试验梁进行低周反复荷载下滞回特性的有限元分析计算，整个加载过程按施加位移荷载进行控制，以获得更好的收敛效果。低周反复加载过程通过施加一系列的荷载步来施加，采用 Newton-Raphson 非线性求解选项，并打开线性搜索以及自适应下降功能以加速收敛，荷载步为 $100\sim500$，根据循环荷载步的不同阶段适当调整，使得收敛性和求解速度达到最优。关闭混凝土的压碎检查，混凝土裂缝张开和闭合的剪力传递系数分别取为 0.5 和1.0。计算过程采用位移的收敛准则，将收敛精度放宽至 10%。

9.2.2　有限元结果分析

在 ANSYS 有限元软件中输入试验中各种材料的实测性能，计算分析后通过处理可以得到各种结果，下面将各种计算结果与试验结果进行比较。

对于分离式和整体式模型来说，整体式模型建模比较简单，最大的优点还在于容易收敛。但是通过对整体式模型施加反复荷载后发现，计算模型在正向和反向加载阶段的曲线与实测荷载-位移曲线比较接近，但是在卸载阶段模型的刚度与实际结果有很大的区别，即使加载到屈服阶段，模型也没有残余变形，整个滞回曲线像一个倒 Z 形，如图 9-19 所示。分析其原因，可能是整体式模型综合考虑了混凝土和钢筋对刚度的贡献，模型更接近于弹性体，所以在卸载阶段没有残余变形。

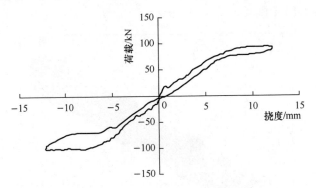

图 9-19　整体式建模方法的曲线

为了更吻合试验结果，后面的有限元分析都是采用分离式来建模的。计算结果与试验结果的比较如表 9-7 所示。因为预应力对反向加载的影响并不大，所以表 9-7 只统计了正向加载的承载力和变形对比情况。

表 9-7　计算结果与试验结果的比较

梁编号		SB0	PCB1	PCB2	PCB3	PCB4	PSB1	PSB2	PSB3
承载力 /kN	计算值	103.95	183.18	164.17	158.99	171.15	184.99	170.65	168.88
	试验值	102.87	184.81	168.15	146.76	174.04	191.99	157.14	151.50
	计算值/试验值	1.01	0.99	0.98	1.08	0.98	0.96	1.09	1.11
挠度 /mm	计算值	42.94	46.89	45.22	43.69	46.28	46.63	46.04	45.42
	试验值	46.70	42.289	43.62	53.54	43.56	50.71	38.48	45.24
	计算值/试验值	0.92	1.11	1.04	0.82	1.06	0.92	1.20	1.00

由表 9 - 7 可以看出，有限元模型分析的极限承载力和挠度与试验结果基本吻合。

1. 滞回曲线的比较

滞回曲线是结构抗震性能最直观的表现，也是有限元非线性分析最重要的内容，有限元分析得到的滞回曲线和试验曲线的比较如图 9 - 20 所示。

由图 9 - 20 可以看出：

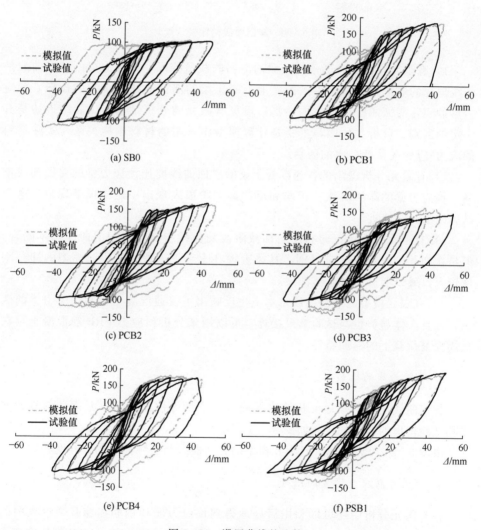

图 9 - 20　滞回曲线的比较

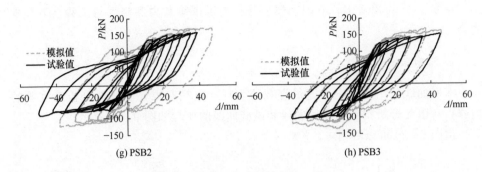

(g) PSB2　　　　　　　　　　　　　(h) PSB3

图 9 - 20　滞回曲线的比较（续）

1）有限元得出的普通混凝土梁的滞回曲线呈菱形，预应力梁的滞回曲线呈中线捏拢的菱形，而试验得到的普通混凝土梁的滞回曲线呈丰满的梭形，预应力梁的实际滞回曲线呈捏拢的梭形，可见有限元的分析结果与试验结果还是有一定的区别。分析其原因，主要是计算模型中采用的材料本构关系与实际材料的应力-应变关系有一定的区别。

2）有限元分析得出的普通混凝土梁的滞回曲线要比预应力梁的滞回曲线饱满，预应力梁的滞回曲线在正向和反向卸载阶段表现出一定的捏缩现象，这与试验结果比较接近。

3）有限元模型在正向和反向加载阶段的曲线与试验过程的曲线基本吻合，但是在卸载阶段还有一定区别，具体表现在大变形阶段，有限元模型的卸载刚度较大，残余变形比试验值都大。

4）有限元模型的滞回曲线基本上也反映出了普通混凝土梁和预应力梁的区别，而且大体趋势也与试验结果接近，可以用来分析预应力 FRP 筋混凝土梁在低周反复荷载下的滞回特性。

2. 骨架曲线的比较

骨架曲线能够明确地反映结构的强度、变形等性能，有限元模型的骨架曲线和试验得出的曲线的比较如图 9 - 21 所示。

由图 9 - 21 可以看出，有限元模型的骨架曲线与实际曲线吻合程度较好。

3. 预应力筋应变增量的比较

在有限元分析中还可以利用后处理得到预应力筋和钢筋在加载全过程中的应力和应变变化，图 9 - 22 是预应力梁 PCB1 和 PCB2 的预应力 FRP 筋的应变增量随荷载的变化曲线。

由图 9 - 22 可以看出，无粘结预应力 FRP 筋应变增量的计算值和试验值在

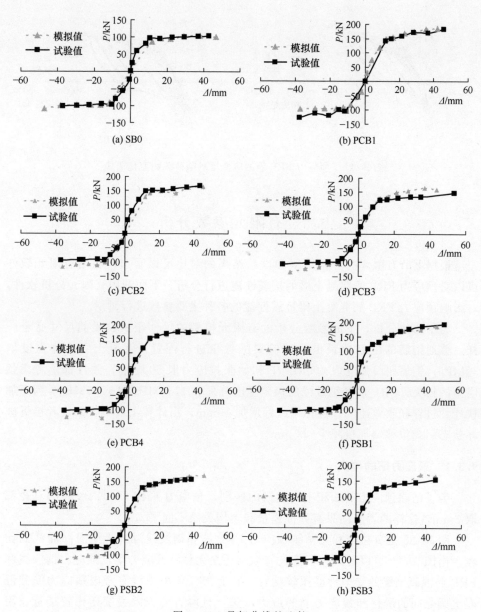

图 9-21　骨架曲线的比较

加载过程中基本吻合，但是有粘结预应力 FRP 筋筋应变增量的计算值和试验值在加载后期有一定误差。这是因为无粘结筋的应变在整个长度上基本是相同的，而有粘结筋的应变在不同的位置其应变也不一样，计算值是取的跨中位置的应变，而实测点的位置有可能不是在跨中，所以导致了应变增量有一定的误差。

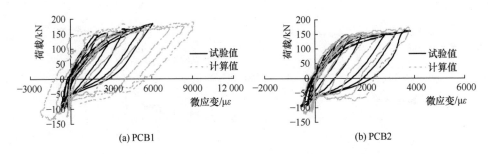

(a) PCB1　　　　　　　　　　　　　(b) PCB2

图 9-22　预应力 FRP 筋的应变增量随荷载的变化曲线

9.3　有限元参数分析

根据上节有限元的分析结果和试验结果的对比可以看出，利用有限元软件可以对预应力 FRP 筋混凝土梁的抗震性能进行分析。下面利用有限元分析软件，对影响预应力 FRP 筋混凝土梁抗震性能的各种主要参数进行讨论。

为了方便分析，下面参数分析的有限元模型的尺寸跟试验梁的尺寸完全一样，普通钢筋的配筋数量也按试验梁的数量进行配置，混凝土立方体强度取 50MPa，钢筋屈服强度取 400MPa，初始张拉应力取 50% f_{pu}，并且都不考虑预应力的损失，FRP 筋和钢绞线的极限强度分别取 1730MPa 和 1766MPa。为了加快计算过程和收敛速度，位移每次都增加 10mm，当计算出现不收敛或者接近破坏状态后，位移增加量减少到 5mm。

9.3.1　预应力筋的种类

为了消除预应力筋面积不同造成的区别，预应力 FRP 筋和钢绞线的直径都取 8mm，这样两者之间只有弹性模量和本构关系不同了。

图 9-23 是有粘结和无粘结预应力 FRP 筋和钢绞线混凝土梁滞回曲线的比较。由图 9-23 可以看出，不管是有粘结还是无粘结预应力梁，预应力钢绞线和 FRP 筋混凝土梁的受力性能比较接近。在有限元模型中没有考虑预应力筋和混凝土梁之间的滑移和预应力筋的应力损失，且两者的极限强度还比较接近，因为 FRP 筋的弹性模量较小，所以在相同的荷载下，预应力 FRP 筋混凝土梁的挠度都要比钢绞线预应力梁的挠度大，滞回曲线也更加丰满，这对结构抗震性能是有利的。

图 9-24 是不同预应力筋的耗能情况，可以看出无粘结预应力 FRP 筋混凝土梁的耗能能力略好于钢绞线预应力梁，有粘结预应力 FRP 筋混凝土梁的耗能能力是钢绞线预应力梁的 2 倍。

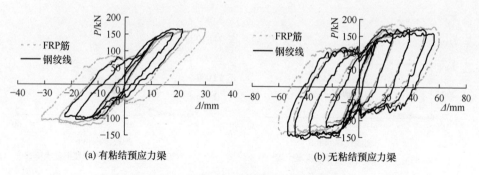

(a) 有粘结预应力梁　　　　　　　(b) 无粘结预应力梁

图 9-23　不同预应力筋对滞回曲线的影响

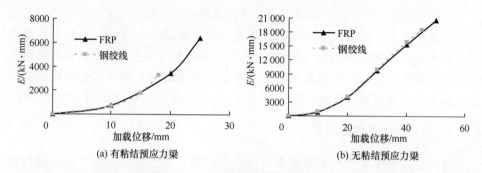

(a) 有粘结预应力梁　　　　　　　(b) 无粘结预应力梁

图 9-24　不同预应力筋的耗能能力

9.3.2　预应力筋的配筋率

　　预应力 FRP 筋的配筋率对预应力梁的延性和抗震性能有着重要的影响。下面分别以有粘结和无粘结预应力梁为例，改变预应力筋的数量（分别从 1 根增加到 6 根，配筋率分别为 0.093%、0.187%、0.280%、0.372%、0.467% 和 0.559%），考察配筋率对预应力梁延性和抗震性能的影响。各个预应力梁的骨架曲线和耗能曲线分别如图 9-25 和图 9-26 所示。

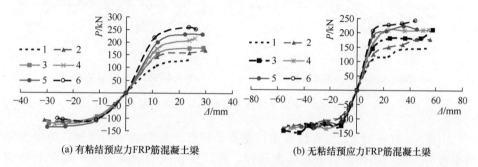

(a) 有粘结预应力 FRP 筋混凝土梁　　　　(b) 无粘结预应力 FRP 筋混凝土梁

图 9-25　不同预应力筋配筋率的骨架曲线

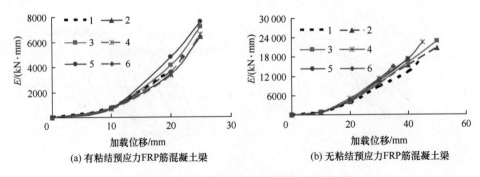

(a) 有粘结预应力FRP筋混凝土梁　　　　　　(b) 无粘结预应力FRP筋混凝土梁

图 9 - 26　不同预应力筋配筋率的耗能曲线

由图 9 - 25 可以看出，随着预应力筋数量的增加，预应力梁的屈服荷载和极限荷载逐渐增大，但是预应力梁的极限变形却不断减小，构件的延性也逐渐变小。从图 9 - 26 也可以看出，当预应力筋数量从 1 根增加到 4 根时，预应力梁的耗能是逐渐增大的，但是如果预应力筋数量再增加的话，预应力梁的耗能能力反而减小，因此预应力筋的配筋率为 20%～40%时，预应力梁的抗震性能较好。

9.3.3　非预应力筋的配筋率

在预应力梁中配置一定数量的非预应力钢筋，对于增加混凝土梁的延性和抗震性能有很大的帮助。下面在有粘结和无粘结预应力梁模型中分别配置 2 根直径为 12mm、16mm 和 20mm 的非预应力钢筋，配筋率分别为 0.419%、0.744%和 1.163%，考察非预应力筋的配筋率对预应力梁延性和抗震性能的影响。

预应力梁的滞回曲线、骨架曲线和耗能曲线分别如图 9 - 27～图 9 - 29 所示。

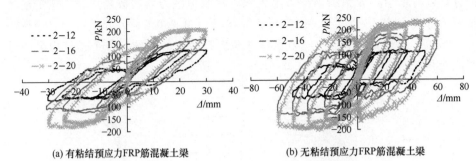

(a) 有粘结预应力FRP筋混凝土梁　　　　　　(b) 无粘结预应力FRP筋混凝土梁

图 9 - 27　不同非预应力筋配筋率的滞回曲线

由图 9 - 27～图 9 - 29 可以看出，随着非预应力筋配筋率的增加，预应力梁的承载力、延性和耗能能力也逐渐增加，所以在预应力混凝土梁中配置适量的

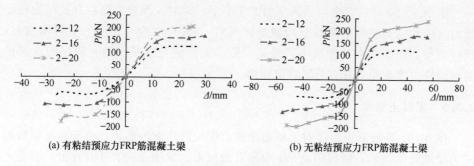

(a) 有粘结预应力FRP筋混凝土梁　　　　　(b) 无粘结预应力FRP筋混凝土梁

图 9 - 28　不同非预应力筋配筋率的骨架曲线

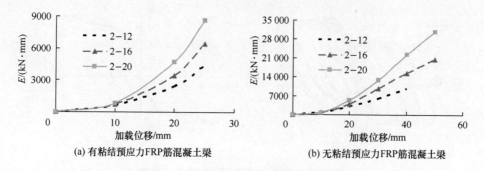

(a) 有粘结预应力FRP筋混凝土梁　　　　　(b) 无粘结预应力FRP筋混凝土梁

图 9 - 29　不同非预应力筋配筋率的耗能曲线

非预应力钢筋，对提高其抗震能力有很大帮助。

9.3.4　预应力度

预应力度是衡量结构预应力水平的参数，也是进行预应力结构研究与设计的最重要的指标，它反映的是预应力的大小对结构受力性能的影响。

下面将 9.3.2 和 9.3.3 节中的 16 个算例结果进行汇总，预应力度从 0.35 变化到 0.76，将各个预应力梁的预应力度和耗能能力的关系列于图 9 - 30 中。

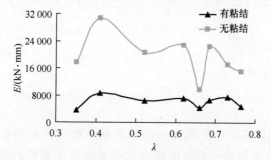

图 9 - 30　预应力度 λ 与耗能能力的关系

　　由图 9-30 可以看出，当预应力度 λ 小于 0.7 时，预应力梁具有较好的耗能能力（除预应力筋配筋率较低的情况以外）；当预应力度 λ 大于 0.7 再增加时，预应力梁的耗能能力逐渐减小。可见，要保证预应力混凝土梁有较好的抗震性能，预应力度必须选择在合适的范围内。

9.3.5　混凝土强度

　　图 9-31 是混凝土强度对无粘结预应力梁抗震性能的影响，由于与有粘结预应力梁的规律类似，所以图 9-31 中没有画出来。从图 9-31 可以看出，混凝土强度对预应力梁的抗震性能影响不明显。

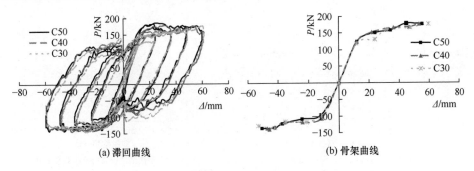

图 9-31　混凝土强度对抗震性能的影响

9.3.6　预应力筋的粘结情况

　　预应力筋的粘结情况不同，预应力梁的承载力和变形不一样，抗震性能也不一样。图 9-32 是预应力筋不同粘结情况对预应力梁抗震性能的影响。

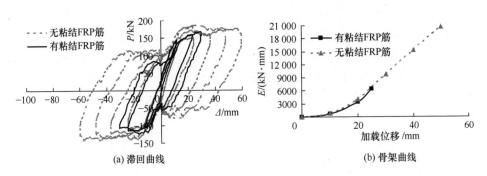

图 9-32　预应力筋的粘结情况对抗震性能的影响

　　由图 9-32 可以看出，虽然无粘结和有粘结预应力梁的极限承载力相差不大，但是无粘结预应力梁的滞回曲线要比有粘结预应力梁的饱满很多，耗能能力几乎提高了 2 倍，所以无粘结预应力 FRP 筋的抗震性能要比有粘结预应力梁的好。分析其原因，主要是无粘结预应力筋和混凝土间可以相互滑动，一般在预应力破坏时达不到极限强度，所以无粘结预应力 FRP 筋混凝土梁的变形一般较大，破坏形态一般是混凝土压碎破坏；而有粘结 FRP 筋不能滑动，在最大变形处容易达到极限强度而发生断裂，变形比无粘结梁的要小。

9.3.7　初始张拉力

预应力筋初始张拉力不同，对预应力梁的受力性能也有一定影响。下面初始张拉应力分别取 $0.4f_{pu}$、$0.5f_{pu}$ 和 $0.65f_{pu}$，来研究初始张拉力对抗震性能的影响。

初始张拉力对抗震性能的影响见图 9-33。由图 9-33 可以看出，初始张拉力的不同，对预应力梁的极限承载力几乎没有影响，但是对极限变形有很大影响，进而影响到预应力梁的耗能能力。初始张拉应力为 $0.4f_{pu}$ 的预应力梁的耗能能力几乎是初始张拉应力为 $0.65f_{pu}$ 的 3 倍。可见，在设计预应力 FRP 筋混凝土梁时，除了考虑到初始张拉应力对应力损失和结构受力的性能影响以外，还要考虑其对预应力梁抗震性能的影响。

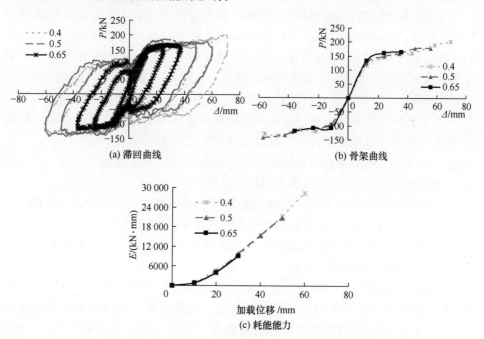

(a) 滞回曲线　　　　　　　　　(b) 骨架曲线

(c) 耗能能力

图 9-33　预应力筋的初始张拉力对抗震性能的影响

9.4　预应力 FRP 筋混凝土梁的恢复力模型

9.4.1　恢复力模型的研究现状

结构或构件在荷载循环往复作用下得到的荷载–变形曲线叫滞回曲线，滞回曲线的外包络线称为骨架曲线。滞回曲线与骨架曲线合称恢复力曲线，它表示结构或构件的变形过程。实际的恢复力特性需简化成一定的恢复力模型才能用于结构分析与计算，恢复力模型即描述结构所受外力与由此外力引起的位移之间的函数关系的数学模型。钢筋混凝土构件的恢复力模型是根据大量从试验中（一般是低周反复荷载试验）获得的恢复力与变形的关系曲线经适当抽象和简化而得到的实用数学模型。恢复力模型及其参数是否合理地反映结构的恢复力特性，将对结构地震反应分析的结果产生显著影响。同时，结构的恢复力模型又是非线性分析不可缺少的依据，对构件恢复力特性的研究及其模型化工作是研究结构动力性能的一个重要方面。

恢复力模型包括骨架曲线和滞回规则两大部分。骨架曲线为所有的状态点划定了界限，滞回规则则体现了结构的高度非线性。针对钢筋混凝土结构，由于材料本身的不均匀，骨架曲线要能反映结构的开裂、屈服、破坏等特征，滞回规则则要能够反映结构的强度和刚度退化以及钢筋与混凝土间的滑移等特性。

钢筋混凝土构件或结构的恢复力模型可以通过以下三种方法获得：

1）由低层次的恢复力模型计算并简化得到高层次的模型，如以混凝土和钢筋的应力–应变关系模型得到构件截面上的弯矩–曲率模型。

2）由伪静力试验得到，即根据试验散点图，利用一定的数学模型，定量地确定出骨架曲线和不同控制变形下的标准滞回环。

3）利用系统识别的方法。根据钢筋混凝土结构恢复力模型体现出的强度、刚度以及滑移等特性，依据振动台试验或计算结果进行动力识别。

目前比较常用的方法是根据理论计算来确定骨架曲线，而根据试验结果总结滞回规律，本书采用的即此种方法。

恢复力是结构在变形–恢复变形过程中体现出来的一种特性，是结构本身所固有的，只取决于结构的材料、形式等特征。钢筋混凝土结构由于复杂的材料特性，具有相当复杂的恢复力特性，它随构件的受力特点、钢筋（预应力筋）和混凝土的物理和力学性能以及构件的几何尺寸和配筋率的变化而变化。总的来说，预应力混凝土结构的恢复力特性是指在正反交替荷载作用下由完好经过开裂逐渐到钢筋屈服、滑移、混凝土压碎以及崩溃这个复杂的变化过程中力和变形之间的关系，包含了刚度、强度、延性和能量耗散等力学特征。

在过去的四十多年中，国内外地震工程界对各种钢筋混凝土构件滞回特性开展了大量的试验研究，提出了许多种恢复力模型。在结构的弹塑性地震反应分析中应用最为广泛的是双线性（Bi-linear）模型。该模型首次由 Penizen[165] 根据钢材的试验结果提出，考虑了钢材的包辛格效应和应变硬化。由于其简单实用，也广泛用于钢筋混凝土结构的弹塑性分析。实际应用中，双线性模型又可进一步分为正双线性、理想弹塑性和负双线性三种情况。

1964 年 Jennings[166] 首先采用对称的 Ramberg-Osgood 曲线构造了一个曲线型的恢复力模型，并把它用于一般屈服结构的弹塑性反应分析。为了反映钢筋混凝土框架在反复荷载作用下非线性阶段刚度退化的影响，Clough 和 Johnston 考虑再加载时刚度退化对双线性模型进行了改进，提出了退化双线性模 (Clough 模型)[167]。考虑到 Clough 模型在模拟某些钢筋混凝土构件的滞回性能上存在的局限性，Takeda、Sozen 和 Nielson[168] 根据大量钢筋混凝土构件的滞回特性，利用一条考虑开裂、屈服的三折线骨架曲线和一系列较为复杂的滞回环规则对 Clough 模型进行了改进。Takeda 模型最大的特点是考虑了卸载刚度的退化。Saiidi[169] 把 Clough 模型的简单化和 Takeda 模型的刚度退化特征结合起来，建立了一个既简便实用又能基本反映以弯曲变形为主的钢筋混凝土梁柱构件滞回特征的恢复力模型（Q‐hys Model）。Mander 在上述模型基础上，通过一条三折线骨架曲线和一个由两条三折线组成的滞回环构造了一个适用于常规 RC 构件的恢复力模型。通过调整两个模型参数 α 和 β 的值，Mander 模型可以用来模拟上述其他分段线性滞回模型。Park、Reinhorn 和 Kunnath 提出了骨架曲线为三折线，卸载刚度指向骨架曲线弹性分支上某一固定点（αM_y，$\alpha > 1$）的滞回模型，并把这个模型应用在钢筋混凝土结构非线性分析软件 IDARC[170] 上。

我国对钢筋混凝土构件恢复力模型的研究始于唐山地震之后。同济大学朱伯龙率先对国外钢筋混凝土构件恢复力特性的试验研究进行了评述[171]，此后我国学者在 20 世纪 80 年代对钢筋混凝土压弯构件的恢复力模型进行了大量的试验研究。卫云亭和李德成[172] 在模拟钢筋混凝土排架柱（剪跨比为 8.0 和 10.0）低周反复荷载试验研究基础上提出了骨架曲线为双折线，第二刚度与轴压比相关的压弯构件水平力-位移恢复力模型。朱伯龙和张琨联[173] 在中长柱（剪跨比为6.0）试验研究基础上，利用统计方法得到了骨架曲线为四折线和一系列标准滞回环，并且考虑卸载刚度退化的压弯构件水平力-位移恢复力模型。成文山和邹银生等[174] 在 109 根压弯构件（剪跨比为 5.14）试验研究基础上提出了考虑再加载定点指向和强度退化的恢复力模型。杜修力和欧进萍[175] 在钢筋混凝土结构疲劳寿命曲线基础上，提出了一种骨架曲线包含负刚度段，且能够同时考虑刚度和强度退化的恢复力模型。郭子雄和童岳生[176] 在钢筋混凝土低矮抗震墙低周反复加载试验研究的基础上，提出了带边框低矮剪力墙的层间剪力-层间位移恢复力模型。郭子雄和吕西林[177]在高轴压比框架柱（剪跨比为 3.0）试验研究的基础上，提出了能够同时考虑轴压比对骨架曲线和滞回规则影响的恢复力模型。由于早期建筑结构的弹塑性地震反应分析一般把结构体系简化为层间模型，因而上述这些研究主要集中在钢筋混凝土压弯构件的横向力-位移恢复力模型的研究。所有这些试验研究都尝试提出基于某些特定试件和试验条件下的恢复力模型，这些模型尽管应用起来存在很大的局限性，但对弹塑性地震反应分析方法的发展及其在我国的推广应用起了重要作用。

　　随着预应力混凝土结构在地震区的推广应用，国内外学者对预应力混凝土的耗能 - 破坏特性进行了系统的研究，通过预应力混凝土结构的低周反复荷载试验及振动台试验，提出了一些预应力混凝土结构在低周反复荷载作用下的滞回模型[178-184]。但是相对于预应力结构的广泛运用来说，预应力混凝土结构的恢复力模型研究还较少，尤其对于预应力 FRP 筋混凝土结构恢复力模型的研究就更少了[163,185]。

9.4.2　预应力 FRP 筋混凝土梁的恢复力模型计算

1. 滞回曲线的特点及曲线上的定点

　　成文山等[174]在研究钢筋混凝土压弯构件恢复力特性时，提出了指向定点的恢复力模型。Robert[186]等人也提出了考虑定点的适用于压弯构件的荷载-位移恢复力模型。实际上，从大量钢筋混凝土试件低周反复荷载下得到的滞回曲线来看，几乎所有试件的滞回曲线都有在正反向交于同一定点的趋势，包括预应力 FRP 筋混凝土梁的滞回曲线。图 9 - 34 为试验得到的预应力 FRP 筋混凝土梁 PCB1 的滞回曲线及其对应的定点。

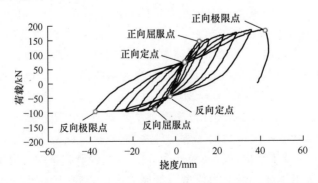

图 9 - 34　预应力 FRP 筋混凝土梁 PCB1 的滞回曲线及其对应的定点

　　由图 9 - 34 预应力 FRP 筋混凝土梁的滞回曲线可以看出，曲线除了有屈服点和极限点以外，在正方向上有交于定点的趋势，反向上也有明显的刚度突变

点；而且正向定点和反向定点的变形都比对应的屈服点的变形要小，这与文献
[185] 中钢绞线预应力混凝土梁的滞回曲线有着明显的区别。

2. 截面弯矩-曲率骨架曲线的确定

为了对滞回曲线进行简化，假定预应力 FRP 筋混凝土梁单向加载与反复加
载的荷载-位移曲线的包络线基本相同，因此骨架曲线的计算可以参考单调荷载
作用下单调曲线的计算方法。

从本章的试验结果可以看出，预应力 FRP 筋混凝土梁的骨架曲线可以简化
为正反向均为三折线的非对称模型，即正反向的开裂荷载、正反向的屈服荷载
以及正反向的极限荷载。由于 FRP 筋完全线弹性的特点，预应力 FRP 筋混凝土
梁的正向骨架曲线体现出明显的强化段，预应力对混凝土梁反向的作用较小，
其反向的骨架曲线仍按普通钢筋混凝土梁进行计算，屈服后无明显的强化阶段。
图 9 - 35 为本书提出的预应力 FRP 筋混凝土梁的弯矩-曲率骨架曲线。

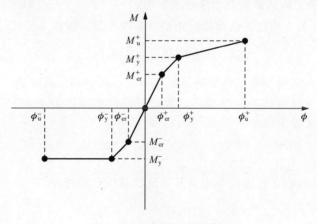

图 9 - 35　建议的骨架曲线

3. 计算基本假定

骨架曲线的计算采用如下假定：

1）截面应变服从平截面假定。

2）开裂前受拉区混凝土的塑性变形充分发展。

3）开裂后不考虑混凝土的受拉作用。

4）普通钢筋、有粘结预应力 FRP 筋与混凝土之间的粘结良好。

5）无粘结预应力 FRP 筋与混凝土间无摩擦，可以相互滑动。

6）材料的本构关系按公式（6 - 2）～公式（6 - 6）取用。

4. 骨架曲线特征点的计算

(1) 开裂点

1) 正向开裂点。预应力 FRP 筋混凝土梁的开裂点，可以采用计算钢绞线预应力混凝土梁的公式，正向的开裂弯矩按以下公式计算：

$$M_{cr}^+ = (\sigma_{pc} + \gamma f_{tk})W_0 \qquad (9-3)$$

式中，M_{cr}^+——预应力混凝土梁正向的开裂弯矩；

　　W_0——换算截面受拉边缘的弹性抵抗矩；

　　σ_{pc}——扣除全部预应力损失后，由预应力在抗裂验算边缘产生的混凝土预压应力，对于矩形截面有

$$\sigma_{pc} = \frac{\sigma_{pe}A_p}{A} + \frac{\sigma_{pe}A_p e_p h}{2I} \qquad (9-4)$$

　　A——预应力梁混凝土截面面积，对于有粘结截面采用换算截面面积，对于无粘结截面采用净截面面积；

　　γ——混凝土构件的截面抵抗矩塑性影响系数，按以下公式计算，即

$$\gamma = (0.7 + \frac{120}{h})\gamma_m \qquad (9-5)$$

其中，γ_m——截面抵抗矩塑性影响系数基本值，对于矩形截面梁，取 1.55。

考虑截面在开裂前的塑性变形，取开裂前截面刚度为 $0.85E_c I_0$，则正向开裂曲率可按下式确定：

$$\phi_{cr}^+ = \frac{M_{cr}^+}{0.85E_c I_0} \qquad (9-6)$$

2) 反向开裂点。普通混凝土梁开裂荷载的计算公式为[185]

$$M_{cr} = 0.292(1 + \frac{5E_s A_s}{E_c bh})f_t bh^2 \qquad (9-7)$$

对于矩形截面梁，预应力在截面上边缘混凝土产生的法向应力为

$$\sigma_{pc} = \frac{\sigma_{pe}A_p}{A} - \frac{\sigma_{pe}A_p e_p}{I} \times \frac{h}{2} \qquad (9-8)$$

则预应力混凝土梁矩形截面的开裂弯矩为

$$M_{cr}^- = M_{cr} + \sigma_{pc}W_0 = 0.292(1 + \frac{5E_s A_s}{E_c bh})f_t bh^2 + \frac{\sigma_{pe}A_p}{W_0}(\frac{h}{6} - e_p) \quad (9-9)$$

对于反向加载，应该用 A_s' 代替 A_s，则反向开裂弯矩为

$$M_{cr}^- = M_{cr} + \sigma_{pc}W_0 = 0.292(1 + \frac{5E_s A_s'}{E_c bh})f_t bh^2 + \frac{\sigma_{pe}A_p}{W_0}(\frac{h}{6} - e_p) \quad (9-10)$$

反向开裂曲率即可根据下式确定：

$$\phi_{cr}^- = \frac{M_{cr}^-}{0.85E_c I_0} \qquad (9-11)$$

（2）屈服点和极限点

1）正向屈服点和极限点。对于单侧配置预应力筋的混凝土梁，在普通钢筋屈服时，预应力梁的截面刚度明显下降，此时预应力梁也基本接近或达到构件屈服状态，所以本书取普通钢筋达到屈服时的荷载为预应力 FRP 筋混凝土梁的屈服荷载。至于预应力 FRP 筋的极限状态，可以分为 FRP 筋断裂和混凝土压碎两种状态。

沈聚敏等[187,188]对我国混凝土构件的延性试验进行了总结，回归得出了钢筋混凝土压弯构件的屈服曲率和极限曲率的经验公式，如下：

$$\phi_y = [\varepsilon_y + (0.45 + 2.1\xi) \times 10^{-3}] \times \frac{1}{h_0} \tag{9-12}$$

$$\phi_u = [(4.2 - 1.6\xi) \times 10^{-3} + \frac{1}{35 + 600\xi}] \times \frac{1}{h_0}, \quad \xi < 0.5 \tag{9-13}$$

$$\phi_u = [(6.9 - 1.6\xi) \times 10^{-3}]/h_0, \quad 0.5 \leqslant \xi < 1.2 \tag{9-14}$$

其中，ξ 为极限状态时按矩形应力图计算的受压区相对高度。

对于矩形截面的预应力混凝土梁，截面上、下边缘混凝土的应变分别为

$$\varepsilon_{upper} = \frac{1}{E_c}(\frac{\sigma_{pe}A_p}{A} - \frac{\sigma_{pe}A_p e_p}{I} \times \frac{h}{2}) \tag{9-15}$$

$$\varepsilon_{lower} = \frac{1}{E_c}(\frac{\sigma_{pe}A_p}{A} + \frac{\sigma_{pe}A_p e_p}{I} \times \frac{h}{2}) \tag{9-16}$$

则预应力梁截面的初始曲率为

$$\phi_0 = \frac{\varepsilon_{lower} - \varepsilon_{upper}}{h} = \frac{\sigma_{pe}A_p e_p}{E_c I_0} \tag{9-17}$$

预应力 FRP 筋混凝土梁的屈服曲率和极限曲率经过修正可得

$$\phi_y^+ = [\varepsilon_y + (0.45 + 2.1\frac{\beta x_u^+}{h_0}) \times 10^{-3}] \times \frac{1}{h_0} + \frac{\sigma_{pe}A_{FRP}e_p}{E_c I_0} \tag{9-18}$$

$$\phi_u^+ = [(4.2 - 1.6\frac{\beta x_u^+}{h_0}) \times 10^{-3} + \frac{1}{35 + 600\frac{\beta x_u^+}{h_0}}] \times \frac{1}{h_0} + \frac{\sigma_{pe}A_{FRP}e_p}{E_c I_0}$$

$$\tag{9-19}$$

式中，x_u^+ 为预应力梁极限状态下的界限受压区高度；β 为应力图形换算参数。

如果知道了截面的曲率，则可根据截面的受力关系求得正向的屈服弯矩：

$$M_y^+ = A_s f_y(h_0 - a_s') + A_{FRP}\sigma_{FRP}(h_p - a_s') - \frac{2}{3}\sigma_c b x_y^+ (\frac{1}{3}x_y^+ - a_s') \tag{9-20}$$

根据截面几何关系有

$$x_y^+ = h_0 - \frac{f_y}{E_s \phi_y^+} \tag{9-21}$$

FRP 筋的应力按下式计算：

$$\sigma_{FRP} = E_{FRP}[\phi_y^+(h_p - x_y^+) + \varepsilon_{p0}] \tag{9-22}$$

受压边缘混凝土的应变为

$$\varepsilon_c = \phi_y^+ x_y^+ \tag{9-23}$$

对应应力为

$$\sigma_c = f_c \cdot \left[2 \frac{\varepsilon_c}{\varepsilon_0} - \left(\frac{\varepsilon_c}{\varepsilon_0} \right)^2 \right] \tag{9-24}$$

对于受压区高度 x_u^+ 的计算，可以分为适筋破坏和超筋破坏两种情况，分别采用式（7-65）和式（7-70）计算。

关于极限弯矩的计算，也分为适筋破坏和超筋破坏两种情况进行计算，可以根据式（7-66）和式（7-71）确定。

2）反向屈服点和极限点。反向加载时的极限状态一般对应受压区边缘混凝土的压碎，设此时混凝土受压区高度为 x_u^-，由受力平衡方程得

$$0.8 f_c b x_u^- + f_s A_s = E_{FRP} \varepsilon_{FRP} A_{FRP} + A_s' f_s' \tag{9-25}$$

FRP 筋的应变可表示为

$$\varepsilon_{FRP} = \varepsilon_{pe} - \frac{(x_u^- - h + h_p) \varepsilon_{cu}}{x_u^-} \tag{9-26}$$

假定预应力筋一侧普通钢筋达到屈服强度，对于对称配筋的预应力梁，则公式（9-25）可简化为

$$0.8 f_c b x_u^- = E_{FRP} \varepsilon_{FRP} A_{FRP} \tag{9-27}$$

将公式（9-26）代入公式（9-27），可得

$$x_u^- = \frac{\sqrt{B^2 - 4AC} - B}{2A} \tag{9-28}$$

其中，$A = 0.8 f_c b$；

$B = -E_{FRP} A_{FRP} (\varepsilon_{pe} - \varepsilon_{cu})$；

$C = -E_{FRP} A_{FRP} \varepsilon_{cu} (h - h_0)$。

极限状态下混凝土受压区高度 x_u^- 确定后，则反向的屈服曲率和极限曲率可分别按下列公式计算：

$$\phi_y^- = \left[\varepsilon_y + (0.45 + 2.1 \frac{\beta x_u^-}{h_0}) \times 10^{-3} \right] \times \frac{1}{h_0} - \frac{\sigma_{pe} A_{FRP} e_p}{E_c I_0} \tag{9-29}$$

$$\phi_u^- = \left[(4.2 - 1.6 \frac{\beta x_u^-}{h_0}) \times 10^{-3} + \frac{1}{35 + 600 \frac{\beta x_u^-}{h_0}} \right] \times \frac{1}{h_0} - \frac{\sigma_{pe} A_{FRP} e_p}{E_c I_0}$$

$$\tag{9-30}$$

反向加载条件下，不考虑预应力梁的强化作用，则反向的屈服弯矩和极限弯矩可按下式确定：

$$M_y^- = M_u^- = A_s' f_y' (h_0 - a_s) + A_{FRP} \sigma_{FRP} (h_0 - h_p) - 0.8 f_c' b x_u^- \left(\frac{x_u^-}{2} - a_s \right)$$

$$\tag{9-31}$$

式中，当 x_u^- 小于 $2a_\mathrm{s}$ 时，取 $x_\mathrm{u}^- = 2a_\mathrm{s}$。

5. 定点的确定

根据预应力 FRP 筋混凝土梁滞回曲线的特点可以知道，预应力梁滞回曲线在正反方向上都有通过一系列定点的趋势，可以通过这些定点的直线来对滞回曲线进行简化。下面先确定这些定点的坐标。

（1）正向定点的确定

设滞回曲线上正向定点的弯矩和曲率分别为 M_pv^+，ϕ_pv^+。对于非对称的普通混凝土构件，正向再加载指向的定点弯矩近似等于反向的屈服弯矩[189,190]，程翔云等则通过试验表明正向加载定点约为正向屈服弯矩的 0.7 倍[191]。对于预应力 FRP 筋混凝土梁，定点弯矩除了受到预应力的影响以外，预应力筋的粘结方式也有一定的影响。

为了体现预应力粘结方式的影响，下面引入应力折减系数 Ω 来计算预应力度 PPR，计算公式如下：

$$\mathrm{PPR} = \frac{A_\mathrm{FRP}^\mathrm{B} f_\mathrm{py} h_\mathrm{p}^\mathrm{B} + \Omega A_\mathrm{FRP}^\mathrm{U} f_\mathrm{py} h_\mathrm{p}^\mathrm{U}}{A_\mathrm{FRP}^\mathrm{B} f_\mathrm{py} h_\mathrm{p}^\mathrm{B} + \Omega A_\mathrm{FRP}^\mathrm{U} f_\mathrm{py} h_\mathrm{p}^\mathrm{U} + A_\mathrm{s} f_\mathrm{y} h_\mathrm{s}} \qquad (9\text{-}32)$$

式中，$A_\mathrm{FRP}^\mathrm{B}$，$A_\mathrm{FRP}^\mathrm{U}$ 分别为有粘结和无粘结预应力 FRP 筋的面积；h_p^B，h_p^U 分别表示有粘结和无粘结预应力筋的高度。基于本书的试验数据，将试验梁的定点弯矩和屈服弯矩的比值与 PPR 进行拟合，正向定点弯矩与正向屈服弯矩的关系如图 9-36 所示。

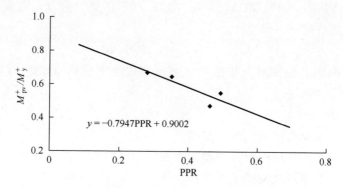

图 9-36　正向定点弯矩与屈服弯矩的比值与 PPR 的关系

根据图 9-36 拟合的公式，预应力 FRP 筋混凝土梁的正向定点弯矩可按以下公式计算：

$$M_\mathrm{pv}^+ = (-0.79\mathrm{PPR} + 0.90) M_\mathrm{y}^+ \qquad (9\text{-}33)$$

为了确定正向定点弯矩对应的曲率，将试验得到的定点挠度和屈服挠度的比值列于表 9-8 中。

表 9 - 8　定点位移和屈服位移的关系

梁编号	Δ_y^+/mm	Δ_y^-/mm	Δ_{pv}^+/mm	Δ_{pv}^-/mm	Δ_{pv}^+/Δ_y^+	Δ_{pv}^-/Δ_y^-
PCB1	11.58	9.27	3.49	3.84	0.301	0.414
PCB2	11.46	10.90	7.91	6.08	0.691	0.558
PCB3	11.99	10.22	7.00	3.84	0.584	0.376
PCB4	12.23	10.22	6.67	4.05	0.546	0.396

由表 9 - 8 可以看出，正向定点的横坐标与屈服位移的比值在 0.3～0.7 间变化，为了简化计算模型，取平均值作为定点位移的横坐标，即

$$\phi_{pv}^+ = 0.53\phi_y^+ \tag{9-34}$$

（2）反向定点的确定

反向定点是滞回曲线中反向刚度的突变点，实际上是预应力同侧混凝土裂缝的闭合点。对于预应力 FRP 筋混凝土梁，由于正反方向的不对称，反向刚度突变点对应的弯矩不仅与反向屈服弯矩有关，还与预应力度 PPR、普通钢筋的面积有一定关系。根据 Roger[192] 等人的研究，对全预应力构件，刚度突变点取屈服弯矩的 0.5 倍，即 $M_{pv} = 0.5M_y$；对于普通混凝土压弯构件，成文山[193] 则建议取 $M_{pv}^- = 0.7M_y^-$。

反向定点的弯矩可按下述方法进行简单取值：当 PPR ＝ 1 时，取 $M_{pv}^- = 0.5M_y^-$；当 PPR ＝ 0 时，取 $M_{pv}^- = 0.7M_y^-$；对于任意（0，1）范围内的 PPR，按线性插值进行确定，即

$$M_{pv}^- = (0.7 - 0.2PPR)M_y^- \tag{9-35}$$

对于反向定点的曲率，按照与正向定点曲率相同的方法进行取值，根据表 9 - 8 取平均值，有

$$\phi_{pv}^- = 0.44\phi_y^- \tag{9-36}$$

（3）捏拢点的确定

由图 9 - 34 预应力 FRP 筋混凝土梁滞回曲线的特点还可以看出，正向的卸载阶段，刚开始的卸载刚度基本保持不变，在通过一个点后刚度迅速变小，产生捏拢效应，定义此点为捏拢点。

根据 Roger[192] 等人的研究，对全预应力构件，卸载时由预应力引起的捏拢点的弯矩可取 0.34 倍的正向峰值弯矩，而李亮[185] 则对部分预应力 CFRP 筋混凝土梁的捏拢点弯矩取值为 0.3 倍的正向屈服弯矩。本书的试验研究结果也表明，捏拢点弯矩与正向屈服弯矩的比值接近常数，根据试验数据的统计结果可取 $M_p = 0.25M_y^+$。

正向卸载时捏拢点的曲率与卸载点曲率有关，根据本书的试验数据，回归

出的捏拢点曲率与卸载点曲率的关系见图 9-37。由图 9-37 可知，捏拢点的曲率可按下式确定：

$$\phi_p = \phi_i^+ \left(0.52 + 0.23 \frac{\phi_i^+}{\phi_u^+} \right) \qquad (9-37)$$

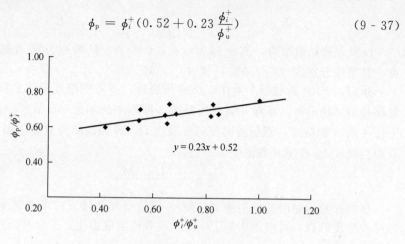

图 9-37　捏拢点曲率的拟合关系式

6. 滞回路径的确定

图 9-38 所示的即为本书提出的预应力 FRP 筋混凝土梁的弯矩-曲率恢复力模型。

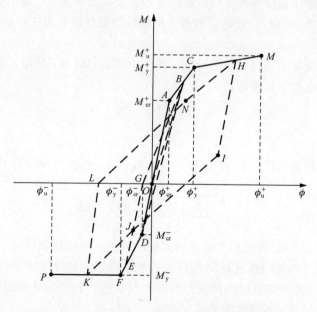

图 9-38　预应力 FRP 筋混凝土梁的恢复力模型

由图 9-38 所示，设截面正反初始刚度相同，为 k_0，即图中所示的 OA 和 OD 段刚度，则

$$k_0 = k_{OA} = k_{OD} = \frac{M_{cr}^+}{\phi_{cr}^+} = \frac{M_{cr}^-}{\phi_{cr}^-} = 0.85 E_c I_0 \qquad (9-38)$$

O 点为初始曲率点，其坐标为 $(\phi_0, 0)$；A、D 两点分别为正反向的开裂点，其坐标分别为 (ϕ_{cr}^+, M_{cr}^+) 和 (ϕ_{cr}^-, M_{cr}^-)。

预应力 FRP 筋混凝土梁在正反向开裂前，不考虑刚度退化和残余变形，卸载路径沿原路返回。正向开裂后屈服前（即图中所示的 AC 段），对应骨架曲线上任一点 B 卸载时，直接指向反向开裂点 D，即卸载路径对应于图中的 BD 段。开裂后刚度 k_{AC} 按下式确定：

$$k_{AC} = \frac{M_y^+ - M_{cr}^+}{\phi_y^+ - \phi_{cr}^+} \qquad (9-39)$$

反向开裂后屈服前（图中 DF 段），对应骨架曲线上任一点 E 卸载时，按初始弹性刚度卸载，对应图中的 EG 段，不考虑刚度退化。反向开裂后屈服前的刚度按下式确定：

$$k_{DF} = \frac{M_y^- - M_{cr}^-}{\phi_y^- - \phi_{cr}^-} \qquad (9-40)$$

反向开裂后屈服前的卸载刚度按下式确定：

$$k_{EG} = k_{OD} = k_0 \qquad (9-41)$$

从反向开裂后屈服前骨架曲线上任一点 E 卸载至零，对应图中的 G 点，随后正向再加载路径直接指向正向曾经经历过的最大曲率点 B，即图中 GB 段。

正向加载至 B 点后，若继续加载，则随后的加载路径沿正向骨架曲线 BCM 前进。

若加载至骨架曲线的屈服后阶段，即图中所示 CM 和 FP 段，此时正反向的屈服后刚度分别按下式确定：

$$k_{CM} = \frac{M_u^+ - M_y^+}{\phi_u^+ - \phi_y^+} \qquad (9-42)$$

$$k_{FP} = 0 \qquad (9-43)$$

若此时从屈服后任一点 H 卸载，设卸载点 H 坐标为 (ϕ_i^+, M_i^+)，则有如下关系：

$$k_{CM} = \frac{M_u^+ - M_i^+}{\phi_u^+ - \phi_i^+} = \frac{M_i^+ - M_y^+}{\phi_i^+ - \phi_y^+} \qquad (9-44)$$

根据预应力 FRP 筋混凝土梁滞回曲线的特点，可将屈服后任一点 H 卸载至零以及随后的反向再加载过程简化为三折线，即图中的 $HIJK$ 路径。其中，H 为卸载点，I 为正向卸载时由预应力引起的捏拢点，J 点为反向刚度突变点，K 点为反向曾经经历过的最大曲率点。

反向再加载至 K 点时，若继续加载，则加载路径沿反向的骨架曲线前进。

若从 K 点卸载，需要考虑刚度退化，沿图中 KL 段进行，卸载刚度为 k_{KL}。

反向卸载刚度受预应力的影响较小，根据图 9 - 39 试验数据的回归，则卸载刚度可按下式计算：

$$k_{KL} = 0.47k_0 \left(\frac{\overline{\phi_i}}{\overline{\phi_y}}\right)^{-0.29} \tag{9 - 45}$$

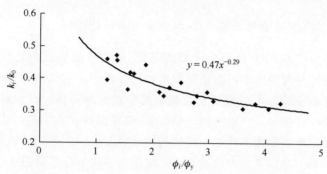

图 9 - 39　反向卸载刚度与初始刚度、屈服曲率的关系

反向卸载后的正向再加载可以简化为二折线，即路径 LNH。其中，L 为反向卸载至零的点，N 点为正向定点，H 点为正向曾经经历过的最大曲率点。

7. 滞回环规则

通过上面对预应力 FRP 筋混凝土梁滞回性能的分析，可以归纳出以下滞回规则：

1) 截面正反向的骨架曲线均简化为三折线，特征点分别为开裂点、屈服点和极限点，正反向均不考虑下降段。

2) 在预应力梁未开裂以前，加载和卸载均不考虑刚度退化和残余变形，按照骨架曲线的弹性阶段进行。

3) 当超过预应力梁的开裂点但未超过屈服强度时，加载路径沿骨架曲线进行，但卸载路径正反向有所区别，正向卸载路径直接指向反向开裂点，反向卸载刚度则等于初始弹性刚度，不考虑刚度退化。

4) 当超过预应力梁的屈服强度后，加载路径均沿着骨架曲线进行，卸载路径正反方向不同，正向卸载首先指向捏拢点，然后指向反向刚度突变点，而反向卸载考虑刚度退化，直接卸载至零。

5) 再加载路径。反向加载初期沿正向卸载刚度前进直至反向刚度突变点，随后则指向反向曾经经历过的最大曲率点；而正向加载初期首先指向正向定点，然后指向正向曾经经历过的最大曲率点。

9.4.3　模型计算值与试验值的对比

为了验证本书所提出的恢复力模型的正确性，下面基于提出的弯矩-曲率恢复力模型，对预应力 FRP 筋混凝土梁的荷载-位移骨架曲线和滞回曲线进行计算，并与试验结果进行对比。

1. 预应力 FRP 筋混凝土梁荷载-挠度骨架曲线的比较

为了计算预应力 FRP 筋混凝土梁的弯矩-曲率骨架曲线，必须计算的参数有：①开裂弯矩和开裂曲率；②屈服弯矩和屈服曲率；③极限弯矩和极限曲率。以上所有特征点参数均可以根据上面提出的公式计算得出。试验过程中一般很难直接测得弯矩和曲率，一般测得的是荷载-位移曲线，为了与试验结果进行比较，还需要根据弯矩和曲率计算出荷载和挠度的大小。

对于承受两个对称集中力的简支梁，假定梁的曲率分布如图 9-40 所示，运用曲率面积法可以求得给定荷载的挠度[193]，从而绘制荷载与挠度关系的全过程曲线。

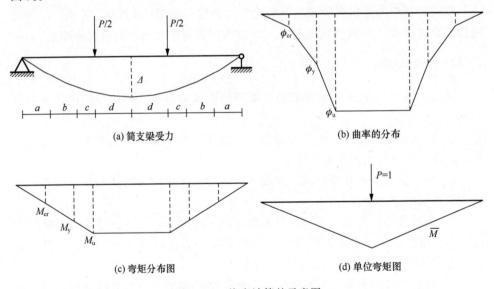

(a) 简支梁受力　　　　　　　　　　(b) 曲率的分布

(c) 弯矩分布图　　　　　　　　　　(d) 单位弯矩图

图 9-40　挠度计算的示意图

根据曲率-面积法可求得跨中开裂挠度 Δ_{cr}、屈服挠度 Δ_y 和极限挠度 Δ_u：

$$\Delta_{cr} = (\frac{1}{3}a^2 + ad + \frac{d^2}{2})\phi_{cr} \tag{9-46}$$

其中，$a = \dfrac{2M_{cr}}{P_{cr}}$，$d = \dfrac{l}{2} - a$。

$$\Delta_{y} = (\frac{1}{3}a^2 + \frac{ab}{2} + \frac{b^2}{6})\phi_{cr} + (\frac{b^2}{3} + \frac{d^2}{2} + \frac{ab}{2} + ad + bd)\phi_y \qquad (9-47)$$

其中，$a = \dfrac{2M_{cr}}{P_y}$，$b = \dfrac{2(M_y - M_{cr})}{P_y}$，$d = \dfrac{l}{2} - a - b$。

$$\Delta_{u} = (\frac{a^2}{3} + \frac{ab}{2} + \frac{b^2}{6})\phi_{cr} + (\frac{b^2}{3} + \frac{c^2}{6} + \frac{ab}{2} + \frac{ac}{2} + \frac{bc}{2})\phi_y$$
$$+ (\frac{c^2}{3} + \frac{d^2}{2} + \frac{ac}{2} + \frac{bc}{2} + ad + bd + dc)\phi_u \qquad (9-48)$$

其中，$a = \dfrac{2M_{cr}}{P_u}$，$b = \dfrac{2(M_y - M_{cr})}{P_u}$，$c = \dfrac{2(M_u - M_y)}{P_u}$，$d = \dfrac{l}{2} - a - b - c$。

　　至于弯矩和荷载的关系，则可根据结构力学进行求解。

　　图 9-41 为计算确定的骨架曲线与试验所得出的骨架曲线的比较。

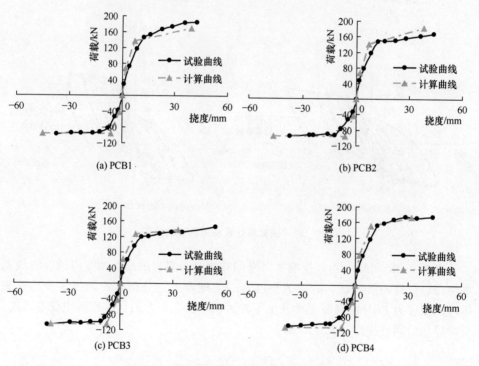

图 9-41　试验骨架曲线与计算曲线的比较

　　由图 9-41 可以看出，除了预应力 FRP 筋梁 PCB3 和 PCB4 的正向计算的极限挠度值略小于试验值以外，计算曲线与试验得出的骨架曲线基本吻合，这也验证了第 4 章关于预应力 FRP 筋混凝土梁抗弯承载力计算公式的正确性。

2. 预应力 FRP 筋混凝土梁荷载-挠度滞回曲线的比较

为了验证本书提出的恢复力模型的合理性，根据骨架曲线和滞回规则，对试验梁的荷载-挠度滞回曲线进行了计算。图 9-42 为计算曲线和试验曲线的对比。

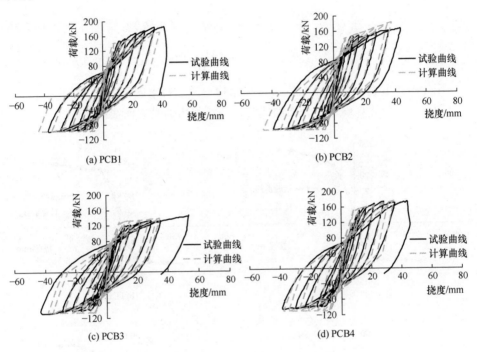

图 9-42　试验与计算滞回曲线的比较

由图 9-42 可以看出，按照本书滞回规则计算得出的滞回曲线与试验曲线基本吻合，只有在极限破坏阶段的挠度有一定的误差。分析其原因，主要是在破坏阶段预应力 FRP 筋混凝土梁发生了较大的塑性变形，而计算模型中没有考虑，所以导致后期的挠度计算值略偏小。

9.5　小结

本章通过对 8 根混凝土梁在低周反复荷载下的拟静力试验，对预应力 FRP 筋混凝土梁的抗震性能进行了研究，并利用有限元软件对预应力梁的抗震性能进行了模拟，而且对影响预应力 FRP 筋混凝土梁抗震性能的各种参数进行了有限元参数分析，可以得出以下结论：

1) 低周反复荷载下预应力 FRP 筋和钢绞线混凝土梁的破坏形态均为弯曲破

坏，但破坏形态有一定的区别，有粘结 FRP 筋易发生断裂，无粘结 FRP 筋和钢绞线一般都是发生混凝土压碎的破坏现象。

2）普通混凝土梁的滞回曲线呈梭形，较丰满，表现出良好的延性和耗能能力；预应力混凝土梁的滞回曲线在正向卸载和反向加载阶段表现出明显的捏拢效应，但滞回曲线总体较为丰满，抗震性能较好。

3）无粘结预应力梁的滞回曲线比同等预应力度的有粘结预应力梁的滞回曲线要饱满，在同等预应力度的条件下，无粘结预应力梁的耗能能力最好，FRP 筋和钢绞线预应力混凝土梁相对普通混凝土梁的耗能能力分别提高了 32.99%和 57.97%。

4）随着预应力度的增加，预应力梁滞回曲线的饱满程度逐渐降低，说明抗震性能随着预应力度的增加而降低。

5）当采用有粘结和无粘结预应力 FRP 筋相结合后，试件梁的延性指标有一定提高，相对于有粘结梁提高了 12%，相对于无粘结梁提高了 26%，而且滞回曲线变得更丰满，对结构抗震能力有利。

6）钢绞线预应力梁的延性指标比预应力 FRP 筋试件梁的要高，在相同初始张拉力的条件下，钢绞线预应力梁的延性指标提高了 20%~50%。

7）预应力的施加对梁的正向刚度退化有一定的抑制作用，对反向的刚度退化基本没有影响；刚度退化与预应力筋的种类没有关系，与预应力度有一定关系，预应力度越大的试件梁，刚度退化越小。

8）除了无粘结预应力 FRP 筋混凝土梁的耗能能力低于同等条件下的钢绞线预应力梁以外，其他情况下预应力 FRP 筋混凝土梁的耗能能力与钢绞线预应力梁的耗能能力基本相当，说明预应力 FRP 筋混凝土梁具有良好的耗能能力。

9）通过对各种材料在低周反复荷载下的本构关系进行假定，采取适当的建模方法，有限元模型得出的滞回性能和试验结果比较接近，说明提出的假定关系和建模方法是合适的，并且可以利用有限元软件 ANSYS 来对预应力 FRP 筋混凝土梁的抗震性能进行分析。

10）预应力 FRP 筋梁除了破坏形态与钢绞线预应力梁有一定区别以外，滞回性能比较接近，也具有较好的抗震性能。

11）预应力 FRP 筋的配筋率对预应力梁的抗震性能有很大影响，当预应力筋的配筋率为 20%~40%时，预应力梁的抗震性能较好。

12）在预应力 FRP 筋混凝土梁中配置一定数量的非预应力钢筋，对于提高预应力梁的抗震性能有很大帮助。

13）预应力度是影响预应力梁抗震性能的主要因素之一，为保证预应力 FRP 筋混凝土梁具有良好的抗震性能，预应力度不宜大于 0.7。

14）混凝土强度对预应力梁的抗震性能影响不明显。

15）预应力筋的初始张拉力不同，对预应力梁的极限承载力几乎没有影响，但是对预应力梁的耗能能力有一定影响。

16）预应力 FRP 筋混凝土梁的骨架曲线可以简化为正反向非对称的三折线，拐点分别对应正反向的开裂荷载、正反向的屈服荷载以及正反向的极限荷载。

17）研究表明，正向卸载时捏拢点的曲率与卸载点曲率和正向极限曲率有关，捏拢点的弯矩则与正向屈服弯矩有关，反向定点的弯矩和曲率受预应力度 PPR 和反向屈服弯矩的影响。本书根据试验数据回归拟合出的正反向卸载规则、捏拢点、正反向定点的计算公式能够较好地反映出预应力 FRP 筋混凝土梁的滞回特性。

18）通过与试验骨架曲线和滞回曲线的比较，根据本书提出的骨架曲线和滞回规则计算得出的曲线与试验曲线较吻合，可以为预应力 FRP 筋混凝土结构的非线性地震反应分析提供理论参考和依据。

参 考 文 献

[1] 吕志涛. 新世纪混凝土结构对新材料的挑战 [C] //中国首届纤维增强塑料（FRP）混凝土结构学术交流会论文集. 北京，2000.

[2] Nanin A. FRP Reinforcement for Concrete Structures [M]. Amsterdam：Elsevier Science Publishers，1993.

[3] Conner J P，Cutts J M，et al. Evaluation of Historic Concrete Structures [J]. Concrete International，1997，19 (8)：57 - 61.

[4] 吴智深. FRP 复合材料在基础工程设施的增强和加固方面的现状与发展 [C] //中国首届纤维增强塑料（FRP）混凝土结构学术交流会论文集. 北京，2000.

[5] E Y Sayed-Ahmed，N G Shrive. A New Steel Anchor System for Post-Tensioning Applications Using Carbon Fiber Reinforced Plastic Tendons [J]. Canadian Journal of Civil Engineering，1998，25：113 - 127.

[6] Nanni A，Bakis C E，O'Niel P E，et al. Performance of FRP Tendon-Anchor Systems for Prestressed Concrete Structures [J]. PCI Journal，1996，41 (1)：34 - 43.

[7] Erki M A，Rizkalla S H. Anchors for FRP Reinforcement [J]. Concrete International，1993，15 (6)：54 - 59.

[8] Schmidt R J，Dolan C W，Holte L E. Anchorage of Non - Metallic Prestressing Tendons [R]. Structures Congress Ⅻ，ASCE，2015.

[9] Rostasy F S，Budelmann H. Principles of Design of FRP Tendons and Anchors for Post-Tensioned Concrete [J]. Fiber Reinforced Plastic Reinforcement for Concrete Structures，1993：633 - 649.

[10] Reda Taha M M，Shrive N G. New Concrete Anchors for Carbon Fiber-Reinforced Polymer Post-Tensioning-Part1：State-of-the-Art Review/Design [J]. ACI Structural Journal，2003，100 (1)：86 - 95.

[11] Nanni A，Bakis C E，O'Niel P E，et al. Short-Term Sustained Loading of FRP Tendon-Anchor Systems [J]. Construction and Building Materials，1996，10 (4)：255 - 266.

[12] Kakihara R，Kamiyoshi M，Kumagai S，et al. A New Aramid Rod for the Reinforcement of Prestressed Concrete Structures [J]. Weather，2012，70 (2)：51 - 52.

[13] Tokyo Rope Manufacturing Company，Ltd. Carbon Fiber Composite Cable [R]. Corporate Report，Tokyo，Japan，1990.

[14] Pincheira J A，Woyak J P. Anchorage of Carbon Fiber Reinforced Polymer（CFRP）Tendons Using Cold-Swaged Sleeves [J]. PCI Journal，2001，46 (6)：100 - 111.

[15] Wolff R，Miesser H J. New Materials for Prestressing and Monitoring Heavy Structures [J]. Concrete International，1989，11 (9)：86 - 89.

[16] Lees J M，Gruffydd-Jones B，Burgoyne C J. Expansive Cement Couplers：A Means of Pretensioning Fiber-Reinforced Plastic Tendons [J]. Construction and Building Materials，1995，9 (6)：413 - 423.

[17] Khin M，Harada T，Tokumisu S，et al. The Anchor Mechanism for FRP Tendons Using Highly Expansive Materials for Anchoring [R]. Advanced Composite Materials in Bridges and Structures，CSCE，1996，959 - 964.

[18] Holte L E，Dolan C W，Shmidt R J. Epoxy Socketed Anchors for Non-Metallic Prestressing Elements [J]. Fiber-Reinforced Plastic Reinforcement for Concrete Structures，1993，381 - 400.

[19] Harada T，Atsuda H，Khin M，et al. Development of Non-Metallic Anchoring Devices for FRP Tendons [R]. Non-Metallic (FRP) Reinforcement for Concrete Structures，1995，41 - 48.

[20] Campbell T I，Shrive N G，Soudki K A，et al. Design and Evaluation of A Wedge-Type Anchor for FRP Tendons [J]. Canadian Journal of Civil Engineering，2000，27 (5)：985 - 992.

[21] Burong Zhang，Brahim Benmokrane. A New Bond-Type Anchorage System for Prestressed Applications With FRP Tendons [R]. Advanced Composite Materials in Bridges and Structures，CSCE，2000，119 -126.

[22] Al-Mayah A，Soudki K A，Plumtree A. Experimental and Analytical Investigation of Stainless Steel Anchor for CFRP Prestressing Tendons [J]. PCI Journal，2001，46 (2)：88 - 100.

[23] Mahmoud M，Reda Taha，Nigel G Shrive. New Concrete Anchors for Carbon Fiber-Reinforced Polymer Post-Tensioning-Part2：Development/Experimental Investigation [J]. ACI Structural Journal，2003，96 - 104.

[24] Meier U. Extending the Lite of Cables by the Use of Carbon [R]. IABSE Symposium，San Francisco，Calif.，1995：1235 - 1240.

[25] Mitchell R A，Woolley R M，Halsey N. High-Strength End Fitting for FRP Rod and Rope [J]. Journal of Engineering Mechanics Division，1974，100 (4)：687 - 703.

[26] Sippel T M. Design Testing and Modeling of An Anchor System for Resin Bond Fiberglass Rods Used Prestressing Tendons [R]. Advanced Composite Materials in Bridges and Structures，1992，363 - 372.

[27] Hercules，Aerospace. Cable and Anchor Technology [R]. State-of-the-Art Report，Task 6，1995，76.

[28] Kerstens J G M，Bennenk W，Camp J W. Prestressed with Carbon Composite Rods. A Numerical Method for Developing Reusable Prestressing Systems [J]. ACI Structural Journal，1998，95 (1)：43 - 50.

[29] Noisternig J E，Jungwirth. Design and Analysis of Anchoring Systems for A Carbon Fiber Composite Cable [C]. Advanced Composite Materials in Bridges and Structures，CSCE，1996，935 - 942.

[30] Brahim B U，Zhang B R，Adil C. Tensile Properties and Pullout Behaviour of AFRP and CFRP Rods for Grouted Anchor Applications [J]. Construction and Building Materials，2000，14：157 - 170.

[31] 薛伟辰. 有粘结预应力纤维塑料筋混凝土梁的试验研究 [J]. 工业建筑，1999，29 (12)：11 - 13.

[32] 张鹏，邓宇. 单根碳纤维塑料筋新型锚具的研制 [J]. 施工技术，2003，32 (11)：32 - 33.

[33] 高丹盈，朱海棠，谢晶晶. 纤维增强塑料筋锚杆及其应用 [J]. 岩石力学与工程学报，2004，23 (13)：2205 - 2210.

[34] 方志，梁栋. 单根碳纤维 (CFRP) 预应力筋粘结式锚具的试验研究 [J]. 南华大学学报 (理工版)，2004，18 (1)：35 - 37.

[35] 张作诚. 碳纤维筋增强混凝土的试验研究及力学性能分析 [D]. 南京：河海大学，2005.

[36] 张继文，朱虹，吕志涛，等. 预应力 FRP 筋锚具的研发 [J]. 工业建筑，2004，增刊：259 - 262.

[37] 吴刚，孙运国，张敏，等. CFRP 筋-锚具组装件的锚固性能研究 [J]. 特种结构. 2005，22 (4)：93 - 96.

[38] 梅葵花，吕志涛，张继文，等. CFRP 斜拉索锚具的静载试验研究 [J]. 桥梁建设，2005，4：20 - 23.

[39] 蒋业东，邓年春，龙跃，等. 多丝碳纤维拉索静载试验研究 [J]. 预应力技术，2006，57 (4)：10 - 12.

[40] 朱万旭，黄颖，周红梅，等. 一种碳纤维预应力筋锚具的试验研究 [C] //第二届 FRP 应用技术学术交流会论文集.2002，22 - 24.

[41] 孟履祥，关建光，徐福泉. 碳纤维筋（CFRP 筋）锚具研制及力学性能试验研究 [J]. 施工技术，2005，34 (7)：42 - 45.

[42] 王力龙，刘华山，阳梅. 碳纤维筋（CFRP）夹片式锚具的有限元分析 [J]. 南华大学学报（自然科学版），2005，19 (2)：71 - 74.

[43] 郭范波. 碳纤维预应力筋夹片锚具的研究及开发 [D]. 南京：东南大学，2006.

[44] 孙志刚. 碳纤维预应力筋及拉索锚固系统抗疲劳性能的试验研究 [D]. 长沙：湖南大学，2005.

[45] 梁栋. 碳纤维（CFRP）预应力筋力拉索锚固系统静力性能的试验研究 [D]. 长沙：湖南大学，2004.

[46] 梅葵花. CFRP 粘结型锚具的受力性能分析 [J]. 桥梁建设，2007，3：80 - 83.

[47] Abdelrahman A A, Tadros G, Rizkalla S H. Test Model for the First Canadian Smart Highway Bridge [J]. ACI Materials Journal，1995，92 (4)：451 - 458.

[48] Naaman A E, Jeong S M. Structural Ductility of Concrete Beams Prestressed with FRP Tendons [C]. Proceedings of the 1995 2nd International RILEM Symposium (FRPRCS-2), London, 1995, 379 - 401.

[49] 张鹏，薛伟辰，唐小林，等. 纤维塑料筋混凝土梁延性分析的能量表示法 [J]. 武汉理工大学学报，2005，27 (8)：49 - 51.

[50] 方志，杨剑. CFRP 预应力筋混凝土梁在重复荷载作用下的受力性能 [J]. 铁道学报，2006，28 (1)：72 - 79.

[51] 方志，T Ivan Campbell. 不锈钢和 CFRP 混合配筋预应力混凝土梁的延性和变形性能 [J]. 工程力学，2005，22 (3)：190 - 197.

[52] Patrick, X W Zou. Flexural Behavior and Deformability of Fiber Reinforced Polymer Prestressed Concrete Beams [J]. Journal of Composites for Construction，2003，7 (4)：275 - 284.

[53] Mufti A A, Newhook J P, Tadros G. Deformability Versus Ductility in Concrete Beams with FRP Reinforcement [C]. Proceedings of 2nd International Conference on Advanced Composite Materials in Bridges and Structures, Montreal, 1996, 189 - 199.

[54] 冯鹏，叶列平，黄羽立. 受弯构件的变形性与新的性能指标的研究 [J]. 工程力学，2005，22 (6)：28 - 36.

[55] Taerwe Luc R, Lambotte H, Hans-Joachim Miesseler. Loading Tests on Concrete Beams Prestressed with Glass Fiber Tendons [J]. PCI Journal，1992，37 (4)：84 - 97.

[56] Stoll F, Saliba J E, Casper L E. Experimental Study of CFRP-Prestressed High-Strength Concrete Bridge Beams [J]. Composite Structures，2000，49 (2)：191 - 200.

[57] Burke C R, Charles W Dolan. Flexural Design of Prestressed Concrete Beams Using FRP Tendons [J]. PCI Journal，2001，46 (2)：76 - 87.

[58] X W Zou, 韩小雷，季静，等. 芳纶纤维预应力高强混凝土梁弯曲特性及延性探讨 [J]. 建筑结构，2002，32 (10)：53 - 55.

[59] 薛伟辰. 新型 FRP 筋预应力混凝土梁试验研究与有限元分析 [J]. 铁道学报，2003，25 (5)：103 -108.

[60] 张鹏，邓宇，韦树英. 无粘结预应力碳纤维塑料筋混凝土梁的试验研究 [J]. 工业建筑，2004，34 (8)：31 - 32.

［61］朱虹，张继文，吕志涛. 体外预应力 AFRP 筋 RC 梁的试验研究与设计方法 ［G］//第二届全国公路科技创新高层论坛文集. 北京，2004，261 - 268.

［62］Robert A Tjandra，Kiang Hwee Tan. Strengthening of RC Continuous Beams with External CFRP Tendons ［C］. Fifth International Conference on Fiber-Reinforced Plastics for Reinforced Concrete，London，2001，661 - 669.

［63］Ghallab A，Beeby A W. Behaviour of PSC Beams Strengthened by Unbonded Parafil Ropes ［R］. Fifth International Conference on Fiber-Reinforced Plastics for Reinforced Concrete，London，2001，671 - 680.

［64］Raafat El-Hacha，Mamdouh Elbadry. Strengthening Concrete Beams with Externally Prestressed Carbon Fiber Composite Cables ［C］. Fifth International Conference on Fiber Reinforced Plastics for Reinforced Concrete，London，2001，699 - 708.

［65］Kiang-Hwee Tan，M Abdullah-Al Farooq，Chee-Khoon Ng. Behavior of Simple-Span Reinforced Concrete Beams Locally Strengthened with External Tendons ［J］. ACI Structural Journal，2001，98 (2)：174 - 183.

［66］Mohamed Saafi，Houssam Toutanji. Flexural Capacity of Prestressed Concrete Beams Reinforced with Aramid Fiber Reinforced Polymer (AFRP) Rectangular Tendons ［J］. Construction and Building Materials，1998，12 (5)：245 - 249.

［67］Houssam Toutanji，Mohamed Saafi. Performance of Concrete Beams Prestressed with Aramid Fiber-Reinforced Polymer Tendons ［J］. Composite Structures，1999，44 (1)：63 - 70.

［68］Janet M Lees，Chris J Burgoyne. Experimental Study of Influence of Bond on Flexural Behavior of Concrete Beams Prestressed with Aramid Fiber Reinforced Plastics ［J］. ACI Structural Journal，1999，96 (3)：377 - 385.

［69］Janet M Lees，Chris J Burgoyne. Analysis of Concrete Beams with Partially Bonded Composite Reinforcement ［J］. ACI Structural Journal，2000，97 (2)：252 - 258.

［70］张鹏，郑文静，唐小林，等. 部分预应力部分粘结 CFRP 混凝土梁的受弯性能 ［J］. 武汉理工大学学报，2005，27 (6)：29 - 31.

［71］Tim J Ibell，Steven C C Au. Elasto-Plastic Behaviour of FRP-Prestressed Concrete ［C］. Fifth International Conference on Fiber-Reinforced Plastics for Reinforced concrete，London，2001，721 - 730.

［72］Zhi Fang，T Ivan Campbell. General and Simplified Models for the Analysis of Partially Prestressed Concrete Beams Containing FRP Tendons of Arbitrary Bonded Condition ［C］. FRP Composites in Civil Engineering，Hong Kong，2001，1185 - 1192.

［73］Nabil F Grace，George A Sayed. Ductility of Prestressed Bridges Using CFRP Strands ［J］. Concrete International，1998，20 (6)：25 - 30.

［74］Nabil F Grace. Response of Continuous CFRP Prestressed Concrete Bridges under Static and Repeated Loadings ［J］. PCI Journal，2000，45 (6)：84 - 102.

［75］Sang Yeol Park，Antoine E Naaman. Shear Behavior of Concrete Beams Prestressed with FRP Tendons ［J］. PCI Journal，1999，44 (1)：74 - 85.

［76］Paul Arthur Whitehead，Timothy James Ibell. Novel Shear Reinforcement for Fiber-Reinforced Polymer-Reinforced and Prestressed Concrete ［J］. ACI Structural Journal，2005，102 (2)：286 - 294.

［77］Nabil F Grace，S B Singh，Mina M Shinouda，et al. Concrete Beams Prestressed with CFRP ［J］. Concrete International，2005，27 (2)：60 - 64.

[78] 王增春，黄鼎业. FRP 索预应力结构应用研究 [J]. 中国市政工程，2000，88（1）：18-21.

[79] Samer A Youakim, Vistasp M Karbhari. An Approach to Determine Long-Term Behavior of Concrete Members Prestressed with FRP Tendons [J]. Construction and Building Materials，2007，21（5）：1052-1060.

[80] X W Zou, R I Gilbert, N Gowripalan. Analysis of Time-Dependent Behaviour of Concrete Beams Prestressed with FRP Tendons [C]. Fifth International Conference on Fiber Reinforced Plastics for Reinforced Concrete, London, 2001, 535-544.

[81] Zou Patrick X W. Theoretical Study on Short-term and Long-term Deflections of Fiber Reinforced Polymer Prestressed Concrete Beams [J]. Journal of Composites for Construction, 2003, 7（4）：285-291.

[82] S Matthys, A Nurchi, L Taerwe. Comparison of Long-Term Behaviour and Residual Strength of Concrete Slabs Pretensioned with AFRP and Steel [C]. FRP Composites in Civil Engineering, Hong Kong, 2001, 1211-1218.

[83] Abass Braimah, Mark F Green, Khaled A Soudki. Long-Term Behavior of CFRP Prestressed Concrete Beams [J]. PCI Journal, 2003, 48（2）：98-107.

[84] Okamoto T, Matsubara S, Tanigaki M, et al. Long-Term Loading Tests on PPC Beams Using Braided FRP Rods [C]. Proceedings of the International Symposium on Fiber Reinforced Cement and Concrete, Sheffield, 1992, 1000-1014.

[85] Currier J, Dolan C, O'Neil E. Deflection Control of Fiber Reinforced Plastic Pretensioned Concrete Beams [C]. Non-Metallic（FRP）Reinforcement for Concrete Structures, Ghent, 1995：413-420.

[86] 袁竞峰. 新型 FRP 筋混凝土梁受弯性能研究 [D]. 南京：东南大学，2006.

[87] 王晓辉，张蜀泸，薛伟辰. 有粘结 CFRP 筋预应力损失计算 [J]. 工业建筑，2006，36（4）：23-25.

[88] 张力滨. 无粘结预应力 CFRP 混凝土受弯构件设计 [J]. 低温建筑技术，2007，116（2）：49-50.

[89] 戴绍斌，朱健. 预应力碳纤维筋混凝土梁张拉损失的试验研究 [J]. 武汉理工大学学报，2004，26（3）：70-72.

[90] 王鹏，丁汉山，夏文俊，等. 碳绞线体外预应力桥梁预应力损失监测与分析 [J]. 特种结构，2008，25（1）：84-87.

[91] 曹国辉，方志. 体外配置 CFRP 预应力筋混凝土箱梁受力性能试验研究 [J]. 公路交通科技，2006，23（10）：50-54.

[92] 胡永骁，蔡江勇，周寰. 预应力 FRP 筋混凝土梁的有限元建模与受力性能分析 [J]. 国外建材科技，2007，28（2）：56-59.

[93] 薛伟辰，王晓辉. 预应力 CFRP 筋高性能混凝土 T 型梁试验研究与非线性分析 [J]. 铁道学报，2007，29（3）：72-77.

[94] 杨爱国. 预应力 AFRP 筋混凝土梁受弯承载力有限元分析 [J]. 山西建筑，2007，33（10）：92-94.

[95] 薛伟辰，王晓辉. 有粘结预应力 CFRP 筋混凝土梁试验及非线性分析 [J]. 中国公路学报，2007，20（4）：41-47.

[96] 张波，赵顺波. 预应力混凝土梁受力全过程有限元分析 [J]. 华北水利水电学院学报，2007，28（2）：47-49.

[97] 张耀庭，邱继生. ANSYS 在预应力钢筋混凝土结构非线性分析中的应用 [J]. 华中科技大学学报，

2003, 20 (4): 20 - 23.

[98] 赵曼，王新敏，高静. 预应力混凝土结构有限元数值分析 [J]. 石家庄铁道学院学报，2004，17 (1)：84 - 88.

[99] 王新敏. ANSYS 工程结构数值分析 [M]. 北京：人民交通出版社，2007.

[100] 孙治国. 基于 ANSYS 的桥梁极限承载力和滞回特性研究 [D]. 大连：大连理工大学，2006.

[101] 孟履祥. 纤维塑料筋部分预应力混凝土梁受弯性能研究 [D]. 北京：中国建筑科学研究院，2005.

[102] 朱福声，张海霞. FRP 筋与混凝土粘结滑移力学性能研究综述 [J]. 混凝土，2006，196 (2)：12 - 15.

[103] ACI Committee. ACI 440. 4R-04. Prestressing Concrete with FRP Tendons [S]. American, IHS, 2004：21 - 23.

[104] 陶学康，孟履祥，关建光，等. 纤维增强塑料筋在预应力混凝土结构中的应用 [J]. 建筑结构，2004，34 (4)：63 - 71.

[105] 钱洋. 预应力 AFRP 筋混凝土梁受弯性能试验研究 [D]. 南京：东南大学，2004.

[106] 孟履祥，陶学康，关建光，等. 芳纶纤维筋有黏结部分预应力混凝土梁受弯性能研究 [J]. 南京：土木工程学报，2006，39 (3)：10 - 18.

[107] 王茂龙，朱浮声，金延. 预应力 FRP 筋混凝土梁受弯性能试验研究 [J]. 混凝土，2006，206 (12)：35 - 38.

[108] Baker, A L L. Plastic Theory of Design for Ordinary Reinforced and Prestressed Concrete including Moment Redistribution in Continuous Members [J]. Magazine of concrete research, 1949, 1 (2)：57 - 66.

[109] Naaman A E, Alkhairi F M. Stress at Ultimate in Unbonded Post-Tensioning Tendons：Part 2-Proposed Methodology [J]. ACI Structural Journal, 1991, 88 (6)：683 - 692.

[110] Panell F N. Ultimate Moment of Resistance of Unbonded Prestressed Concrete Beams [J]. Magazine of Concrete Research, 1969, 21 (66)：43 - 54.

[111] Chakrabarti P R. Ultimate Stress of Unbonded Tendons in Partially Prestressed Beams [J]. ACI Structural Journal, 1995, 92 (6)：689 - 697.

[112] 杜进生，刘西拉. 基于结构变形的无粘结预应力筋应力变化研究 [J]. 土木工程学报，2003，36 (8)：12 - 19.

[113] 王景全，刘钊，吕志涛. 基于挠度的体外与体内无粘结预应力筋应力增量 [J]. 东南大学学报，2005，35 (6)：915 - 919.

[114] 程东辉，郑文忠. 无粘结 CFRP 筋部分预应力混凝土简支梁试验与分析 [J]. 中国铁道科学，2008，29 (2)：59 - 66.

[115] Ghallab A, Beeby A W. Deflection of Prestressed Concrete Beams Externally Strengthened Using Parafil Ropes [J]. Magazine of Concrete Research, 2003, 55 (1)：1 - 17.

[116] Aravinthan T, Mutsuyoshi H. Prediction of the Ultimate Flexural Strength of Externally Prestressed PC Beams [R]. Transaction of the Japan Concrete Institute, 1997, 19, 225 - 230.

[117] 朱虹. 新型 FRP 筋预应力混凝土结构的研究 [D]. 南京：东南大学，2004.

[118] Dolan C W, Burke C R. Flexural Strength and Design of FRP Prestressed Beams [C]. Proceedings of the Second International Conference on Advanced Composite Materials in Bridges and Structures (ACMBS2), Montreal, 1996, 383 - 390.

[119] 王作虎，邓宗才，杜修力. 预应力 FRP 筋混凝土梁的研究进展 [J]. 工业建筑，2008，38：777 -

782.

[120] 陈达，江朝华，张玮，等．玻璃纤维增强塑料（GFRP）筋混凝土斜截面受力性能 [J]．河海大学学报，2007，35（5）：534-537．

[121] ACI Committee 440. Guide for the Design and Construction of Concrete Reinforced with FRP Bars [S]．American Concrete Institute，2003．

[122] Canadian Standards Association. Design and Construction of Building Components with Fiber Reinforced Polymers [S]．CSA S806-02，2002．

[123] Japan Society of Civil Engineers. Recommendations for Design and Construction of Concrete Structures Using Continuous Fiber Reinforced Material [S]．Research Committee on Continuous Fiber Reinforced Materials，1997．

[124] Razaqpur A G, Isgor O B, Cheung M S, et al. Background to the Shear Design Provisions of the Proposed Canadian Standard for FRP Reinforced Concrete Structures [C]．International Conference Composites in Construction，Portugal，2001，403-408．

[125] Yost J R, Gross S P, Dinehart D W. Shear Strength of Normal Strength Concrete Beams Reinforced with Deformed GFRP Bars [J]．Journal of Composites for Construction，2001，5（4）：268-275．

[126] Gross S P, Yost J R, Dinehart D W. Shear Strength of Normal and High Strength Conerete Beams Reinforced with GFRP Bars [J]．ASCE，Bridge Material，2001：426-438．

[127] Tureyen A K, Frosch R J. Shear Tests of FRP-Reinforced Concrete Beams without Stirrups [J]．ACI Structural Journal，2002，99（4）：427-434．

[128] Tureyen A K, Frosch R J. Concrete Shear Strength：Another Perspective [J]．ACI Structural Journal，2003，100（5）：609-615．

[129] Razaqpur A G, Isgor B O, Greenaway S, et al. Concrete Contribution to the Shear Resistance of Fiber Reinforced Polymer Reinforce Concrete Members [J]．Journal of Composites for Construction，2004，8（5）：452-460．

[130] Razaqpur A G, Isgor B O. Proposed Shear Design Method for FRP-Reinforced Concrete Members Without Stirrups [J]．ACI Structural Journal，2006，103（1）：93-102．

[131] Ahmed E S, Ehab E S, Brahim B. Shear Strength of One-Way Concrete Slabs Reinforced with Fiber-Reinforced Polymer Composite Bars [J]．Journal of Composites for Construction，2005，9（2）：147-157．

[132] Ahmed K E, Ehab F E, Brahim B. Shear Strength of FRP-Reinforced Concrete Beams without Transverse Reinforcement [J]．ACI Structural Journal，2006，103（2）：235-243．

[133] Ahmed K E, Ehab F E, Brahim B. Shear Capacity of High-Strength Concrete Beams Reinforced with FRP Bars [J]．ACI structural journal，2006，103（3）：383-389．

[134] Nehdi M, Chabib H E, Said A A. Proposed Shear Design Equations for FRP-Reinforced Concrete Beams Based on Genetin Algorithms Approach [J]．Journal of Materials in Civil Engineering，2007，19（12）：1033-1042．

[135] Amir Z F, Sami H R, Tadros G. Behavior of CFRP for Prestressing and Shear Reinforcements of Concrete Highway Bridges [J]．ACI Structural Journal，1997，94（1）：77-86．

[136] Park S Y, Naaman A E. Dowel Behavior of Tensioned Fiber Reinforced Polymer（FRP）Tendons [J]．ACI Structural Journal，1999，96（5）：799-806．

[137] Paul A W, Timothy J I. Rational Approach to Shear Design in Fiber-reinforced Polymer-Prestressed

Concrete Structures [J] . Journal of Composites for Construction，2005，9（1）：90 - 100.

[138] Kordina K，Hegger J，Teutsch M. Shear Strength of Prestressed Concrete Beams with Unbonded Tendons [J] . ACI Structural Journal，1989，86（2）：143 - 149.

[139] Reineck，Karl Heinz. Ultimate Shear Force of Structural Concrete Members without Transverse Reinforcement Derived from A Mechanical Model [J] . ACI Structural Journal，1991，88（5）：592 - 602.

[140] Collins M P，Mitchell D，Adebar P，et al. A General Shear Design Method [J] . ACI Structural Journal，1996，93（1）：36 - 45.

[141] Shahawy M A，Cai C S. A New Approach to Shear Design of Prestressed Concrete Members [J] . PCI Journal，1999，44（4）：92 - 117.

[142] Cladera A，Marif A R. Shear Design of Prestressed and Reinforced Concrete Beams [J] . Magazine of Concrete Research，2006，58（10）：713 - 722.

[143] 周志祥，江炳章. 部分预应力混凝土简支梁斜截面抗裂性的试验研究 [J] . 重庆交通学院学报，1988，3（26）：9 - 17.

[144] 周志祥，江炳章. 无粘结部分预应力混凝土梁抗剪强度研究 [J] . 重庆交通学院学报，1994，13（5）：23 - 30.

[145] 肖光宏，江炳章. 考虑预应力度的部分预应力混凝土梁抗剪强度的试验研究 [J] . 重庆交通学院学报，1989，3（26）：70 - 83.

[146] 杨丽梅，江炳章. 曲线配筋无粘结部分预应力混凝土梁抗剪强度的试验研究分析 [J] . 重庆交通学院学报，1992，11（3）：56 - 63.

[147] 杨丽梅，肖光宏，江炳章. 无粘结部分预应力混凝土梁斜截面抗剪强度的试验研究 [J] . 重庆交通学院学报，1991，10（1）：1 - 10.

[148] 车惠民，张开敬，陈开利. T 形截面预应力混凝土梁抗剪强度的试验研究 [J] . 铁道工程学报，1985，24（2）：126 - 142.

[149] 南京工学院，天津大学. 预应力混凝土梁的抗剪强度计算. 钢筋混凝土结构研究报告选集 [M] . 北京：中国工业出版社，1981.

[150] 杨德滋. 部分预应力混凝土梁抗剪强度的分析与计算 [J] . 西南交通大学学报，1990，76（2）：87 - 93.

[151] 许克宾，霍铭瑄，李根成，等. 先张法预应力混凝土梁抗剪强度的试验研究 [J] . 北方交通大学学报，1991，15（3）：77 - 83.

[152] 李国平. 体外预应力混凝土简支梁剪切性能试验研究 [J] . 土木工程学报，2007，40（2）：58 - 63.

[153] 李国平，沈殷. 体外预应力混凝土简支梁抗剪承载力计算方法 [J] . 土木工程学报，2007，40（2）：64 - 69.

[154] 陈晓宝，赵国藩，文明秀. 无粘结部分预应力混凝土梁抗剪强度的试验研究 [J] . 合肥工业大学学报，1992，15（SP1）：116 - 121.

[155] 智菲，叶知满. 预应力高强混凝土有腹筋 T 形截面梁抗剪承载力试验研究 [J] . 工业建筑，2007，37（SP1）：321 - 324.

[156] 肖光宏，江炳章，郭建. 有粘结部分预应力混凝土梁与无粘结部分预应力混凝土梁斜截面抗剪强度的比较 [J] . 重庆交通学院学报，1996，15（1）：17 - 21.

[157] 周志祥，江炳章. 部分预应力混凝土梁抗剪强度新探 [J] . 重庆交通学院学报，1992，11（2）：

50 - 55.

[158] 许克宾，霍铭煊，陈良江．钢筋混凝土、预应力混凝土梁抗剪强度的软化桁架理论及试验研究 [J]．铁道学报，1991，13（3）：88 - 96.

[159] 周履．预应力及非预应力混凝土梁抗扭和抗剪计算中的斜压场理论 [J]．桥梁建设，1994，1：47 -55.

[160] Ramirez J A，Breen J E．Evaluation of A Modified Truss-Model Approach for Beams in Shear [J]．ACI Structural Journal，1991，88（5）：562 - 571.

[161] 沈殷．体外预应力混凝土桥梁抗剪承载力研究 [D]．上海：同济大学．2004.

[162] Nielsen H．预应力混凝土设计 [M]．北京：人民交通出版社，1984.

[163] 余天起．预应力 CFRP 筋混凝土梁延性性能试验研究 [D]．上海：同济大学，2006.

[164] 谢奕欣．无粘结预应力混凝土梁的非线性分析 [D]．长沙：湖南大学，2008.

[165] Penizen J．Dynamic Response of Elasto-Plastic Frames [J]．Journal of Structural Division，1962，88（7）：1322 - 1340.

[166] Jennings P C．Periodic Response of a General Yielding Structure [J]．Journal of Engineering Mechanical Division，1964，90（2）：131 - 165.

[167] Clough R W，Johnston S B．Effect of Stiffness Degradation on Earthquake Ductility Requirements [C]．Proceeding 2th Japan National Conference on Earthquake Engineering，Tokyo，Japan，1966.

[168] Takeda T，Sozen M A，Nielson N N．Reinforced Concrete Response to Simulated Darthquakes [J]．Journal of Structural Division，1970，96（12）：2557 - 2572.

[169] Saiidi M．Hysteresis models for Reinforced Concrete [J]．Journal of Structural Division，1982，108（5）：1077 - 1087.

[170] Park Y J，Reinhorn A M，Kunnath S K．IDARC：Inelastic Damage Analysis of Reinforced Concrete Frame-Shear-Wall Structures [R]．Technical Report，State Univ. of New York ，1987.

[171] 朱伯龙．钢筋混凝土构件恢复力特性的试验研究．国外建筑抗震评述之十一 [R]．中国建筑科学研究院情报所，1978.

[172] 卫云亭，李德成．钢筋混凝土压弯构件恢复力特性的试验研究 [J]．西安冶金建筑学院学报，1980，22（4）：1 - 18.

[173] 朱伯龙，张琨联．矩形及环形截面压弯构件恢复力特性的研究 [J]．同济大学学报，1981，9（2）：1 - 10.

[174] 成文山，邹银生，程翔云．钢筋混凝土压弯构件恢复力特性的研究 [J]．湖南大学学报，1983，10（4）：13 - 22.

[175] 杜修力，欧进萍．钢筋混凝土结构低周疲劳效应对地震累积破坏的影响 [J]．结构工程学报，1991，2（3 - 4）：726 - 731.

[176] 郭子雄，童岳生，钱国芳．RC 低矮抗震墙恢复力模型研究 [J]．西安建筑科技大学学报，1998，30（1）：25 - 28.

[177] 郭子雄，吕西林．高轴压比下 RC 框架柱恢复力模型试验研究 [J]．土木工程学报，2004，37（5）：32 - 38.

[178] 王仪．预应力混凝土框架梁能量耗散—损伤累积特性的研究 [D]．扬州：扬州大学，2004.

[179] 苏小卒．预应力混凝土框架抗震性能研究 [M]．上海：上海科学技术出版社，1998.

[180] 钱仲慧．预应力混凝土框架梁损伤模型的构建及模拟 [D]．扬州：扬州大学，2006.

[181] 俞伟根．部分预应力混凝土框架滞回性能的非线性分析 [D]．南京：东南大学，1992.

［182］胡德虎. 预应力框架梁弹塑性性能的分析模型及程序研制［D］. 扬州：扬州大学，2009.

［183］徐远征. 低周反复荷载作用下预压装配式预应力混凝土框架抗震性能试验研究［D］. 合肥：合肥
　　　　工业大学，2005.

［184］薛伟辰，程斌，李杰. 预应力与非预应力高性能混凝土梁抗震性能试验研究与有限元分析［J］.
　　　　建筑结构学报，2004，25（1）：1-8.

［185］李亮. 部分预应力混凝土受弯构件恢复力模型研究［D］. 上海：同济大学，2007.

［186］Robert K D，Frieder S，Edward L W. Pivot Hysteresis Model for Reinforced Concrete Members
　　　　［J］. ACI Structural Journal，1998，95（5）：607-617.

［187］沈聚敏，翁义军. 钢筋混凝土构件的变形和延性［J］. 建筑结构学报，1980，1（2）：47-58.

［188］沈聚敏，翁义军，冯世平. 周期反复荷载下钢筋混凝土压弯构件的性能［J］. 土木工程学报，
　　　　1982，4（10）：53-64.

［189］Hyo G K，Sun P K. Cyclic Moment-Curvature Relationship of An RC Beam［J］. Magazine of Con-
　　　　crete Research，2002，6（54）：435-447.

［190］Hyo G K，Sun P K. Nonlinear Analysis of RC Beam Subjected to Cyclic Loading［J］. Journal of
　　　　Structural Engineering，2001，12（127）：1436-1444.

［191］程翔云，邹银生. 在循环荷载下钢筋混凝土压弯构件的试验和滞回模型［J］. 湖南大学学报，
　　　　1981，（1）：15-28.

［192］Roger W G，Blakeley，Robert Park. Prestressed Concrete Section with Cyclic Flexure［J］. Journal
　　　　of Structural Division，1974，1：1717-1741.

［193］成文山. 配置无明显屈服点钢筋的混凝土受弯构件截面的弯矩与曲率分析［J］. 土木工程学报，
　　　　1982，15（4）：1-10.